高等学校省级规划教材

卓越工程师教育培养计划土木类系列教材

土木工程钢结构课程设计

主　编　王静峰　肖亚明

副主编　杨　扬　王成刚　蔡文玉

编　委　江　姗　赵　鹏　徐秋雨　顿宗怡

合肥工业大学出版社

内容提要

“钢结构课程设计”是高等院校土木工程专业的主要专业课之一。本教材根据国家现行标准，参考了土木工程本科指导委员会建议的“钢结构课程设计”的课程要求和国家专业认证（评估）要求，结合作者多年的教学实践经验，吸纳国内外钢结构的研究和应用成果编写而成。本书主要内容包括：绪论、三角形钢屋架设计、梯形钢屋架设计、门式刚架设计、平台钢结构设计、网架设计、人行天桥设计、通讯塔设计等。本书可培养学生综合能力和创新思想，提高笔算和电算的实用能力。设计案例丰富多彩，涵盖了土木工程的典型钢结构设计内容。计算过程和电算操作深入浅出，图纸绘制清晰，便于读者掌握运用所学知识。

本书可作为高等学校土木工程专业全日制本科生或土建类专业成人教育的教材，也可供土木工程技术人员阅读参考。

图书在版编目（CIP）数据

土木工程钢结构课程设计/王静峰，肖亚明主编．—合肥：合肥工业大学出版社，2019.7
ISBN 978-7-5650-4551-6

Ⅰ.①土…　Ⅱ.①王…②肖…　Ⅲ.①钢结构—课程设计—高等学校—教学参考资料
Ⅳ.①TU391-41

中国版本图书馆 CIP 数据核字（2019）第 148710 号

土木工程钢结构课程设计

王静峰　肖亚明　主编　　　　责任编辑　陆向军

出　版	合肥工业大学出版社	版　次	2019 年 7 月第 1 版
地　址	合肥市屯溪路 193 号	印　次	2019 年 7 月第 1 次印刷
邮　编	230009	开　本	787 毫米×1092 毫米　1/16
电　话	综合编辑部：0551-62903028	印　张	15.25
	市场营销部：0551-62903198	字　数	356 千字
网　址	www.hfutpress.com.cn	印　刷	合肥现代印务有限公司
E-mail	hfutpress@163.com	发　行	全国新华书店

ISBN 978-7-5650-4551-6　　　　定价：36.00 元

前　言

“钢结构课程设计”是土木工程专业十分重要的实践性教学环节。目前在工程技术领域，我国依然缺乏大批的具备较强设计能力和动手能力、能解决工程实践问题的技术人员。另外，“钢结构课程设计”课程教学存在理论脱离实践、创新思维差、可操作性不强的突出问题，造成学生选题单一、缺乏工程实际知识，不能适应社会发展和满足社会需求。提高“钢结构课程设计”的教学效果，培养学生的工程设计能力，增强计算和绘图能力成为目前迫切需要解决的问题。

本书根据《高等学校土木工程本科指导性专业规范》《土木工程专业工程教育评估(认证)工作指南》和 GB 50017—2017《钢结构设计标准》等国家新规范的要求，结合作者多年教学实践经验，吸纳国内外钢结构的研究成果而编写。全书内容包括绪论、三角形钢屋架设计、梯形钢屋架设计、门式刚架设计、平台钢结构设计、网架设计、人行天桥设计、通讯塔设计等。本书可培养学生综合能力和创新思想，提高笔算和电算的实用能力。设计案例丰富多彩，涵盖了土木工程的典型钢结构设计方向。计算过程和电算操作深入浅出，所有计算均采用四舍五入法；图纸绘制清晰，部分施工图还制作了二维码，读者可以扫码查看详图。

本书由合肥工业大学王静峰教授、肖亚明副教授担任主编，合肥工业大学王成刚副教授、杨扬讲师、蔡文玉讲师担任副主编。全书共计 8 章，其中，第 1 章、第 7 章、第 8 章由王静峰、江姗编写；第 2 章、第 3 章由杨扬编写；第 4 章由王成刚编写；第 5 章由蔡文玉编写；第 6 章由肖亚明编写。在本书编校整理过程中，徐秋雨、顿宗怡、赵鹏、李景哲、苏杭、肖强、张坤、张荣、种琳协助主编做了大量工作。

限于时间和水平，书中的疏漏和不妥之处，敬请广大同行及读者批评指正。

编　者

2019 年 5 月

目　录

第 1 章　绪　论

1.1　课程设计指导原则 ………………………………………… (1)
1.2　课程设计计算书编制 ………………………………………… (7)
1.3　设计施工图绘制 ………………………………………… (7)
1.4　钢结构设计软件简介 ………………………………………… (10)

第 2 章　三角形钢屋架设计范例

2.1　课程设计任务书 ………………………………………… (27)
2.2　三角形钢屋架设计 ………………………………………… (28)
2.3　结构施工图绘制 ………………………………………… (42)

第 3 章　梯形钢屋架设计范例

3.1　课程设计任务书 ………………………………………… (43)
3.2　梯形钢屋架设计 ………………………………………… (44)
3.3　结构施工图绘制 ………………………………………… (58)

第 4 章　门式刚架设计范例

4.1　课程设计任务书 ………………………………………… (59)
4.2　门式刚架设计 ………………………………………… (60)
4.3　结构施工图绘制 ………………………………………… (78)
4.4　电　算 ………………………………………… (80)

第 5 章　平台钢结构设计范例

5.1　平台钢结构简介 ………………………………………… (94)
5.2　课程设计任务书 ………………………………………… (96)
5.3　平台钢结构设计 ………………………………………… (98)
5.4　结构施工图绘制 ………………………………………… (120)
5.5　电　算 ………………………………………… (123)

第 6 章　网架设计范例

6.1　课程设计任务书 ………………………………………… (131)
6.2　网架设计 ………………………………………… (133)
6.3　结构施工图绘制 ………………………………………… (148)
6.4　电　算 ………………………………………… (151)

第7章 人行天桥设计范例

7.1 人行天桥简介 …… (162)
7.2 钢箱梁桥结构设计 …… (164)
7.3 课程设计任务书 …… (167)
7.4 人行天桥设计 …… (168)
7.5 结构施工图绘制 …… (179)
7.6 电 算 …… (180)

第8章 通信塔设计范例

8.1 通信塔简介 …… (188)
8.2 课程设计任务书 …… (192)
8.3 通信塔设计 …… (194)
8.4 电 算 …… (226)

参考文献 …… (236)

第1章　绪　论

1.1　课程设计指导原则

1.1.1　课程设计目的

钢结构课程设计是土木工程专业及相关专业的主干课程之一，也是一门重要的专业课，是研究土木工程专业（建筑工程、道路与桥梁工程、岩土工程等方向）钢结构设计的一门工程土建类技术型课程。

钢结构课程设计是土木工程专业必备的教学实践环节，是钢结构课程教学的重要组成部分。钢结构课程设计不仅要求学生深刻理解、巩固、掌握钢结构课程的基本理论和基本知识，而且要求学生对所学知识能融会贯通，学会使用相关规范、规程和图集，查阅设计手册和资料，建立钢结构设计概念，进行钢结构设计计算与施工图绘制。钢结构课程设计重在培养学生综合运用所学理论知识，独立分析和解决钢结构工程实际问题的能力，让学生得到工程设计能力的初步培养和训练，提高动手能力，为后续课程的学习和毕业设计打下扎实基础，有助于本科生毕业后能够较快地胜任钢结构设计和施工工作。

1.1.2　课程设计内容

钢结构课程设计旨在了解钢结构设计的基本程序，掌握一般设计方法，熟悉国家有关设计规范、规程和图集，学习施工图的绘制方法。

目前钢结构课程设计的主要发展形势：

(1)从目前社会发展和工程应用来看，钢结构课程设计的题目应多样化，学生应一人一题，同时布置多个不同的设计选题，如给出三角形钢屋架、梯形钢屋架、人字形屋架等，每种屋架形式再赋予不同的恒荷载、活荷载以及不同的跨度尺寸等。

(2)钢结构课程设计的题目应该力求工程化。钢结构课程设计的选题应尽量结合工程实际，注重培养学生工程设计的实战能力和创新思维方式。

(3)钢结构课程设计应培养学生使用现代钢结构设计软件进行设计的能力。目前设计单位都已采用专用钢结构设计软件，如 PKPM 系列的 STS、3D3S、MIDAS 等进行钢结构设计。为了尽快适应以后的工作需要，钢结构课程设计应创造条件让学生使用相关软件进行结构计算和绘图。

(4)钢结构课程设计可与建筑信息化模型 BIM 技术相结合。建筑信息模型是通过建立虚拟的建筑工程三维模型，利用数字化技术，为模型提供完整的、与实际情况一致的建筑工程信息库。目前市场紧缺 BIM 技术人才，采用 BIM 技术进行钢结构课程设计，有助于学会 Revit、ArchiCAD 等 BIM 软件。

(5)课程设计必须学习与钢结构设计相关的规范、标准和图集，指导学生学会查阅相关设计手册和资料。

目前大多数院校仍在采用传统的钢结构课程设计题目，例如三角形钢屋架和梯形钢屋架设计。其涉及的知识点有限，仅为轴向受力构件和轴向受力作用下的角焊缝计算，构件类型少，节点单一，重复计算量大，有一定的局限性，无法考察更多的知识点，如受弯构件、(拉)压弯构件、螺栓连接等，不利于学生全面掌握计算和设计方法。

为了适应现代钢结构行业发展的需要，土木工程专业的毕业设计已经打破以往多层混凝土框架为主的传统结构设计模式，增加了钢结构方面的设计题目，如多高层钢结构住宅设计、多跨钢结构工业厂房设计及空间网架结构设计等。因此，钢结构课程设计选题的多样性也势在必行，可以在传统的三角形屋架和梯形屋架设计题目的基础上，增加门式刚架、网架、楼梯、广告牌、多层钢框架等，既体现课程设计学时短、针对性强的特点，又突出专业理论知识和计算软件实际动手操作能力等适合课程设计的题目。

钢结构课程设计内容包括收集资料、结构选型、结构布置、尺寸确定、材料选择、计算简图、荷载计算、内力计算、内力组合、构件截面设计、节点设计、施工图绘制等。对计算过程首先要进行手算，然后可按设计条件，运用现代化钢结构设计软件进行电算。手工计算结果和电算结果进行比较，检验手工计算的正确性。设计工作结束时要求学生独立完成一份完整的钢结构(钢屋架、网架、门式刚架、钢框架)设计计算书和1～2张一号施工图。

以传统的三角形钢屋架课程设计为例，其课程设计内容如下：

(1)钢屋架的选型：构件尺寸的确定，钢材材质的选择。

(2)屋盖支撑体系的设计：支撑的布置与计算。

(3)荷载与杆件内力的计算：节间荷载、节点荷载、杆件轴力和局部弯矩的计算。

(4)杆件截面的设计：确定各杆件的形式、规格。

(5)节点设计：确定节点板的形状尺寸、焊缝计算与构造要求。

(6)施工图：绘制1～2张钢屋架的施工图。

1.1.3 课程设计步骤

钢结构课程设计应根据课程设计任务书中提供的基本信息资料，参考钢结构设计规范和相关书籍，先进行结构选型、结构和构件尺寸布置，确定结构计算简图，再进行荷载组合和内力计算。计算时要考虑结构构件在不同荷载组合情况下的内力计算，然后进行构件截面设计、节点设计和基础设计。最后根据计算结果确定构件尺寸，绘制钢结构施工图。对计算过程首先要进行手算，然后进行电算，将手工计算的结果与电算结果进行比较，分析手工计算的合理性，加深对钢结构设计理论的熟悉程度。

钢结构课程设计的主要步骤包括收集资料、结构选型、结构布置、计算简图、荷载计算、荷载组合、内力计算、内力组合、构件截面设计、构件连接与节点设计、施工图绘制等。

1. 收集资料

收集资料包括两个部分：一是建筑钢结构设计的要求，包括建筑设计场地周边环境资料、结构设计地质资料、水文资料、气象资料、地震资料等，这些内容一般在课程设计任务书中已经给出。因此，收集资料主要是指收集建筑结构设计需要的各种设计手册、设计规范、设计标准、设计图集、设计工具书等，因为钢结构教科书的内容往往是有限的，钢结构课程设计不只局限于钢结构教科书的内容。因此应在设计任务书中列出主要参考资料，引导学生逐步摆脱对教师的依赖性，培养独立获取知识的能力。应向学生交代查找资料时应注意的有关事项，但在具体设计计算及构造方面不宜作过细的示范，避免学生把指导教师作为“活资料”的依赖心理。

2. 结构选型

建筑钢结构的分类方法很多。钢结构体系房屋结构形式可分为门式刚架结构、钢框架结构、钢框架—支撑结构、钢框架—混凝土剪力墙结构、交错桁架结构、巨型结构含子结构体系等等。门式刚架结构可分为单跨、双跨、多跨刚架及带挑檐的和带毗屋的刚架等形式。

各种结构都有其一定的适用范围，应根据其材料性能、结构类型、受力特点和建筑使用要求及施工条件等因素进行合理选择。结构选型实际上是选择合理的结构方案，是一项综合性能很强的技术工作，必须慎重对待。

3. 结构布置

选择好结构类型后，就可进行结构体系的平面和竖向布置。有抗震要求的结构平面布置宜简单、规则、对称，减少偏心；平面长度不宜过长，突出部分长度宜减小，凹角处宜采取加强措施。建筑的立面和竖向剖切面力求规则，结构的侧向刚度均匀变化，避免刚度突变；竖向抗侧力构件截面和材料强度等级自下而上逐渐减小，宜避免抗侧力结构的承载力突变。设计时宜调整平面形状和尺寸，采用构造和施工措施，不设伸缩缝、防震缝和沉降缝。当需要设缝时应使三缝合一，并将房屋结构划分为独立的结构单元。

例如，门式刚架的结构布置应首先确定合理的跨度，合适的刚架间距，还要确定柱脚连接，梁、柱截面尺寸，最后还有伸缩缝的设置、墙梁布置和支撑布置等。网架结构的结构选型和结构布置则包括网架结构的类型、网格的尺寸、网架的厚度、支座位置及约束形式等内容。

4. 计算简图

结构设计时，做结构计算前需要将复杂的工程结构经过综合分析，抽象为简单合理的力学模型，画出计算简图，以便于分析设计。例如钢框架结构房屋是由横向和纵向框架组成的空间结构，在手算时，通常近似地按两个方向的平面框架分别计算。钢框架计算简图用梁、柱的轴线表示。

5. 荷载计算

作用在工程结构上的荷载有直接荷载与间接作用。直接荷载分为竖向荷载和水平荷载。荷载有楼(屋)盖重力荷载、均布活荷载、雪荷载、积灰荷载及悬挂荷载、吊车荷载等；水平荷载有风荷载、地震荷载。间接作用包括温度作用、地基不均匀沉降变形等。荷载有永久荷载、可变荷载、偶然荷载。例如普通屋架上的荷载包括恒载(屋面重量和屋架自重)、屋面均布活荷载和雪荷载(两者取大值)、风荷载、积灰荷载及悬挂荷载。网架结构设计时荷载又需考虑温差作用。

6. 荷载组合

根据荷载规范，须考虑各种不同工况下的荷载组合，以最不利的荷载组合来控制结构设计。

7. 内力计算

计算出结构构件在每种荷载下控制截面可能的内力(弯矩、剪力、轴力或其中某一项)。

8. 内力组合

按照不同工况下，每种荷载组合对应的内力进行组合。

9. 构件截面设计

取结构构件控制截面最不利的一种或几种内力组合值进行截面设计。

10. 构件连接与节点设计

钢结构构件连接与节点设计是结构设计的重要部分。设计时学生容易产生只重视钢结构计算,而忽视钢结构构造措施要求的倾向。构造连接处理不当的构件、节点往往是造成工程事故的隐患,因此在设计过程中,必须重视构造连接的正确选择。例如钢梁的横向加劲肋应切角,以防止三向焊缝相交造成应力集中;实腹式柱腹板高厚比大于 80 时,应设置横向加劲肋等等。

11. 施工图绘制

施工图绘制是钢结构课程设计的一个重要环节。学生不仅要能看懂钢结构设计图纸的细部构造,而且要学会用工程语言规范表达,保持图面整洁,便于指导教师审核,同时让施工人员容易理解设计意图。

1.1.4 课程设计考核

钢结构课程设计的考核在设计中具有举足轻重的地位,不仅有利于调动学生的积极性、主动性,而且有利于提高钢结构课程设计的质量。考核应力求公平、公开、全面、合理,主要从四个方面进行考核:第一,设计说明书质量,包括概念是否清楚、计算是否正确、说明书是否完整、层次是否分明、文字是否流畅等;第二,施工图纸质量,包括图面整洁性、制图规范性、布局合理性、尺寸标注全面性等;第三,平时表现,包括学习态度、出勤率、设计的主动性、独立性等;第四,课程设计答辩情况,包括自述表达情况、问题回答的完整性、计算的准确性等。

钢结构课程设计期间,需要加强过程管理。设计前能够科学地、详细地制定设计进度,列出每天学生应完成的工作量,让学生做到心中有数。设计过程中,指导教师应随时检查学生设计进展情况,掌握每个人的学习态度和综合表现。

钢结构课程设计需要完成以下三个方面的工作:(1)记录每个学生在课程设计工作期间的平时表现,包括出勤和完成进度;(2)要求学生提交设计成果;(3)组织课程设计答辩工作。

1. 课程设计的成果要求

钢结构课程设计结束时,要求每个学生绘制出 1～2 张施工图和整理出一份完整的计算书,具体要求如下:

(1)课程设计计算书应书写工整,并附有必要的简图。插图应按一定比例绘制,图文并茂,纸张规格为 A4。

① 课程设计计算书内容要求:有标题、目录、摘要、关键词、正文、谢辞、参考文献、附录(可以没有)等。

标题:要求简洁、确切、鲜明。字数不宜超过 20 个字。

目录:写出目录,标明页码。

摘要:扼要叙述本设计的主要内容、特点,文字要精炼。

关键词:挑选 3～5 个最能表达主要内容的词作为关键词。

正文:设计方案论证,计算部分,结构设计部分,结论。

谢辞:简述自己通过设计的体会,并对指导教师和协助完成设计的有关人员表示谢意。

参考文献:列出论文中所参考的专著、论文及其他资料,所列参考文献应按论文参考或引证的先后顺序排列。

附录:将各种篇幅较大的图纸、数据表格、计算机程序等材料附于说明书的谢辞之后。

② 课程设计计算书的其他要求：

课程设计计算书的文字要求用规范的简化字。

课程设计计算书中所有插图、表格都必须有名称和编号，编号可以统一编序，也可以逐章单独编序。编号必须连续，不得重复或跳跃。表格的结构应简洁。表格中各栏都应标注量和相应的单位。表格内数字须上下对齐，相邻栏内的数值相同时，不能用“同上”“同左”和其他类似用词，应一一重新标注。表名和表号置于表格上方中间位置。图号和图名置于图下方中间位置。

课程设计计算书中重要的或者后文中须重新提及的公式应标注序号并加圆括号，序号一律用阿拉伯数字按章编序，如(6-10)，序号排在版面右侧，且与右边距离相等。公式与序号之间不加任何线段(直线、虚线、点线)。

课程设计计算书中数字用法：公历世纪、年代、年、月、日、时间和各种计数、计量，均用阿拉伯数字。年份不能简写，如 1999 年不能写成 99 年。数值的有效数字应全部写出，如：0.50∶2.00 不能写作 0.5∶2。

(2)图纸应符合《总图制图标准(GB 50103－2010)》《建筑制图标准(GB 50104－2010)》《建筑结构制图标准(GB 50105－2010)》《房屋建筑制图统一标准(GB/T 50001－2010)》的要求。

① 图纸应按《房屋建筑制图统一标准(GB/T 50001－2017)》规定的图纸幅面，采用 2＃或 1＃图。

1＃图纸——841mm×594mm

2＃图纸——594mm×420mm

2＃加长图纸——(594mm＋594mm/3)×420mm 或(594mm＋594mm/2)×420mm

② 定稿图用铅笔按比例绘制于白色绘图纸上，设计成果图用针管笔绘制于硫酸图纸上，图幅尺寸规范，图签格式正确，图面布置均衡，标注完整，线型等级清晰，字体采用工程仿宋体，各种制图符号及字体大小符合制图规范。

(3)为使设计规范统一，结构施工图具体要求如下：

① 结构布置图采用大比例 1∶150～1∶200；

② 详图比例：轴线 1∶20～1∶30；截面、节点 1∶10～1∶15；

③ 标题栏：如图 1-1 所示。

<table>
<tr><td colspan="8">××大学××学院课程设计</td><td>10</td></tr>
<tr><td>题 目</td><td colspan="4"></td><td rowspan="2">图号</td><td rowspan="2"></td><td></td><td>7</td></tr>
<tr><td>图 名</td><td colspan="4"></td><td></td><td>7</td></tr>
<tr><td>学 生</td><td></td><td>指导教师</td><td></td><td colspan="2">课程组组长</td><td colspan="2"></td><td>7</td></tr>
<tr><td>年 级</td><td></td><td>督导教师</td><td></td><td colspan="2">教学院长</td><td colspan="2"></td><td>7</td></tr>
<tr><td>日 期</td><td></td><td>答辩教师</td><td colspan="5"></td><td>7</td></tr>
<tr><td>25</td><td>25</td><td>25</td><td>38</td><td>15</td><td>10</td><td>15</td><td>15</td><td></td></tr>
</table>

图 1-1 图例

2. 课程设计的成绩评定

钢结构课程设计的成绩建议比例由三部分构成:(1)平时成绩,包括学生出勤、独立工作能力、科学态度和工作作风,占25%;(2)提交的设计成果,包括设计计算书和设计图纸,占60%;(3)答辩成绩,包括自述和回答提问情况,占15%。

课程设计成绩最终采用五级记分制或百分制给出:优秀(90~100分)、良好(80~89分)、中等(70~79分)、及格(60~69分)、不及格(60分以下)。要求优秀的比例一般控制在15%左右,良好的比例控制在40%以内,不及格的比例一般在5%左右。

(1)优秀

① 在课程设计工作期间,工作刻苦努力,态度认真,遵守各项纪律,表现出色。

② 能按时、全面、独立地完成设计任务书所规定的各项任务,综合运用所学知识,独立分析问题和解决问题的能力强,并在设计的某些方面有一定程度的创见或独特见解。

③ 方案合理,计算正确,受力概念清楚,分析透彻,论证充分,文字通顺,结构严谨,计算书书写工整,图纸编号齐全,完全符合规范化要求。

④ 设计图纸符合国家标准,图面整洁,布局合理,尺寸标注正确,符合技术用语要求。具有较强的计算机绘图能力。

⑤ 答辩时能简明、准确地表达论文的主要内容,能准确深入地回答主要问题,有很好的语言表达能力。

(2)良好

① 在课程设计工作期间,工作刻苦努力,态度认真,遵守各项纪律,表现良好。

② 能按时、全面、独立地完成设计任务书所规定的各项任务,综合运用所学知识,独立分析和解决问题的能力较好。

③ 方案基本合理,计算正确,对方案论述比较充分,理论分析和计算能力较强。文字通顺,概念清楚,符合规范化要求。

④ 设计图纸符合国家标准,图面整洁,布局合理,书写工整,具有一定的计算机绘图能力。

⑤ 答辩时能较简明、准确地表达论文的主要内容,能正确地回答主要问题,有较好的语言表达能力。

(3)中等

① 在课程设计工作期间,工作刻苦努力,态度比较认真,遵守各项纪律,表现一般。

② 能按时、全面、独立地完成设计任务书所规定的各项任务,综合运用所学知识,分析问题和解决问题的能力一般。

③ 设计方案比较合理,论述清楚,理论分析和计算基本正确,文字表达清楚,设计无原则性错误。

④ 设计图纸符合国家标准,图面较整洁,布局较合理,书写一般,计算机绘图能力尚可。

⑤ 答辩时能阐述论文的主要内容,能够比较正确地回答主要问题。

(4)及格

① 在课程设计工作期间,基本遵守各项纪律,表现一般。

② 独立工作能力较差,在教师指导下,基本上能按时和全面地完成设计任务书所规定的各项任务,有一定的分析问题和解决问题能力。

③ 设计方案基本正确,论述基本清楚,理论分析和计算无大错误,文字表达较清楚。

④ 设计图纸基本符合国家标准,图面质量较差,书写较工整。计算机绘图能力较差。

⑤ 答辩时能阐述论文的主要内容,经答辩老师启发,能够回答主要问题。

(5)不及格

① 在课程设计工作期间,态度不够认真,纪律松懈。

② 独立工作能力较差,在教师指导下,仍不能按时和全面地完成设计任务书所规定的各项任务,课程设计未达到最低要求。

③ 设计方案有原则性错误,结构计算存在严重错误,缺乏必要的理论基本知识和专业基本知识。

④ 图面质量差,文字表达较差。

⑤ 答辩时不能正确阐述论文的主要内容,经答辩教师启发后仍不能正确回答各种问题。

1.2 课程设计计算书编制

1.2.1 编写课程设计计算书的目的

施工图设计作为工程运作的第一步,必须遵循经济、安全、适用、美观的方针。为此,国家质量监督和管理部门,出台了大量的规范、规程和地方工程建设标准。设计必须符合规范规定是保障工程安全的必要条件,同时也是工程质量具有可追溯性的必然要求。

因此,在设计计算书中,需要详细记录工程设计的相关信息,如设计委托书编号、工程地质勘查资料、设计的工艺参数及结构的荷载取值、结构设计依据标准等。

1.2.2 编制设计计算书的要求

设计计算书作为与施工图相一致的重要文件,必须对下列要点进行详细记录:

(1)设计依据。主要包括设计荷载、地震设计资料及相关的参数取值、房屋的抗震等级等与房屋建筑紧密相关的材料。

(2)设计所依据的标准名称。如钢结构设计必须满足现行的钢结构设计规范、高层建筑钢结构设计规程、建筑结构荷载规范、地基基础设计规范、网架结构设计与施工规程、门式刚架轻型房屋钢结构技术规程等。

(3)结构内力计算所采用的计算模型、简化假设。应用结构设计软件进行计算时,必须详细记录荷载取值、相关输入参数的取值、内力调整系数的取值等。

(4)记录结构计算的主要结果,包括位移、内力及相应的内力组合;同时对构件设计的内力取值进行说明,对结构正常使用极限状态的变形进行验算等。

(5)对钢结构的节点设计进行详细的记录,如与节点相连的构件尺寸、焊缝长度、焊高等,并与结构施工图内容相一致。

1.3 设计施工图绘制

1.3.1 绘图依据

建筑结构制图主要依据国家相关的规范和标准。如《总图制图标准(GB 50103-2010)》

《建筑制图标准(GB 50104—2010)》《建筑结构制图标准(GB 50105—2010)》《房屋建筑制图统一标准(GB/T 50001—2017)》作为现代制图的依据。

1.3.2 制图基本规定

标准型图纸幅面有5种,其代号为A0、A1、A2、A3、A4,如图1-2所示。幅面和图框尺寸符合表1-1的规定。在绘图时,可以根据所绘图形种类及图形的大小选择图纸。

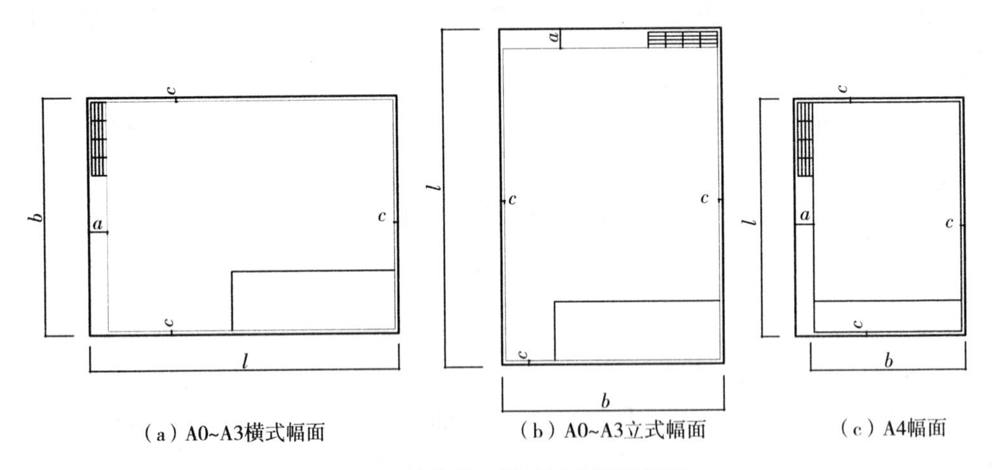

(a)A0~A3横式幅面　(b)A0~A3立式幅面　(c)A4幅面

图1-2　结构施工图的标准图纸幅面

表1-1　幅面和图框尺寸　(单位:mm)

尺寸代号 截面代号	A0	A1	A2	A3	A4
$b\times l$	841×1189	594×841	420×594	297×420	210×297
c	10		5		
a	25				

1.3.3 比例设置

绘图时根据图样的用途、被绘物体的复杂程度,应选用表1-2中的常用比例,特殊情况下也可选用可用比例。

表1-2　图纸比例

图名	常用比例	可用比例
结构平面图 基础平面图	1∶50,1∶100 1∶150,1∶200	1∶60
圈梁平面图、总图 中管沟、地下设施等	1∶200,1∶500	1∶300
详图	1∶10,1∶20	1∶5,1∶25,1∶4

说明:当构件的纵横向断面尺寸相差悬殊时,可在同一详图中的纵横向选用不通融的比例绘制。轴线尺寸与构件尺寸也可选用不同的比例绘制。

1.3.4　字体设置

（1）图纸上的文字、数字或符号等，均应清晰、字体端正，一般用计算机绘图，汉字一般用仿宋体，大标题、图纸封面、地形图等汉字，也可使用其他字体，但应易于辨认。

（2）汉字的简化书写，必须符合国务院公布的《汉字简化方案》和有关规定。

（3）汉字的数值注写，应采用正体阿拉伯数值。各种计量单位凡前面有量值的均应采用国家颁布的单位符号注写。单位符号应采用正体字母。

（4）分数、百分数和比例数的注写，应采用阿拉伯数值和数学符号，例如四分之三、百分之二十和一比十分别写成3/4、20%、1∶10。

（5）当注写的数字小于1时，必须写出个位的"0"，小数点应采用圆点，齐基准线书写，例如0.02。

1.3.5　图线的宽度

图线的宽度 b，宜从下列线宽系中取用：3.0，3.4，3.0，0.7，0.5，0.35mm。每个图样应根据复杂程度与比例大小，先选定基本线宽 b，再选用表1-3相应的线宽组。

表1-3　线宽组　　（单位：mm）

线宽比	线宽组					
b	2.0	1.4	1.0	0.7	0.5	0.35
0.5b	1.0	0.7	0.5	0.35	0.25	0.18
0.25b	0.5	0.35	0.25	0.18	—	—

1.3.6　基本符号

绘图中相应的符号应一致，且符合相关规定的要求，如钢筋、螺栓的编号均应符合相应的规定。具体的符号绘制方法参见相关制图教材。

1.3.7　钢结构制图

钢结构设计图一般包括：

（1）设计说明：设计依据、荷载资料、项目类别、工程概况、所用钢材牌号和质量等级（必要时提出物理、力学性能和化学成分要求）、连接件的型号、规格、焊缝质量等级、防腐及防火措施等。

（2）基础平面及详图应表达钢柱与下部混凝土构件的连接构造详图。

（3）结构平面（包括楼面、屋面）布置图应注明定位关系、标高、构件（可用单线绘制）的位置及编号、节点详图索引号等；必要时应绘制檩条、墙梁布置图和关键剖面图；空间网架应绘制上弦杆、下弦杆和关键剖面图等。

(4)构件与节点详图：简单的钢梁、柱可用统一详图和列表法表示，注明构件钢材牌号、尺寸、规格、加劲肋做法，连接节点详图、施工与安装要求；格构式梁柱支撑应绘出平剖面与定位尺寸、总尺寸、分尺寸、注明单构件型号、规格、组装节点和其他构件连接详图。

(5)钢结构施工详图：根据钢结构设计图编制组成结构构件的每个零件的放大图，标准细部尺寸、材质要求、加工精度、工艺流程要求、焊缝质量等级等，宜对零件进行编号；并考虑运输和安装能力确定构件的分段和拼装节点。

图纸编排的一般顺序如下：

(1)按工程类别，先建筑结构，后设备基础、构筑物；

(2)按结构系统，先地下结构，后上部结构；

(3)在一个结构系统中，按布置图、节点详图、构件详图、预埋件及零星钢结构施工图的顺序编排。

1.4 钢结构设计软件简介

目前国内大多数高等院校在进行钢结构课程设计时均采用手工计算为主的教学内容，随着钢结构设计软件的推广和普及，采用计算机辅助设计计算正逐步取代手工计算，成为设计单位主要计算方法。用计算机改造传统建筑行业技术运用是历史发展的必然趋势。因此有必要在大学期间培养学生们对钢结构设计软件的正确理解和运用，提高计算机应用水平。目前国内常用的钢结构设计软件主要有中国建筑科学研究院开发的 PKPM 系列中的 STS 模块，浙江大学空间结构研究中心开发的 MSTCAD 空间网格结构分析设计软件，同济大学开发的 3D3S 空间钢结构设计软件，北京盈建科股份有限公司开发的盈建科软件，美国 CSI(Computers and Structures Inc)公司开发研制的通用结构分析与设计软件 SAP2000，北京迈达斯技术有限公司开发的 MIDAS 软件等。本章将对上述钢结构设计软件作简要介绍。

1.4.1 PKPM 系列软件 STS 模块介绍

PKPM 系列软件是国内应用最广的设计软件之一，其早期开发制作的初衷是为结构设计服务，但目前它已经成为一个包括建筑、结构、设备、节能和概预算在内的综合 CAD 系统，并向集成化和智能化的方向发展。目前的钢结构设计模块主要是指其中的 STS 部分，其功能包括从钢结构建筑模型的输入、截面优化、结构分析、构件强度和稳定性验算、节点设计、直到施工详图绘制；软件可适用于多高层钢框架、轻钢门式刚架、排架、钢桁架等多种钢结构形式，如图 1-3 所示。STS 作为专业的钢结构设计软件，其研制开发遵从目前国内的钢结构设计规范和常用钢结构设计手册、标准图集等。

STS 可实现二维和三维两种建模方式。三维建模中引导用户逐层布置各层平面，再输入层高，建立起整体结构，并可自动完成自重计算，荷载从楼板—次梁—主梁—承重的柱、墙和上部结构传到基础的全部传导计算，如图 1-4 所示。

图 1-3　STS 模块界面

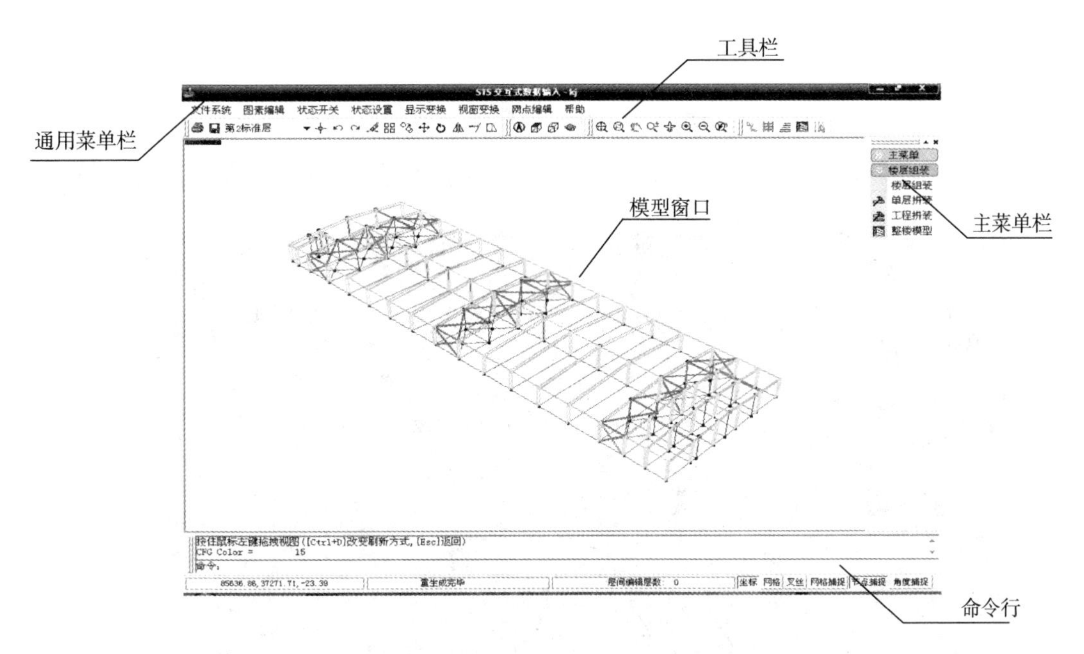

图 1-4　框架三维设计界面

二维建模数据可由三维建模数据自动生成，也可用人机交互方式生成，方便地建立起平面杆系结构模型；对于某些结构形式，比如门式刚架和桁架等还提供了快速输入向导，来输入各种作用形式的荷载和地震计算参数，如图 1-5 所示。

三维建模数据接口 PKPM 的分析程序包括 TAT 和 SATWE，而二维建模数据可接口 STS 软件自带的平面杆系分析程序。结构分析和构件验算时程序自动进行结构内力分析和组合，并根据相关钢结构规范来进行构件的强度、稳定性验算。在内力计算和构件设计结束后，程序还能按照用钢量最小原则进行截面的优化设计，即在满足规范要求的前提下，在自

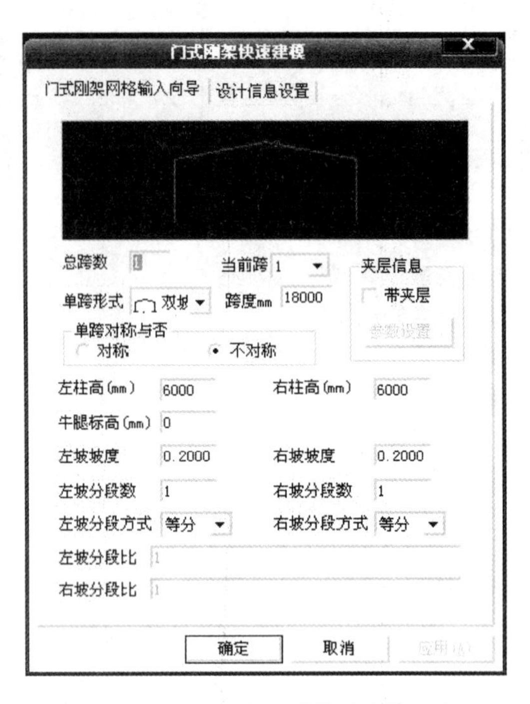

图 1-5　门式刚架二维快速建模向导

动或人工定义的变化范围内，快速地寻找到用钢量最小的截面尺寸，如图 1-6 所示。

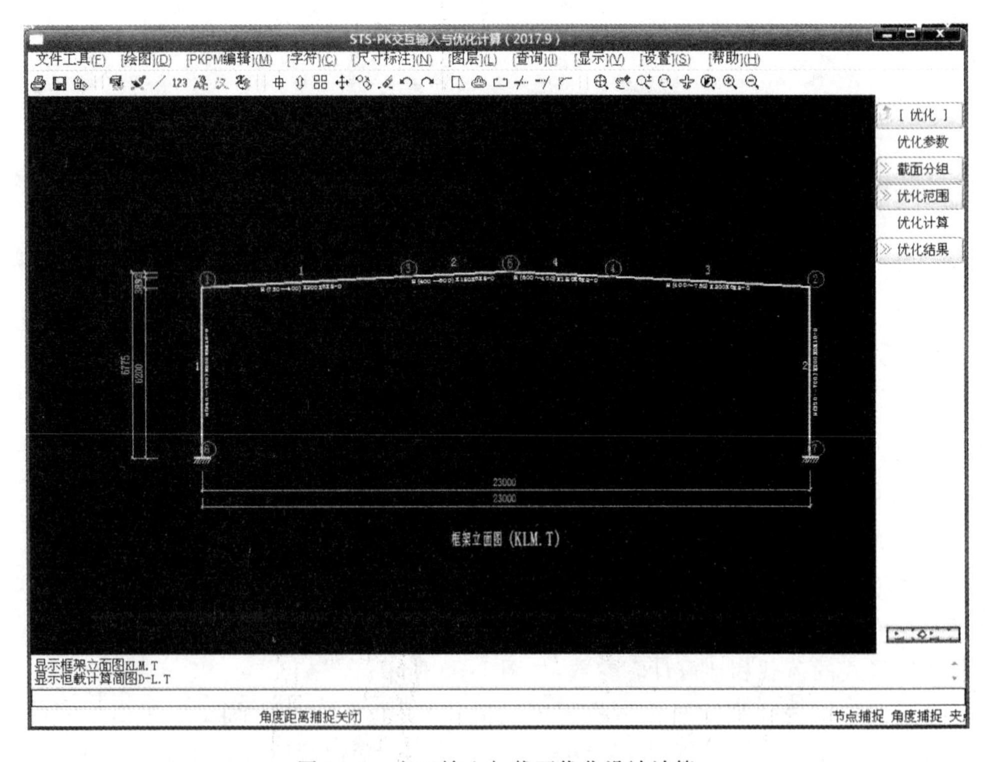

图 1-6　交互输入与截面优化设计计算

在内力分析完成后，STS 用内力计算结果再进行连接节点设计和施工详图绘制。在节点设计中提供梁柱刚接节点、屋脊节点、柱脚节点、梁的拼接节点、柱牛腿的设计，如图1-7所示。施工图输出包括刚架整体结构图、柱脚和连接节点剖面图、异形腹板的放样图、构件详图等，如图1-8所示。施工图根据标准图编制、图纸提供详细的尺寸标注、焊缝标注、螺栓排列、零件编号以及材料表和图纸附注说明。软件中的绘图编辑工具可以将生成的T图形文件转化成AutoCAD的DWG图形文件，图形绘制、编辑和打印环境非常方便。

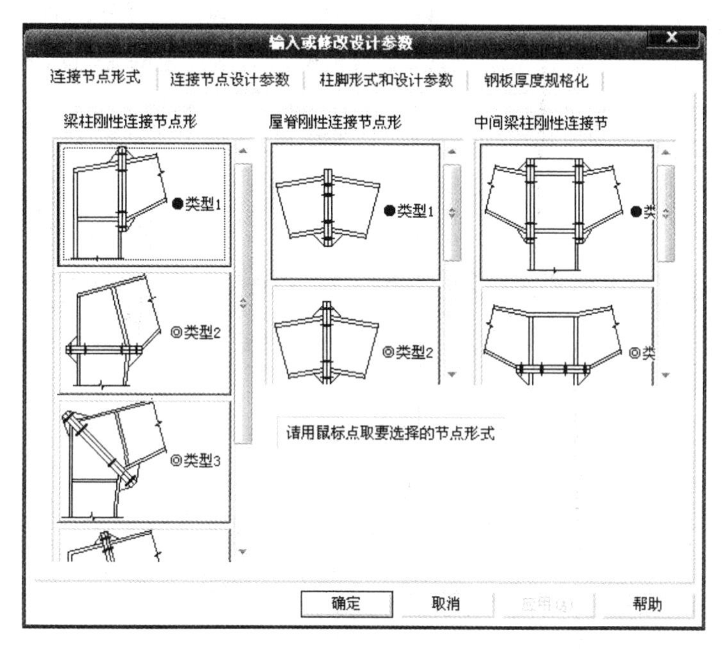

图1-7　节点设计参数选择

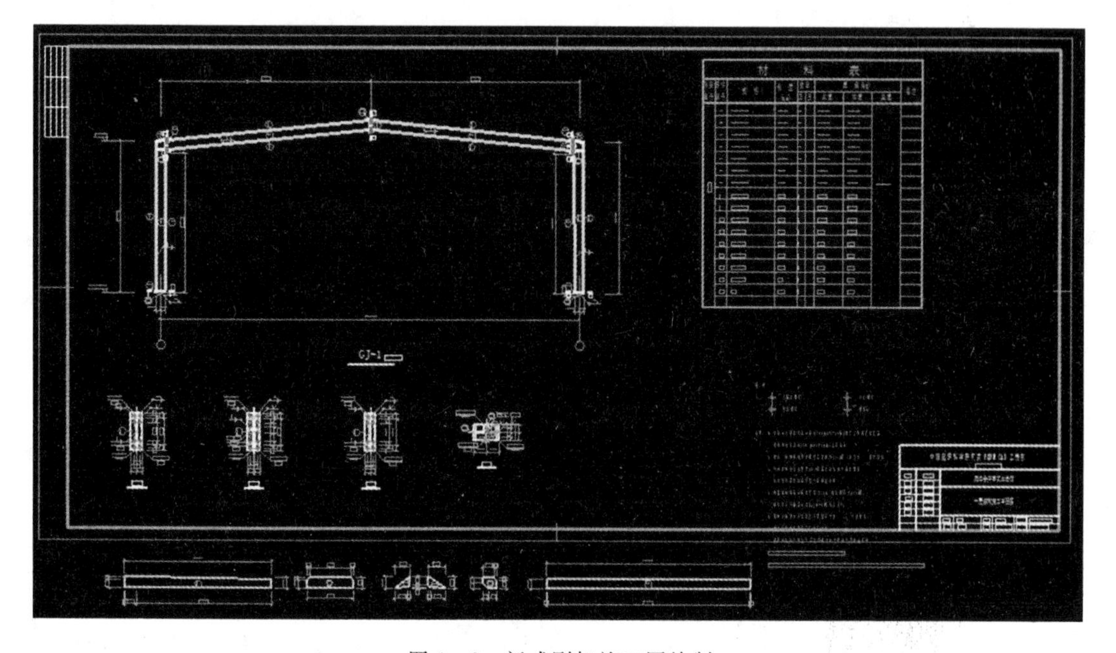

图1-8　门式刚架施工图绘制

1.4.2 MSTCAD 软件介绍

空间网架结构已得到广泛应用,尤其是用于工业与民用建筑中的屋盖结构。它由多个杆件按一定的规律布置,通过节点连接而成的网状空间杆系结构,具有刚度大、自重轻、造型丰富、材料省、施工安装方便等诸多优点。MSTCAD 是浙江大学空间结构研究中心研发的成果,它已经被成功应用于多项大型复杂体型空间结构。软件具有良好的中文用户界面,能方便地实现建模、分析计算和设计,配置大量符合网格结构特色的菜单功能命令,包括模块有前处理、分析设计计算和施工图绘制。它在设计全过程中实现与用户的图形交互,从输入结构尺寸、杆件优化设计到结构施工图绘制,操作直观方便。

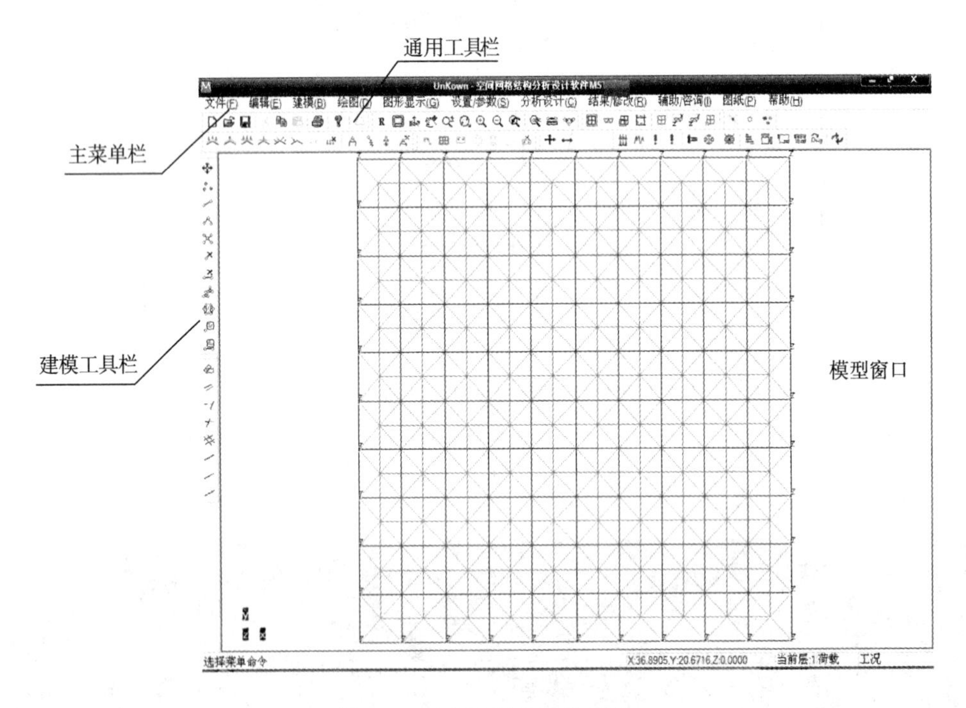

图 1-9 MTSCAD 软件界面

MSTCAD 在标准网格菜单里提供基本网格形式包括矩形平板网架、圆形平板网架、单层球面壳、双层球面壳、单层柱面壳、双层柱面壳和扭面壳等,如图 1-10 所示。设计者可以根据需要来选择标准网格,如果实际需要的网格形式比较特殊,可以选择与实际网格形式较接近的基本网格形式,利用前处理采用加点、加杆的菜单命令来修改。如果网格结构方案非常特殊,也可采取在三维 CAD 中建立几何模型,再在软件中导入 DXF 文件。

软件中网架结构计算原则为:采用空间桁架位移法进行计算,通常情况下认为所有杆件为二力杆,杆件之间节点为铰接,外荷载加载在节点上,杆件只承受轴向力,不承受横向荷载;同时软件可以设置刚接节点,如对网架结构和下部结构协同分析时,也可将下部结构按照梁柱单元输入。杆件截面采用满应力优化设计方法,通过使杆件应力值达到或接近设计允许应力,以调整截面大小,节省用料,计算提示信息如图 1-11 所示。

标准网格建模向导
矩形平板网架
圆形平板网架
单层球面壳
双层球面壳
单层柱面壳
双层柱面壳
扭面壳
其他
< 上一步(B)
下一步(N) >
取消
帮助

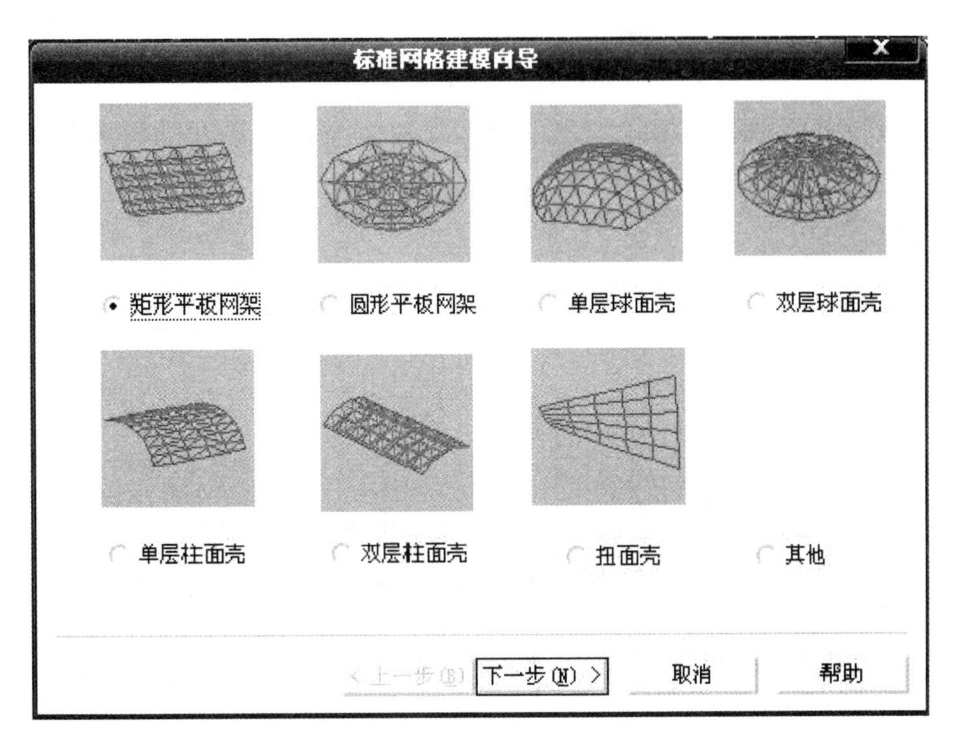

图1-10 标准网格建模向导

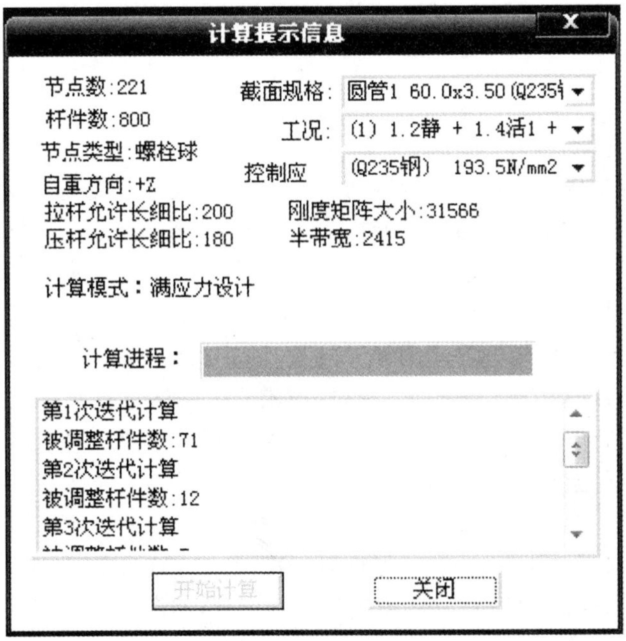

计算提示信息
节点数:221
杆件数:800
节点类型:螺栓球
自重方向:+Z
拉杆允许长细比:200
压杆允许长细比:180
截面规格: 圆管1 60.0x3.50(Q235
工况: (1) 1.2静 + 1.4活1 +
控制应 (Q235钢) 193.5N/mm2
刚度矩阵大小:31566
半带宽:2415
计算模式:满应力设计
计算进程:
第1次迭代计算
被调整杆件数:71
第2次迭代计算
被调整杆件数:12
第3次迭代计算
开始计算
关闭

图1-11 计算提示信息

MST具有施工图绘制功能模块,它能够方便、快捷和有序地完成网格结构的施工图纸,包括结构总平面图，各层弦杆和剖面图。操作的时候经过施工图预演步骤，进行适当调整和修改后，在文件夹目录中输出 DWG 文件，如图 1－12 所示。

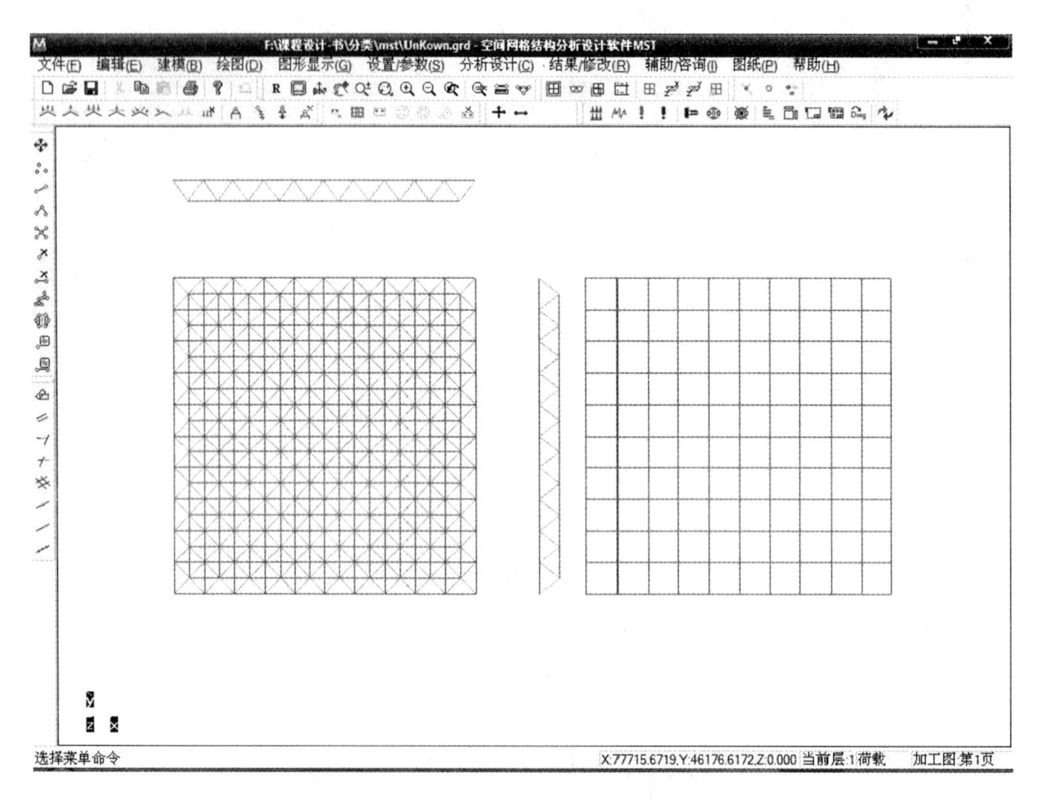

图 1－12 施工图输出

1.4.3 3D3S 软件介绍

3D3S 软件是目前国内设计院进行钢结构、空间结构设计平面交互软件。软件可提供以下四个系统：钢与空间结构设计系统、钢结构实体建造及绘图系统、钢与空间结构非线性计算与分析系统、辅助结构设计系统等。

钢与空间结构设计系统可进行设计的结构类型有：考虑吊车、夹层、活载不利布置等多种形式，进行任意跨布置的轻型门式刚架系统设计；计入钢、钢管混凝土、型钢混凝土、钢筋混凝土等构件及楼板和剪力墙，按振型分解反应谱和时程法进行罕遇地震下的多高层建筑结构弹塑性分析；进行空间复杂体型的钢管桁架结构的设计，完成杆件和直接汇交节点的设计计算和绘图；进行网架和网壳结构的设计，完成包括杆件、螺栓球和焊接球节点计算和绘图；进行索膜结构的找形、计算和裁剪设计。菜单内容如图 1－13 所示。

在钢结构实体建模及绘图系统中，可针对轻型门式刚架和多高层建筑钢结构进行构件和节点形式的选择和设计计算，建立三维实体结构模型，如图 1－14 所示。从主要结构构件到节点的板件、焊缝和螺栓等都用与真实结构尺寸完全一致的实体模型表示，并根据实体模型直接生成结构初步设计图、设计施工图、节点加工详图等，从而解决复杂钢结构施工详图生成的困难，提高详图绘制效率和正确性。

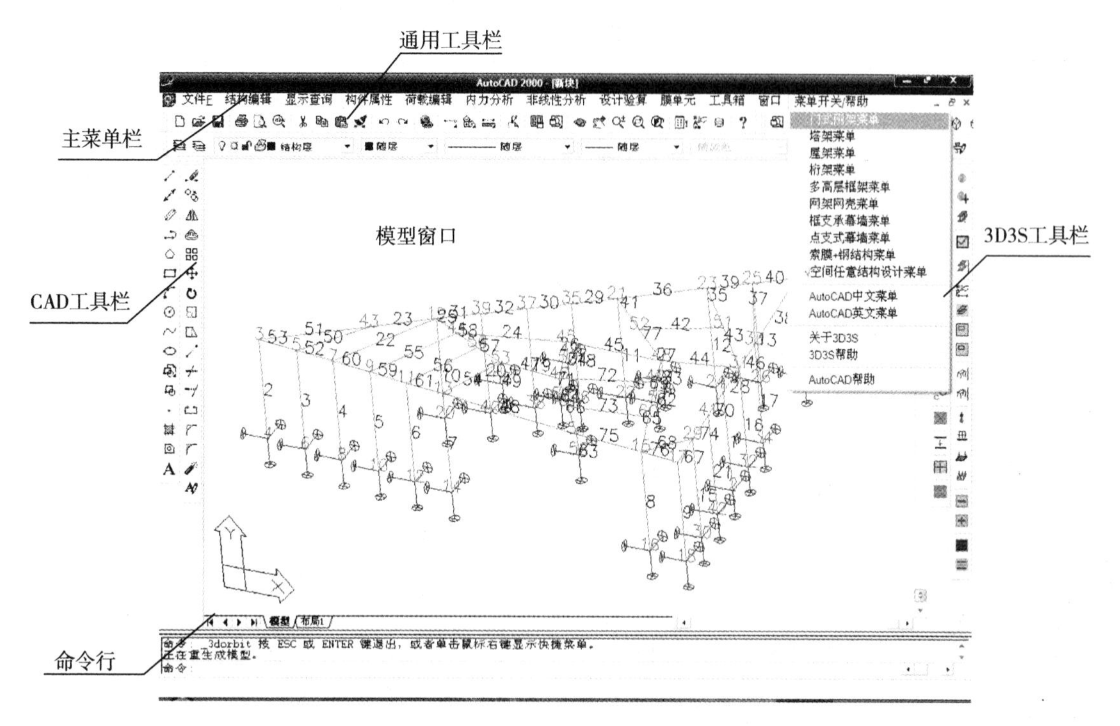

图 1－13　3D3S 菜单内容

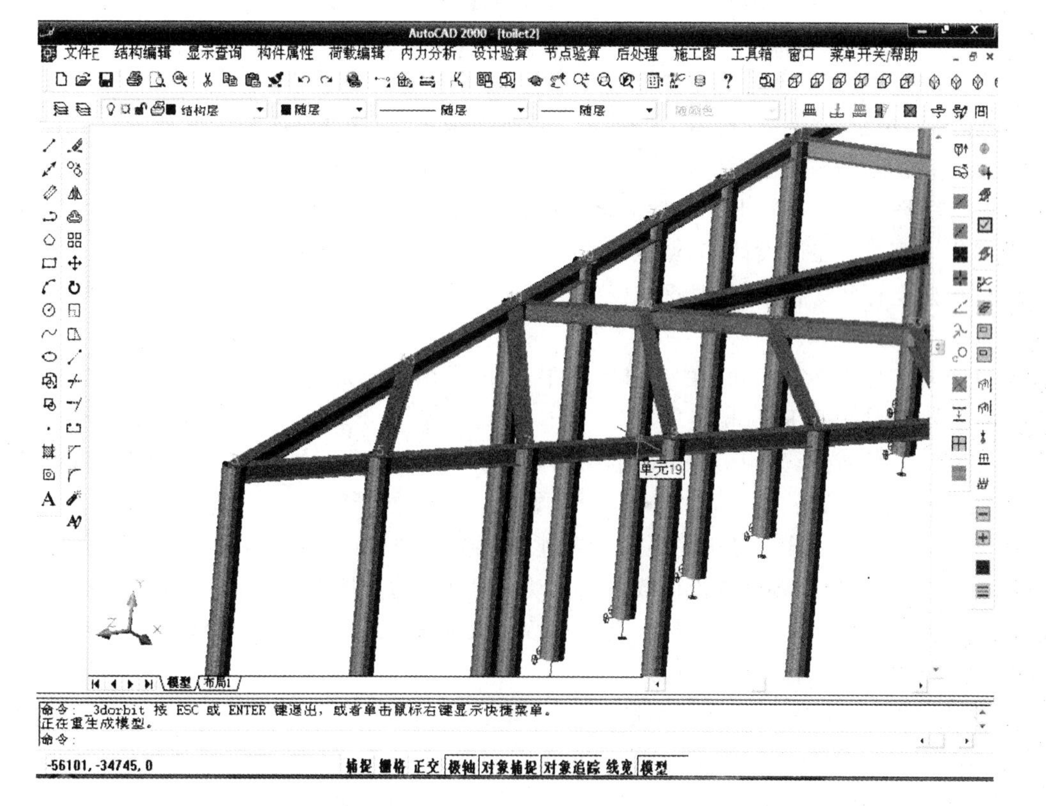

图 1－14　三维实体模型

在钢与空间结构非线性计算与分析系统中，主要是对含有索等柔性构件的索杆体系、索梁体系、索网体系和混合体系的找形和计算，也包括对一般建筑钢结构的静动力非线性分析、屈曲分析和弹性时程分析等。此外，软件还具有辅助结构设计及绘图系统，设计主体钢结构以外的配套结构或构件。

1.4.4 盈建科软件介绍

盈建科建筑结构设计软件是一套全新的集成化建筑结构辅助设计系统，功能包括结构建模、上部结构计算、基础设计、砌体结构设计、施工图设计和接口软件六大方面。

YJK 产品包括：(1)上部结构软件：盈建科建筑结构计算软件(YJK－A)，盈建科砌体结构设计软件(YJK－M)，建筑结构施工图设计软件(YJK－D)，弹塑性动力时程分析软件(YJK－EP)；(2)基础设计软件(YJK－F)；(3)盈建科钢结构施工图设计软件(YJK－STS)；(4)接口类软件；(5)盈建科建筑结构设计实训教学系统(YJK－T)。

建筑结构计算软件 YJK－A：多、高层建筑结构空间有限元计算分析与设计软件，适用于框架、框剪、剪力墙、筒体结构、混合结构和钢结构等结构形式。它采用空间杆单元模拟梁、柱及支撑等杆系构件，用在壳元基础上凝聚而成的墙元模拟剪力墙，对于楼板提供刚性板和各种类型的弹性板(弹性膜、弹性板 3、弹性板 6)计算模型。依据结构 2010 系列新规范编制，在连续完成恒、活、风、地震作用以及吊车、人防、温度等效应计算的基础上，自动完成荷载效应组合、考虑抗震要求的调整、构件设计及验算等。

弹塑性动力时程分析软件(YJK－EP)：接力建模和计算完成弹塑性动力时程分析计算，对梁、柱、墙、板的实配钢筋进行了合理的转换导入；可将次梁、悬挑梁等次要构件凝聚，从而简化计算模型，提高计算效率和稳定性；采用纤维束模型计算杆件、细分并凝聚的壳元计算墙和楼板，可给出各构件计算结果；采用 64 位多核求解器，计算速度快。

盈建科钢结构施工图设计软件(YJK－STS)：接力建模和上部结构设计计算结果，完成钢结构施工图设计。结构形式包括框架、门式刚架等。软件自动进行节点设计，并给出以节点为核心内容的施工图设计，节点包括梁柱节点、梁梁节点、柱脚节点、支撑节点等。平面图或者立面图上标注大样索引，对钢结构节点施工图按照大样加表格方式出图，参照 01SG519 等国标图的出图方式。

建模程序建立在自主开发的三维图形平台上，采用目前先进的图形用户界面，如先进的 Direct3D 图形技术和 Rbbon 菜单管理，并广泛吸收了当今 BIM 方面的领先软件 Revt 和 AutoCad2010 的特点，采用美观紧凑的图形菜单，将各模块集成在一起，各模块之间即时无缝切换，操作简洁顺畅。

采用人机交互方式引导用户逐层布置建筑结构构件并输入荷载，通过楼层组装完成全楼模型的建立；程序对各层楼板荷载完成自动向房间周边梁墙的导算，该模型是后续功能模块如结构计算、砌体计算、基础设计、施工图设计的主要依据。程序由轴线网格、构件布置、楼板布置、荷载输入、楼层组装五部分组成。

构件布置可以在平面视图状态进行，也可以在三维的轴测状态进行。在平面视图状态，程序采用线框方式显示轴线网格和已经布置的构件，线框显示方式不会造成构件之间、构件和轴线网格之间的遮挡。但是一旦切换到三维显示状态，程序自动按照实体模型方式显示，因为在三维下只有实体方式才能清晰地表现布置的状态。

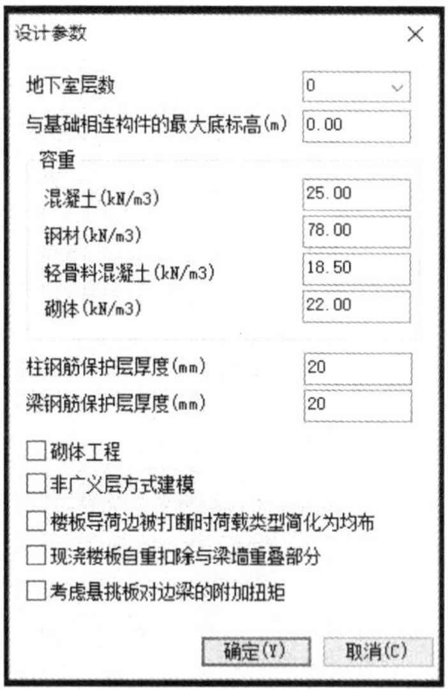

设计参数

地下室层数 0

与基础相连构件的最大底标高(m) 0.00

容重

混凝土(kN/m3) 25.00

钢材(kN/m3) 78.00

轻骨料混凝土(kN/m3) 18.50

砌体(kN/m3) 22.00

柱钢筋保护层厚度(mm) 20

梁钢筋保护层厚度(mm) 20

☐砌体工程

☐非广义层方式建模

☐楼板导荷边被打断时荷载类型简化为均布

☐现浇楼板自重扣除与梁墙重叠部分

☐考虑悬挑板对边梁的附加扭矩

确定(Y) 取消(C)

图1-15 设计参数

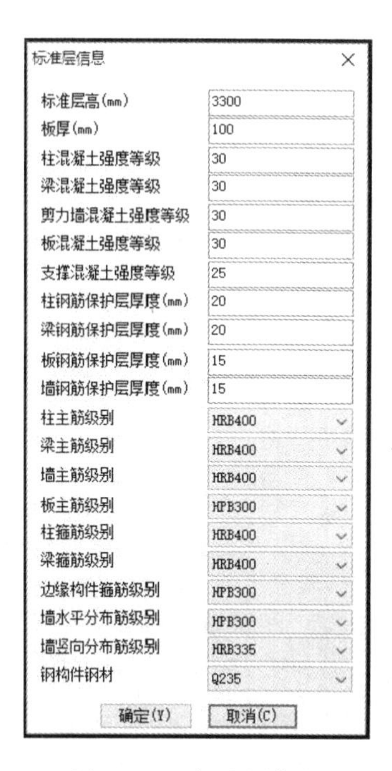

图1-16 标准层信息

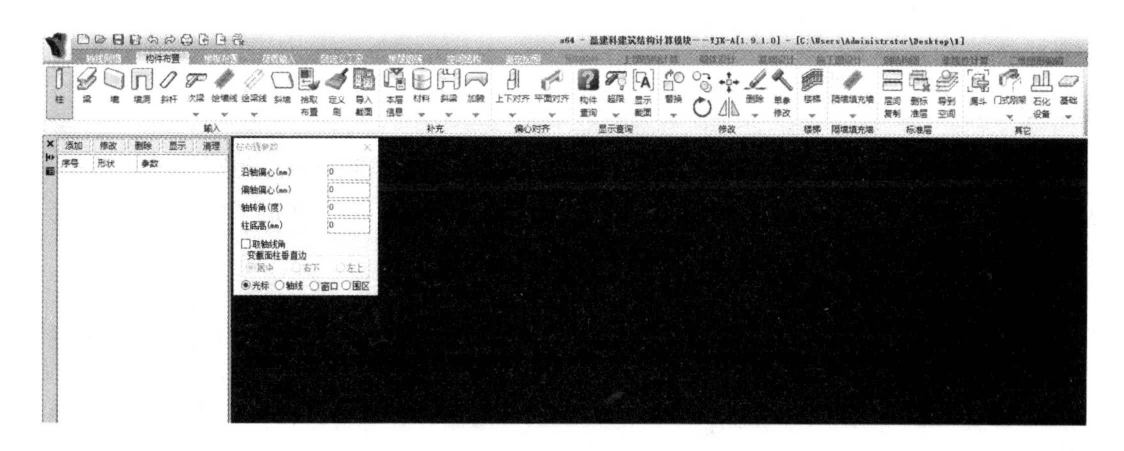

图1-17 柱布置参数

在三维显示状态下,程序按照用户设置的层高自动将平面轴线网格转换成三维空间网格,原来的平面网格仍在该层平面底部以红色显示,同时各个节点处生成高度为层高的白色竖直线,在层顶位置生成与底部平面网格相同的网格,以白色显示。这样做是为了方便各种构件的布置,比如点取竖直线布置柱、点取层项部的辅助线布置梁等。

用户可以在组装好的全楼或几个楼层的三维模型上布置或修改构件,单层模型和组装好的模型可以随时切换。这种方式可以实现对多个楼层的同时操作。对于上下层柱或者上下层墙需要对齐的操作,或者跨越多个楼层的越层支撑的输入,在这样的各层组装的模型上操作更加方便、直观。用户可以对组装模型任意切选出局部模型进行各种布置、修改操作。

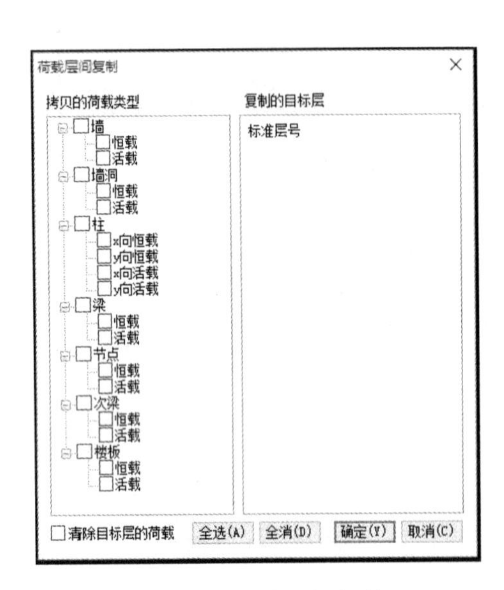

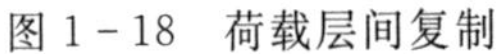
图 1-18 荷载层间复制

图 1-19 工况定义

荷载按照类型分别输入，包括恒载、活载、风荷载、人防荷载、吊车荷载等逐层输入，层之间可以复制。

恒载、活载分为楼板荷载、梁墙荷载、柱间荷载、次梁荷载、墙洞荷载、节点荷载共六种情况，按照各自的菜单输入，输入的荷载都显示在各自的位置。

1.4.5 SAP2000 软件介绍

SAP2000(Structure Analysis Program 2000)是由美国 CSI(Computers and Structures Inc)公司开发研制的通用结构分析与设计软件，是 SAP 系列软件的升级版，已经有近 40 年的发展历史，如今集成了常用的所有功能，是美国乃至全球公认的结构分析软件，在世界范围内广泛应用。

SAP2000 分析计算功能十分强大，几乎包括所有结构工程领域内的最新结构分析功能，从静力动力计算到线性非线性分析，从 P—dert 效应到施工顺序加载等，都能运用自如。

SAP2000 是基于有限元法的结构分析软件，在 SAP2000 三维图形环境中提供了多种建模、分析和设计选项，且完全在一个集成的图形界面内实现。建模简单、形象，建立结构几何模型的同时也建立了结构的有限元模型。在这个看似简单的界面中，可以完成模型的创建和修改、计算结果的分析和执行、结构设计的检查和优化以及计算结果的图表显示(包括时程反应的位移曲线、反应谱曲线、加速度曲线)和文本显示等等，从最简单的问题到最复杂的工程项目，都非常方便快捷。

最新的 SAP2000 Nonlinear 版除了包括全部 Plus 的功能之外，再加上动力非线性时程反应分析和阻尼构材、减震器、Gap 和 Hook 构材等材料特性，主要适用于分析带有局部非线性的复杂结构(如基础隔震或上部结构单元的局部屈服)。

SAP2000 具有以下优点:三维结构整体性能分析,空间建模方便;荷载计算功能完善,可从 CAD 等软件导入,文本输入输出功能完善;结构弹性静力及时程分析功能效果良好,后处理方便。不足之处在于弹塑性分析方面功能较弱,有塑性铰属性,非线性计算收敛性较差。

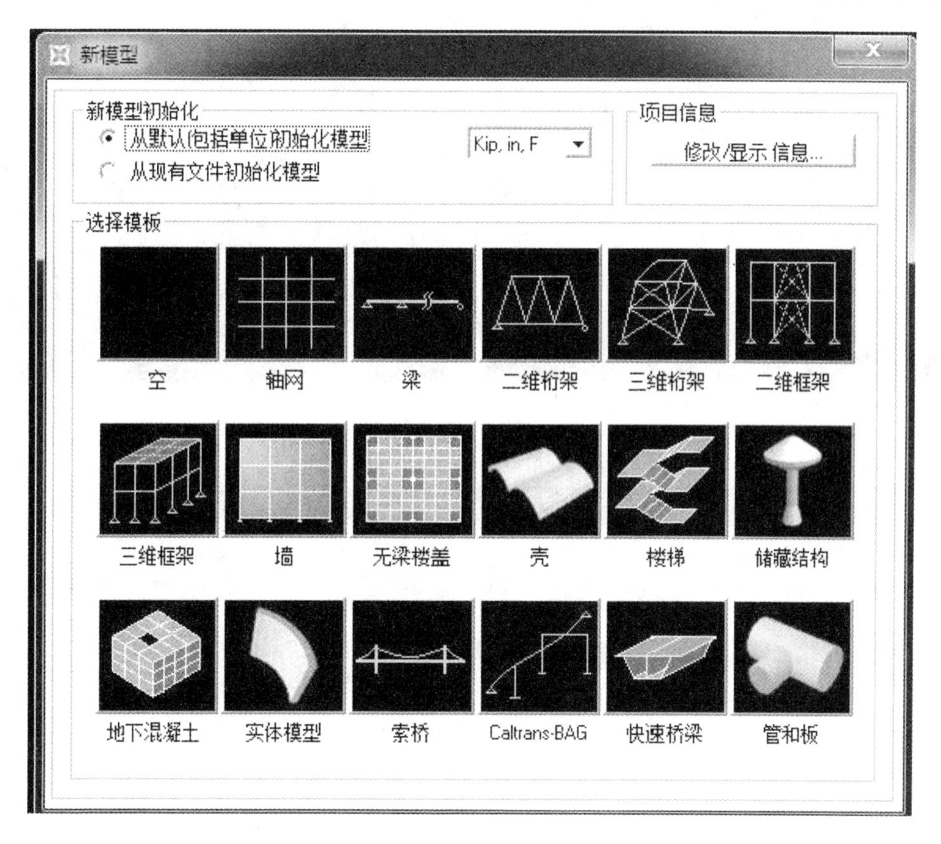

图 1-20　模型初始化

SAP2000 是通用的结构分析设计软件,适用范围很广,主要适用于模型比较复杂的结构,如桥梁、体育场、大坝、海洋平台、工业建筑、发电站、输电塔、网架等结构形式,当然高层等民用建筑也能很方便地用 SAP 建模、分析和设计。在我国,SAP2000 程序也在各高校和工程界得到了广泛的应用,尤其是航空航天、土木建筑、机械制造、船舶工业、兵器以及石油化工等许多部门都大量使用 SAP2000 程序。

SAP2000 具有极强的功能,如建模功能(二维模型、三维模型等)、编辑功能(增加模型、增减单元、复制删除等)、分析功能(时程分析、动力反应分析、push-over 分析等)、荷载功能(节点荷载、杆件荷载、板荷载、温度荷载等)、自定义功能以及设计功能等等。

SAP2000 作为有限元结构分析程序,它的模板中提供了工程中常见的结构形式模型以及许多普通程序无法实现的复杂模型,如桥梁、拱坝、水箱和高层建构筑物等。它的建模界面非常友好,是基于视窗的图形化界面,在这个可视化界面中可以利用这些预设的模块库快速建立模型。一般在选定模型后,只需要将对应的一些数据改变一下,就可以在瞬间建立用户所要的建筑模型,非常快捷方便。

在 SAP2000 中建模,实际结构单元用对象来体现,先定义出所使用的材料性质,如钢材

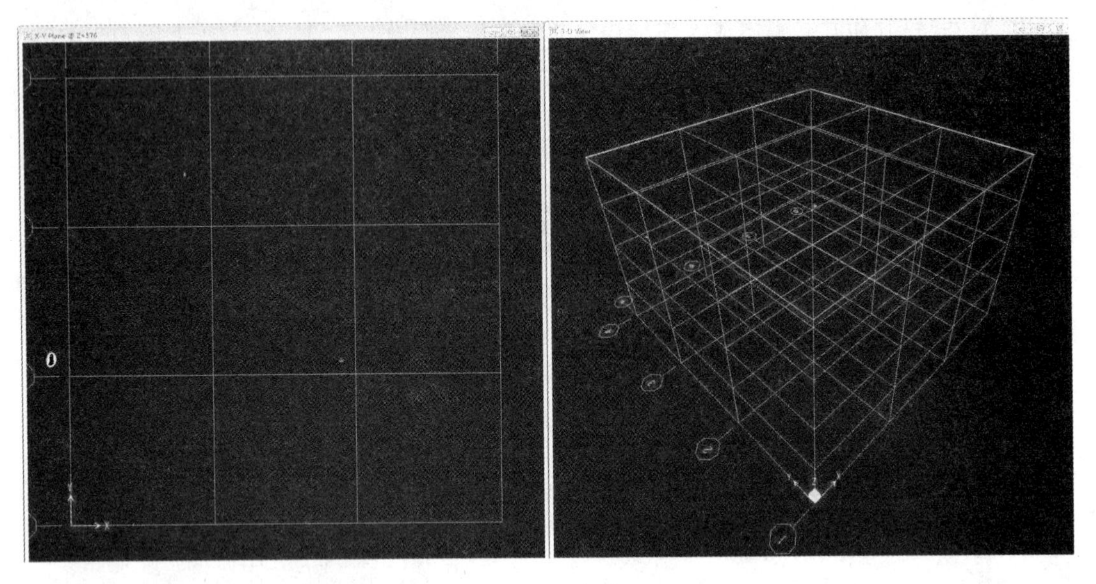

图 1-21 三维模型

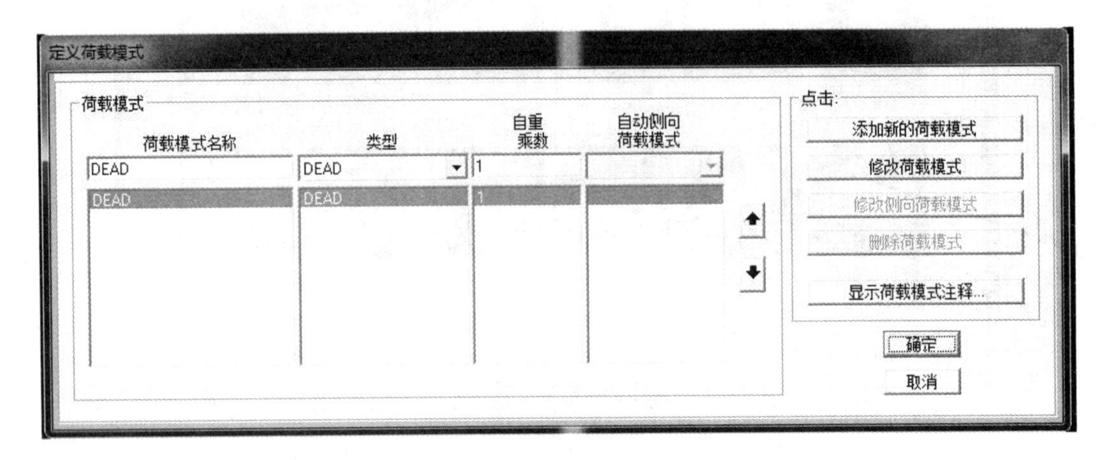

图 1-22 定义荷载模式

(steel)、混凝土(concrete)和铝材(aluminum),再在图形界面中画出对象的几何分布,然后指定荷载和属性到对象上建立实际构件模型。程序包含下列对象类型:点对象、线对象、面对象、实体对象。在各个 SAP2000 版本中,由于面向对象技术的出现,建模时无需像以前那样,把模型划分为足够细的单元进行分析,而只要给出结构的基本框架即可。

SAP2000 程序有别于其他一般结构有限元程序的最大特点就在于它的强大的分析功能。SAP2000 中使用许多不同类型的分析,基本上集成了现有结构分析中经常遇到方法,如时程分析、地震动输入、动力分析以及 Push－over 分析等等。另外还包括静力分析、用特征向量或 Ritz 向量进行振动模式的模态分析、对地震反应的反应谱分析等等。这些不同类型的分析可在程序的同一次运行中进行,并把结果综合起来输出。

1.4.6 MIDAS 软件介绍

MIDAS 中文名是迈达斯,是一种有关结构设计有限元分析软件,分为建筑领域、桥梁领域、岩土领域、仿真领域四个大类。

MIDAS软件广泛应用于钢筋混凝土桥梁(板型桥梁、刚架桥梁、预应力桥梁),联合桥梁(钢箱型桥梁、梁板桥梁),预应力钢筋混凝土箱型桥梁(悬臂法、顶推法、移动支架法、满堂支架法),大跨度桥梁(悬索桥、斜拉桥、拱桥),大体积混凝土的水化热分析(预应力钢筋混凝土箱型桥梁、桥台、桥脚、防波堤),地下结构(地铁、通信电缆管道、上下水处理设施、隧道),工业建筑(水塔、压力容器、电力输送塔、发电厂),国家基础建设(飞机场、大坝、港口)。

MIDAS/Civil是针对土木结构工程,特别是分析预应力箱型桥梁、悬索桥、斜拉桥等特殊的桥梁结构形式的软件,同时可以做非线性边界分析、水化热分析、材料非线性分析、弹力塑性分析、动力弹塑性分析等。

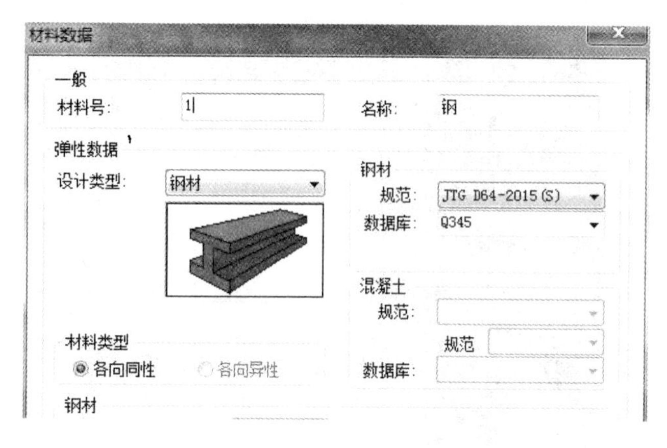

图1-23　钢材定义

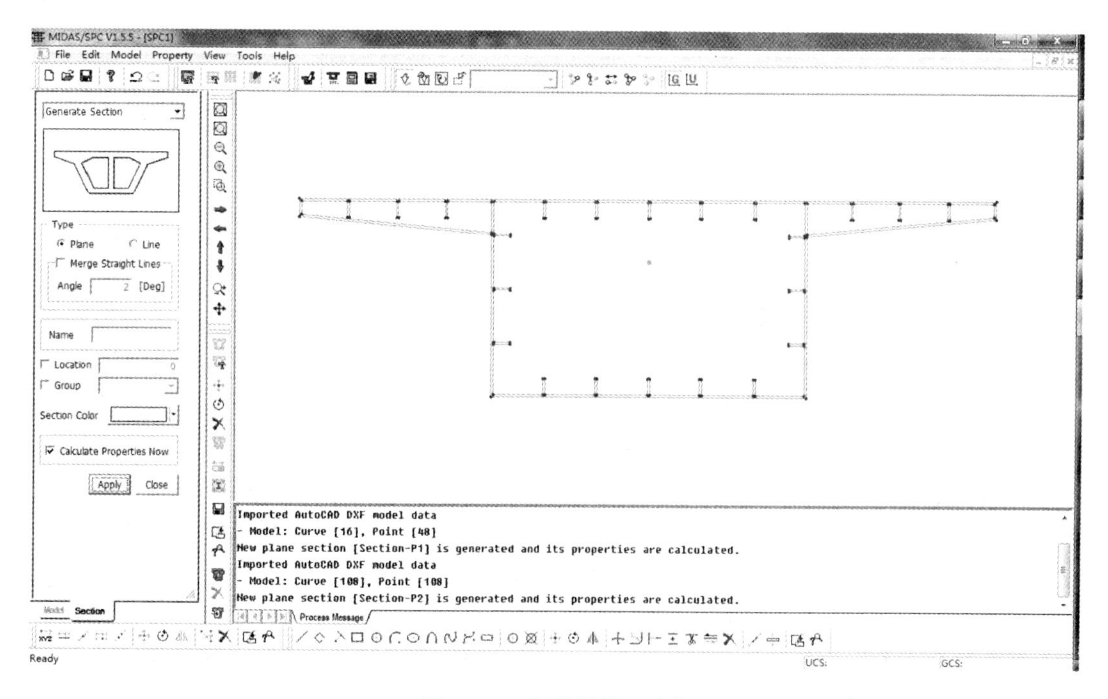

图1-24　钢箱梁截面计算

MIDAS系列软件已经在建筑结构领域形成了完整的产品线，Midas Building、Midas Gen、Midas Gen Designer、Midas FEA共同组成了建筑结构领域的整体解决方案。工程师可根据工程的需要，灵活选用不同软件的组合，取长补短，发挥软件的最大优势，满足工程的各种高端分析需求。

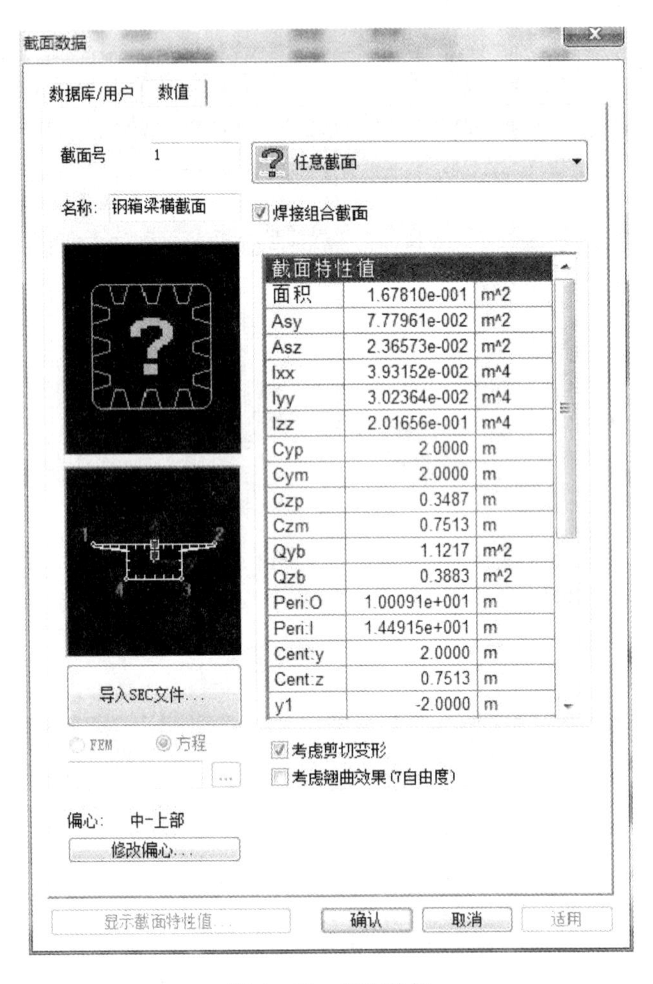

图1-25　截面数据

Midas Building针对多高层的普及型设计软件，可完成建模、分析设计、施工图生成、自动校审、弹塑性分析、限额设计、基础设计；Midas Gen通用结构分析与设计软件，在复杂结构和空间特构方面有明显优势，可综合处理有层和无层的结构类型；Midas Gen Designer接力Midas Gen分析数据进行设计、选筋、出图的三维设计平台，实现与其他软件数据共享，解决数据孤岛；Midas FEA是目前唯一一款全部中文化的土木结构专用仿真分析软件，可用于土木领域的非线性分析（钢筋单元、裂缝分析、粘结滑移分析）和细部分析。

对于桥梁工程，Midas Smart BDS、Midas Civil Designer、Midas FEA协同Midas Civil能完成桥梁结构的整体分析、细部分析，结合规范设计，完成施工图绘制以及校审等工作。

首先，可以使用Midas Civil建立桥梁模型进行全桥整体模型；分析后的结果导入到

Midas Civil Designer，结合《公路钢筋混凝土及预应力混凝土桥涵设计规范》《公路桥梁抗震设计细则》《铁路桥涵钢筋混凝土和预应力混凝土结构设计规范》《城市桥梁设计规范》《公路桥涵钢结构及木结构设计规范》等进行设计验算，再用 Midas Smart BDS 生成连续箱梁一般构造图、三向预应力钢束图及横梁、隔板、0 号块、合拢现浇段普通钢筋图；最后对桥梁的 0 号块、锚固区、横隔板、盖梁等细部结构，使用 Midas FEA 建立三维实体模型，进行仿真分析。

采用最新升级的三维岩土分析和隧道有限元软件 Midas GTS NX 对周边环境进行数值模拟，最大限度地考虑岩土和周边环境的复杂性；使用智能化的二维岩土分析与设计软件 Midas SoilWorks 针对最危险区域的细部分析，以保证设计的最优化及精确性；针对基坑工程，基坑支护设计平台软件 Midas GeoX 结合最新地方和国家规范，得到最终满意的设计结果。

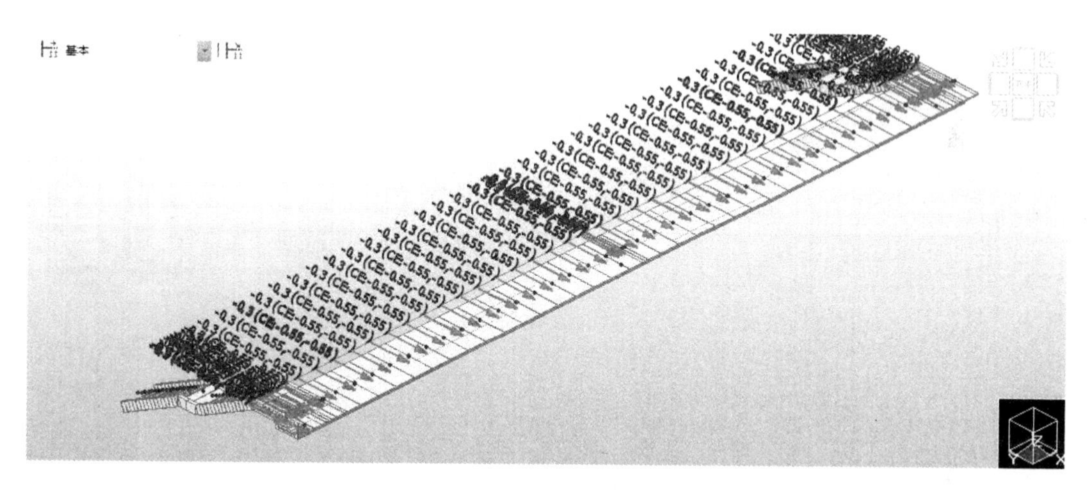

图 1-26　布置风荷载

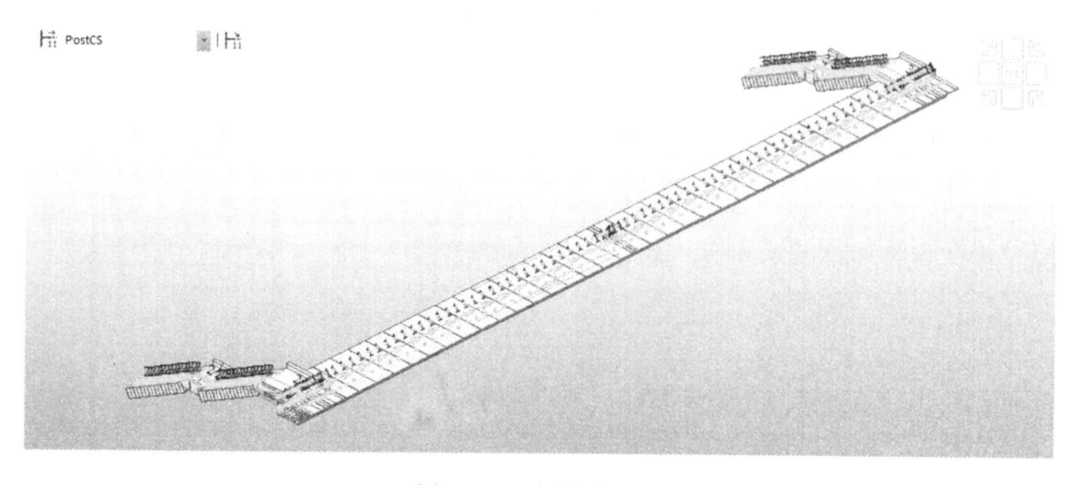

图 1-27　移动荷载工况

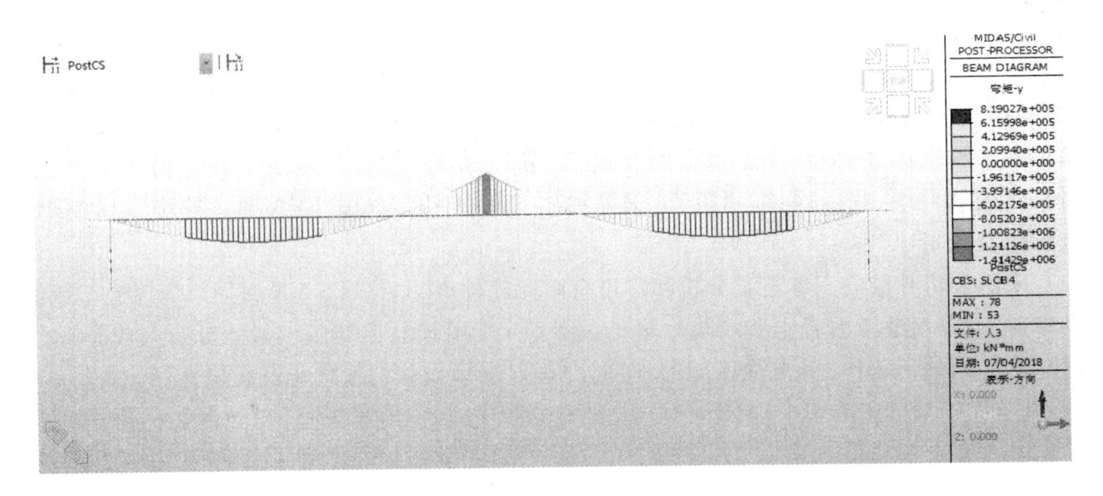

图 1-28　自重作用内力图

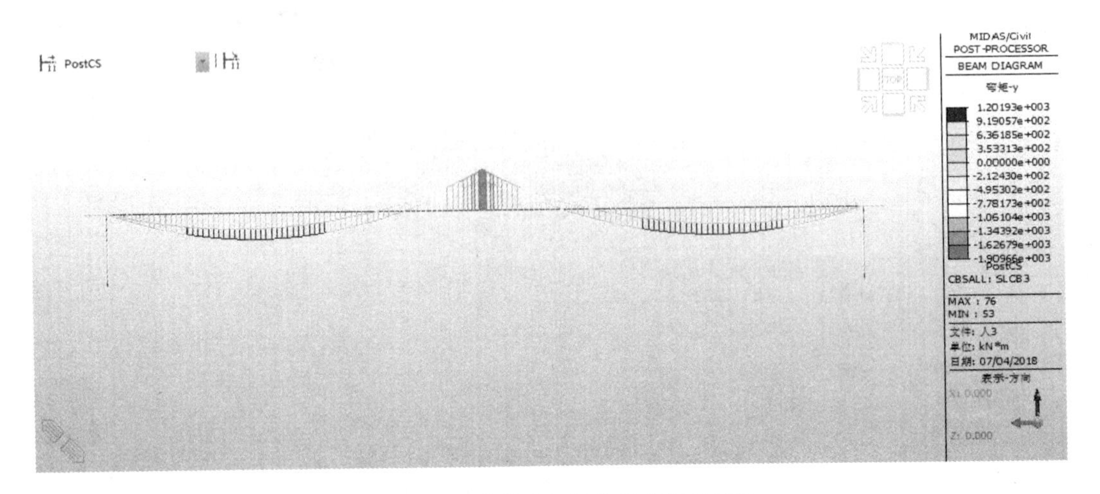

图 1-29　承载能力极限状态弯矩包络图

目前建筑结构分析的计算机软件数目众多，以上列举的六种软件是国内常用的钢结构计算软件，已在我国实际工程设计中得到良好的应用。初学者在学好基本计算理论之后，应该掌握 2～3 种钢结构计算软件以便应对形式复杂和工期紧张的实际钢结构工程。本书将在后续的设计范例中，配合每种钢结构形式，给出不同实例的软件计算步骤和内容。

第 2 章　三角形钢屋架设计范例

2.1　课程设计任务书

2.1.1　设计资料

某单层单跨轻型厂房，跨度为 24m，长度为 120m，柱距 6.0m，车间内设有 2 台 150 kN 的中级工作制吊车，计算温度高于 −20℃。钢材采用 Q235B，焊条采用 E43 型，手工焊。

采用三角形屋架，跨度为 24m，屋面坡度为 1∶3。屋盖为有檩体系，采用彩钢板加保温棉加钢丝网屋面（重量 0.3kN/m^2），轻钢檩条及拉条（重量 0.1kN/m^2）。钢屋架简支于钢筋混凝土柱上，上柱截面为 400mm×400mm，混凝土强度等级为 C25，屋面均布活载为 0.5kN/m^2，雪载为 0.4kN/m^2，积灰荷载为 0.3kN/m^2，基本风压 W_0=0.35kN/m，无抗震要求。

屋架和支撑自重估计公式：$G_w=117+11L$（N/m^2），式中 L 为跨度（m）。

2.1.2　设计内容

（1）屋架选型：选择 24m 三角形屋架，确定腹杆体系和节间划分，确定屋架计算跨度、跨中高度及各杆的几何长度。

（2）屋架支撑布置：在计算书中简述布置方案的理由，并绘制屋架支撑布置图，即上弦支撑布置平面图（绘出柱网、屋架及上弦支撑等）；下弦支撑布置平面图（绘出下弦支撑和系杆等）；垂直支撑的纵剖面图；屋架支撑的侧面图。

（3）荷载和内力计算：先算出节点荷载，利用单位节点荷载作用下的内力系数（如图 2-1），算出各杆轴力，再算出上弦杆的局部弯矩，并进行内力组合。

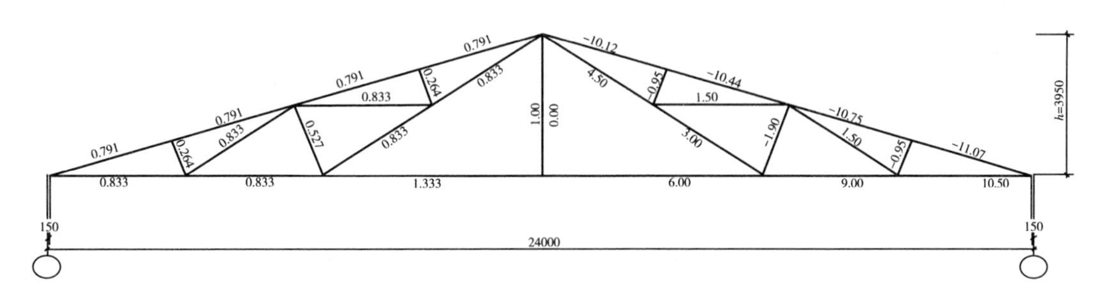

图 2-1　24m 三角形屋架内力系数（F=1kN）

（4）杆件截面设计：在计算书中要叙述几种典型屋架杆件和支撑杆件的计算过程，其余可列表计算。

（5）节点设计：计算几个典型节点，其他节点按构造要求处理，在绘制施工图时完成，杆端焊缝可列表计算。

（6）施工图绘制：绘制一张运输单元施工图，进行详细编号，并附材料表和备注说明。

2.1.3 设计要求

(1)要求每个学生独立完成钢屋架的设计,绘制出一张钢屋架施工图(图幅按 1 号图),完成一份完整的设计计算书。

(2)设计时间为 2 周。

(3)根据荷载的不同分设小组,每小组宜分为 1～3 个人。

2.2 三角形钢屋架设计

2.2.1 设计资料

某单层单跨轻型厂房,跨度为 24m,长度为 120m,柱距 6.0m,车间内设有 2 台 150kN 的中级工作制吊车,计算温度高于－20℃。

屋盖为有檩体系,采用彩钢板加保温棉加钢丝网屋面(重量 0.3kN/m^2),轻钢檩条及拉条(重量 0.1kN/m^2)。钢屋架简支于钢筋混凝土柱上,上柱截面为 400mm×400mm,混凝土强度等级为 C25,屋面均布活载为 0.5kN/m^2,雪载为 0.4kN/m^2,积灰荷载为 0.3kN/m^2,基本风压 W_0＝0.35kN/m,无抗震要求。

2.2.2 结构形式与支撑布置

1. 屋架尺寸

由于屋盖为有檩体系,屋面采用型钢檩条和彩钢板,所以采用 24m 三角形钢屋架,屋面坡度为 1∶3。根据荷载作用类型(静力荷载)和工作温度,钢材选用 Q235B,焊条为 E43 系列,手工焊。屋面倾角:$\alpha=\arctan 1/3=18°43'$,$\sin\alpha=0.3161$,$\cos\alpha=0.9487$。

屋架计算跨度 $L_0=L-300=24000-300=23700\text{mm}$

屋架跨中高度 $h=23700/(2\times3)=3950\text{mm}$

上弦长度 $l=\dfrac{L_0}{2\cos\alpha}=\dfrac{23700}{2\times0.9487}=12491\text{mm}$

划分为 4 个节间,节间长度 $a'=12491/4=3123\text{mm}$,取 3124mm

节间水平投影长度 $a=a'\cos\alpha=3124\times0.9487=2964\text{mm}$

屋架几何尺寸如图 2-2 所示。

2. 檩条和支撑布置

檩条布置于屋架上弦节点和节间,每个节间布置 3 根,檩条间距 $s=781\text{mm}$。在檩条跨中设置一道拉条。

由于厂房长度大于 60m,且根据跨度及荷载情况,设置三道上、下弦横向水平支撑。横向水平支撑一般设于厂房温度区段两端第一或第二柱间,因本厂房两端为山墙,故在本屋架两端第二柱间和中间柱间设置上、下弦横向水平支撑。由于屋架跨度等于 24m,故在设置横向水平支撑的同一柱间设置垂直支撑一道,设置在跨中。

上弦檩条可兼做系杆,故上弦不另设系杆,在下弦跨中央设置一道通长柔性系杆。在厂房第一柱间的下弦平面设置三道刚性系杆,以保证屋架的侧向稳定和风荷载的传递。由于屋架支撑中十字交叉式斜腹杆与弦杆的夹角在 30°～60°，故支撑布置如图 2－3 所示。

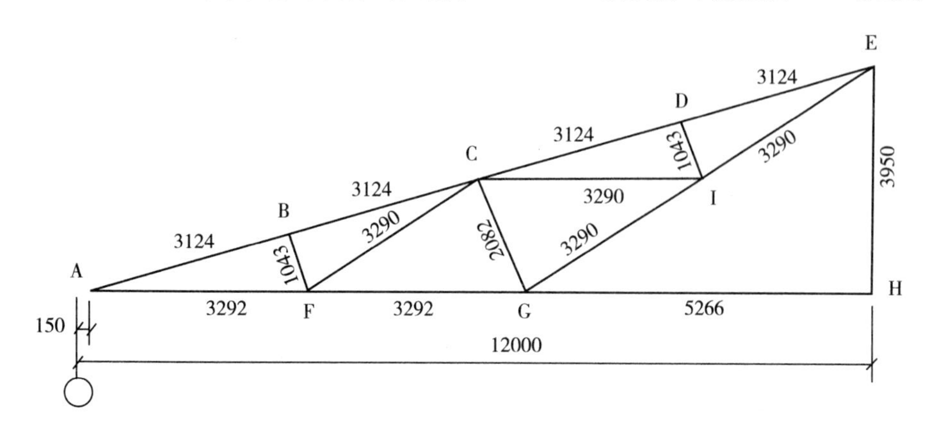

图 2－2　24m 三角形钢屋架几何尺寸

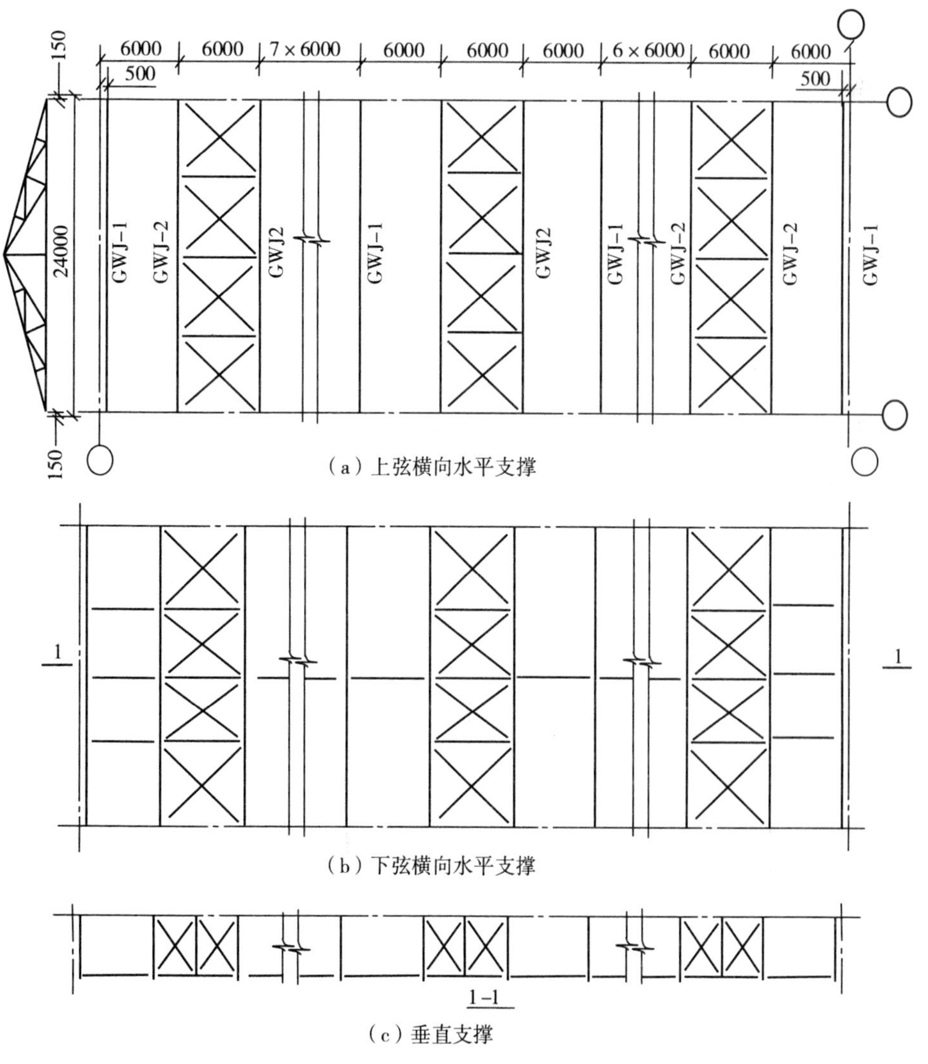

(a) 上弦横向水平支撑

(b) 下弦横向水平支撑

(c) 垂直支撑

图 2－3　屋架支撑布置图

2.2.3　屋架节点荷载

1. 永久荷载计算(水平投影面)

彩钢板加保温棉加钢丝网屋面(0.3kN/m^2),轻钢檩条及拉条(0.1kN/m^2)。钢屋架简支于钢筋混凝土柱上,上柱截面为400mm×400mm,混凝土强度等级为C25,屋面均布活载为0.5kN/m^2,雪载为0.4kN/m^2,积灰荷载为0.3kN/m^2,基本风压$W_0=0.35$kN/m,无抗震要求。

彩钢板加保温棉加钢丝网屋面　　$1.2\times0.3=0.36\text{kN/m}^2$

檩条和拉条　　$1.2\times0.1=0.12\text{kN/m}^2$

屋架及支撑自重

$$G_w=1.2\times(117+11L)=1.2\times(117+11\times24)=457.2\text{N/m}^2\approx0.46\text{kN/m}^2$$

永久荷载设计值总和　　$g=0.36+0.12+0.46=0.94\text{kN/m}^2$

2. 可变荷载计算

由于屋面坡度较小,风荷载为吸力,且数值较小,故风荷载产生的内力不予考虑。

屋面均布活荷载0.5kN/m^2,雪荷载0.4kN/m^2,积灰荷载0.3kN/m^2。由于屋面活载和雪荷载不同时考虑,计算时取两者中较大值进行计算。

活荷载　　$1.4\times0.5=0.70\text{kN/m}^2$

积灰荷载　　$1.4\times0.3=0.42\text{kN/m}^2$

可变荷载设计值总和　　$p=0.70+0.42=1.12\text{kN/m}^2$

3. 屋架上弦檩条和节点处的集中荷载

檩条处的集中荷载设计值为:

$$Q=(0.94+1.12)\times6\times0.781\times\cos\alpha=9.16\text{kN}$$

转化为节点处的集中荷载设计值为:

$$P=(0.94+1.12)\times6\times2.964=36.64\text{kN}$$

上弦集中荷载作用下的计算简图如图2-4所示。

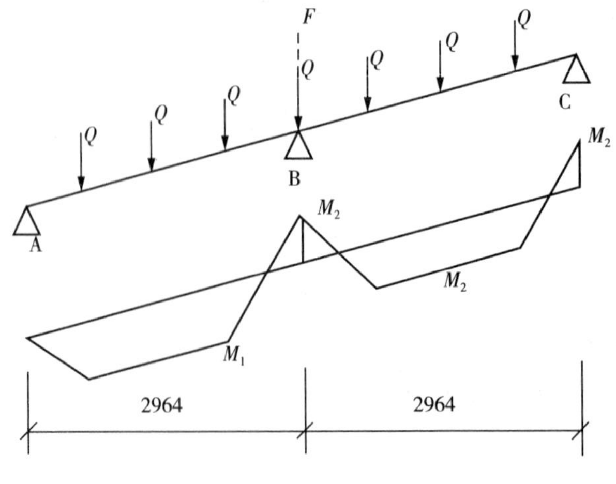

图2-4　上弦节点和节间荷载

2.2.4　屋架杆件内力计算

由于三角形芬克式屋架在半跨活荷载作用下，腹杆内力与全跨活荷载作用下内力不会变号，故只需按全跨永久荷载和全跨可变荷载组合计算屋架杆件的内力。杆件内力求解时，先用图解法求出全跨单位节点荷载作用下的杆件内力系数，然后乘以实际的节点荷载而得到各杆件内力。根据《建筑结构静力计算手册》查出的内力系数和计算出的内力见表 2-1 所列。

表 2-1　屋架杆件计算内力

杆件名称	杆件编号	内力系数(P=1kN)	内力设计值(P=36.64kN)
上弦杆	AB	−11.07	−405.60
	BC	−10.75	−393.88
	CD	−10.44	−382.52
	DE	−10.12	−370.80
下弦杆	AF	10.5	384.72
	FG	9	329.76
	GH	6	219.84
腹杆	BF	−0.95	−34.81
	FC	1.5	54.96
	CG	−1.9	−69.62
	CI	1.5	54.96
	GI	3	109.92
	DI	−0.95	−34.81
	IE	4.5	164.88
	EH	0	0

上弦有节间荷载作用，上弦除按照节点荷载求解杆件内力外，还应计算节间荷载引起的局部弯矩。上弦一个节间视为一个单跨简支梁(图 2-5)，跨中弯矩为 M_0。

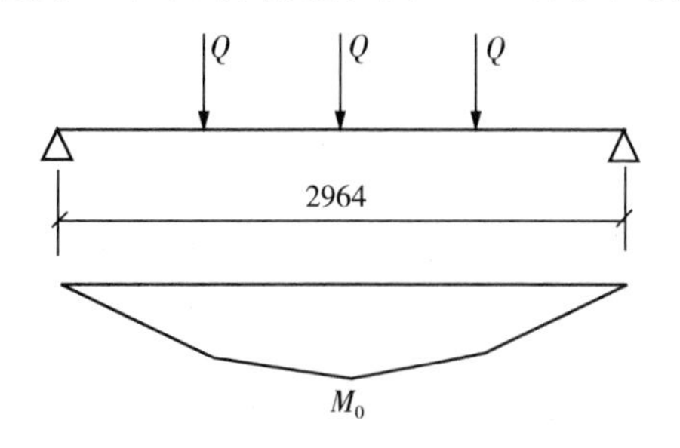

图 2-5　单跨简支梁的计算简图

$$M_0=\frac{3Q}{2}\times\frac{1}{2}-Q\cdot\frac{1}{4}=\frac{Q}{2}=\frac{9.16\times2.964}{2}=13.58\text{kN}\cdot\text{m}$$

端节间正弯矩 $M_1=0.8M_0=0.8\times13.58=10.86\text{kN}\cdot\text{m}$

其他节间正弯矩和负弯矩 $M_2=0.6M_0=0.6\times13.58=8.15\text{kN}\cdot\text{m}$

2.2.5 杆件截面选择

弦杆端节间最大内力为－405.60kN，由屋架节点板厚度选用表，得屋架中间节点板厚度为10mm，支座节点板厚度为12mm。

1. 上弦杆

整个上弦杆采用等截面，按最大内力计算：

$N_{AB}=-405.60\text{kN}$ $N_{BC}=-393.88\text{kN}$ $M_1=10.86\text{kN}\cdot\text{m}$ $M_2=8.15\text{kN}\cdot\text{m}$

$l_{0x}=3124\text{mm}$，$l_y=2\times3124=6248\text{mm}$，选用2∟125×10，

$A=2\times2437=4874\ \text{mm}^2$，$i_x=38.5\text{mm}$，$i_y=55.9\text{mm}$

$W_{1x}=2\times104.8\times10^3=209600\ \text{mm}^3$ $W_{2x}=2\times39.97\times10^3=79940\ \text{mm}^3$

$z_0=34.5\text{mm}$

(1)强度计算(按节点B)，由负弯矩控制：

$$\frac{N}{A_n}+\frac{M_x}{\gamma_{x2}W_{2x}}=\frac{405.60\times10^3}{4874}+\frac{8.15\times10^6}{1.2\times79.94\times10^3}=168.18\text{N/mm}^2<f=215\text{N/mm}^2$$

(2)弯矩作用平面内的整体稳定计算(按AB杆)，由正弯矩M_1控制：

$$\lambda_x=\frac{l_{0x}}{i_x}=\frac{3124}{38.5}=81.14<[\lambda]=150$$

刚度满足要求。

按照b类截面查得稳定系数$\varphi_x=0.6802$，

$$N'_{Ex}=\frac{\pi^2EA}{1.1\lambda_x^2}=\frac{\pi^2\times206\times10^3\times4874}{1.1\times81.14^2\times10^3}=1366.94\text{kN}$$

AB杆在弯矩作用平面内有弯矩和横向集中荷载同时作用，且使构件产生反向曲率，取$\beta_{mx}=0.85$，

$$\frac{N}{\varphi_x A}+\frac{\beta_{mx}M_1}{\gamma_{x1}W_{1x}\left(1-0.8\frac{N}{N'_{Ex}}\right)}$$

$$=\frac{405.60\times10^3}{0.6802\times4874}+\frac{0.85\times10.86\times10^6}{1.05\times209.6\times10^3\times\left(1-0.8\times\frac{405.60}{1366.94}\right)}$$

$$=122.34+55.00=177.34\mathrm{N/mm^2}<f=215\mathrm{N/mm^2}$$

$$\left|\frac{N}{A}-\frac{\beta_{mx}M_1}{\gamma_{x2}W_{2x}\left(1-1.25\frac{N}{N'_{Ex}}\right)}\right|=\left|\frac{405.60\times10^3}{4874}-\frac{0.85\times10.86\times10^6}{1.2\times79.94\times10^3\left(1-1.25\times\frac{405.60}{1366.94}\right)}\right|$$

$$=|83.22-152.96|=69.74\mathrm{N/mm^2}<f=215\mathrm{N/mm^2}$$

满足要求。

(3)弯矩作用平面外的整体稳定性(按 AC 杆),由负弯矩 M_2控制:

$$l_{0y}=l_y(0.75+0.25\frac{N_2}{N_1})=2\times3124\times\left(0.75+0.25\times\frac{393.88}{405.60}\right)=6203\mathrm{mm}$$

$$\lambda_y=\frac{l_{0y}}{i_y}=\frac{6203}{55.9}=110.96<[\lambda]=150$$

刚度满足要求。

按照 b 类截面查得稳定系数 $\varphi_y=0.4872$,因弯矩使翼缘受拉,$\varphi_b=1.0$

$$\frac{N}{\varphi_y A}+\eta\frac{\beta_{tx}M_2}{\varphi_b W_{1x}}=\frac{405.60\times10^3}{0.4872\times4874}+\frac{0.85\times8.15\times10^6}{1\times209.6\times10^3}$$

$$=170.81+33.05=203.86\mathrm{N/mm^2}<f=215\mathrm{N/mm^2}$$

满足要求。

2. 下弦杆

整个下弦杆采用等截面,按最大内力 $N_{AF}=384.72\mathrm{kN}$ 计算。屋架平面内的计算长度按最大节间 GH 确定,即 $l_{0x}=5266\mathrm{mm}$。因在跨中设置了一道系杆,故屋架平面外计算长度取 $l_{0y}=12000-150=11850\mathrm{mm}$。

所需截面面积:

$$A_n=\frac{N}{f}=\frac{384.72\times10^3}{215}=1789.40\ \mathrm{mm^2}$$

采用两个不等肢角钢短肢相并的截面形式,查型钢表选用 2 ∟ 90×56×7,

$$A=2\times98.8=1976\ \mathrm{mm^2}>1789.40\ \mathrm{mm^2}\qquad i_x=15.7\mathrm{mm}\qquad i_y=45.2\mathrm{mm}$$

$$\frac{N}{A_n}=\frac{384.72\times10^3}{1976}=194.70\mathrm{N/mm^2}<f=215\mathrm{N/mm^2}$$

$$\lambda_x=\frac{l_{0x}}{i_x}=\frac{5266}{15.7}=335.41<[\lambda]=350$$

$$\lambda_y=\frac{l_{0y}}{i_y}=\frac{11850}{45.2}=262.17<[\lambda]=350$$

强度和刚度满足要求。

3. 腹杆

(1)CG 杆

选用 2 ∟ 50×4，$N_{CG}=-69.62\text{kN}$，$A=2\times390=780\ \text{mm}^2$，

$$i_x=15.4\text{mm}\quad i_y=24.3\text{mm}\quad l_{0x}=0.8\times2082=1666\text{mm}\quad l_{0y}=2082\text{mm}$$

截面验算：

$$\lambda_x=\frac{l_{0x}}{i_x}=\frac{1666}{15.4}=108.18<[\lambda]=150$$

$$\lambda_y=\frac{l_{0y}}{i_y}=\frac{2082}{24.3}=85.68<[\lambda]=150$$

刚度满足要求。

查表得 $\beta_{\min}=0.5039$，

$$\frac{N}{\varphi_{\min}A}=\frac{69.62\times10^3}{0.5039\times780}=177.13\text{N/mm}^2<f=215\text{N/mm}^2$$

整体稳定满足要求。

(3)BF、DI 杆

选用单角钢∟ 50×4，$N_{BF}=N_{DI}=-34.81\text{kN}$，$A=390\ \text{mm}^2$，$i_{y0}=9.9\text{mm}$，

$$l_0=0.9\times1043=938.7\text{mm}$$

$$\lambda=\frac{l_0}{i_{y0}}=\frac{938.7}{9.9}=94.82<[\lambda]=150$$

查表得 $\beta=0.5891$

单角钢单面连接计算稳定性时，强度设计值折减系数为：

$$\gamma_R=0.6+0.0015\lambda=0.6+0.0015\times94.82=0.742$$

$$\frac{N}{\varphi A}=\frac{34.81\times10^3}{0.5891\times390}=151.51\text{N/mm}^2<\gamma_R f=0.742\times215=159.53\text{N/mm}^2$$

满足要求。

(3)FC、CI 杆

选用单角钢∟ 50×4，$N_{FC}=N_{CI}=54.96\text{kN}$，$A=390\ \text{mm}^2$，$i_{y0}=9.9\text{mm}$，

$$l_0 = 0.9 \times 3290 = 2961\text{mm}$$

$$\lambda = \frac{l_0}{i_{y0}} = \frac{2961}{9.9} = 299.09 < [\lambda] = 350$$

单角钢单面连接计算强度时，强度设计值折减系数为：

$$\frac{N}{A_n} = \frac{54.96 \times 10^3}{390} = 140.92\text{N/mm}^2 < \gamma_R f = 0.85 \times 215 = 182.75\text{N/mm}^2$$

满足要求。

(4)GI、IE 杆

两根杆采用相同截面，按最大内力 $N_{IE} = 164.88\text{kN}$ 计算。

$$l_{0x} = 3290\text{mm}, l_{0y} = 2 \times 3290 = 6580\text{mm}$$

选用单角钢∟ 50×4，$N_{FC} = N_{CI} = 54.96\text{kN}$，$A = 390\ \text{mm}^2$，$i_{y0} = 9.9\text{mm}$，

$$l_0 = 0.9 \times 3290 = 2961\text{mm}$$

$$\lambda = \frac{l_0}{i_{y0}} = \frac{2961}{9.9} = 299.09 < [\lambda] = 350$$

选用 2∟ 50×4，$A = 2 \times 390 = 780\ \text{mm}^2$，$i_x = 15.4\text{mm}$，$i_y = 24.3\text{mm}$，

$$\lambda_x = \frac{l_{0x}}{i_x} = \frac{3290}{15.4} = 213.64 < [\lambda] = 350$$

$$\lambda_y = \frac{l_{0y}}{i_y} = \frac{6580}{24.3} = 270.78 < [\lambda] = 350$$

$$\frac{N}{A_n} = \frac{164.88 \times 10^3}{780} = 211.38\text{N/mm}^2 < f = 215\text{N/mm}^2$$

满足要求。

(5)EH 杆

$$N_{IE} = 0, l = 3950\text{mm}, i_x = 15.4\text{mm}, i_y = 24.3\text{mm}$$

对于连接垂直支撑，为使连接不偏心，采用两个等边角钢组成的十字形截面，按照受压支撑验算其长细比。

选用 2∟ 50×4，$N_{CG} = -69.62\text{kN}$，$A = 2 \times 390 = 780\ \text{mm}^2$，$i_{x0} = 19.4\text{mm}$，

$$l_0 = 0.9 \times 3950 = 3555\text{mm}$$

刚度验算

$$\lambda = \frac{l_0}{i_{x0}} = \frac{3555}{19.4} = 183.3 < [\lambda] = 200$$

$$\lambda = 183.3 > 5.07 \times 50/4 = 63.38$$

满足要求。

对于不连接垂直支撑，选用单角钢∟ 50×4。

按受拉支撑验算其长细比：

$$A=390\ \text{mm}^2, i_{y0}=9.9\text{mm}, l_0=0.9\times3950=3555\text{mm}$$

$$\lambda=\frac{l_0}{i_{y0}}=\frac{3555}{9.9}=359.09<[\lambda]=400$$

满足要求。

屋架各杆件截面选择见表 2-2 所列。

2.2.6 节点设计

对于屋架节点设计，先计算腹杆与节点板的连接焊缝尺寸，然后按比例绘制出节点板的形状，量出尺寸，然后验算弦杆与节点板的连接焊缝。节点设计计算中用到的各杆内力见表 2-1 所列。

腹杆与节点板采用侧面角焊缝进行连接，焊缝尺寸要满足构造要求，E43 型焊条角焊缝的强度设计值 $f_f^w=160\text{N/mm}^2$。

焊脚尺寸：

肢背 $$1.5\sqrt{t_{\max}}\leqslant h_{f1}\leqslant1.2t_{\min}, \tag{2-1}$$

肢尖 $$1.5\sqrt{t_{\max}}\leqslant h_{f2}\leqslant\begin{cases}t, 当\ t\leqslant6\text{mm}\\ t-(1-2), 当\ t>6\text{mm}\end{cases} \tag{2-2}$$

计算长度 $$8h_f, 40\text{mm}\leqslant l_w\leqslant60h_f \tag{2-3}$$

1. 上弦节点 C

根据节点板和腹杆的厚度，计算杆端所需焊缝长度。FC、CG、CI 杆的肢背和肢尖焊缝的焊脚尺寸取 $h_{f1}=5\text{mm}, h_{f2}=4\text{mm}$。

(1)FC、CI 杆

肢背：

$$l_1=l_{w1}+2h_{f1}=\frac{k_1N}{0.7h_{f1}f_f^w}+2h_{f1}=\frac{0.7\times54.96\times10^3}{0.7\times5\times160}+2\times5=78.7\text{mm}$$

取 80mm。

肢尖：

$$l_2=l_{w2}+2h_{f2}=\frac{k_2N}{0.7h_{f2}f_f^w}+2h_{f2}=\frac{0.3\times54.96\times10^3}{0.7\times4\times160}+2\times4=44.80\text{mm}$$

按照构造要求取 50mm。

(2)CG 杆

肢背：

$$l_1=l_{w1}+2h_{f1}=\frac{k_1N}{2\times0.7h_{f1}f_f^w}+2h_{f1}=\frac{0.7\times69.62\times10^3}{2\times0.7\times5\times160}+2\times5=53.51\text{mm}$$

取 60mm。

肢尖：

$$l_2=l_{w2}+2h_{f2}=\frac{k_2N}{2\times0.7h_{f2}f_f^w}+2h_{f2}=\frac{0.3\times69.62\times10^3}{2\times0.7\times4\times160}+2\times4=31.31\text{mm}$$

按照构造要求取 50mm。

根据求得腹杆的焊缝长度，并按照构造要求给出间隙及制作和装配误差，按比例绘制节点大样图，节点尺寸如图 2－6 所示。为便于檩条连接角钢的放置，节点板缩进上弦角钢背，缩进距离不宜小于 $0.5t+2=0.5\times10+2=7$mm，也不宜大于节点板厚度 10mm，所以节点板缩进 8mm，肢背塞焊缝 $h_{f1}=0.5\times10=5$mm，按承受最大集中荷载 F 进行计算。

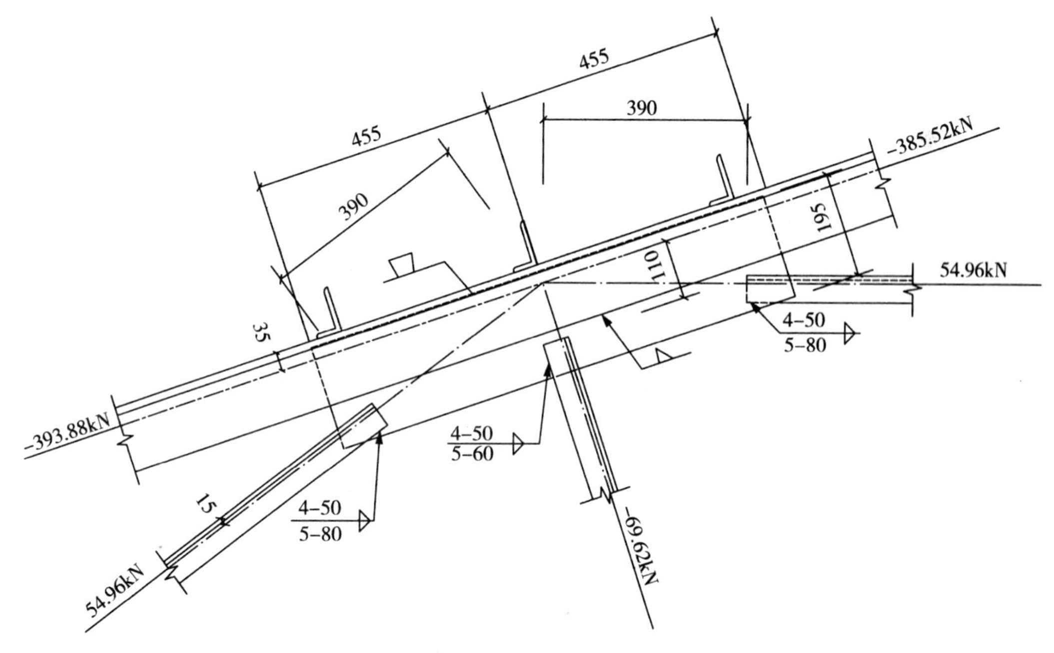

图 2－6　上弦节点

$$\sigma_f=\frac{F}{2\times0.7h_{f1}l_{w1}}=\frac{36.64\times10^3}{2\times0.7\times5\times(910-2\times5)}$$

$$=5.81\text{N/mm}^2<\beta_f f_f^w=1.22\times160=195.2\text{N/mm}^2$$

C 节点相邻弦杆的内力差：

$$\Delta N=393.88-382.52=11.36\text{kN}$$

内力差由弦杆角钢肢尖与节点板的连接焊缝承受。

偏心弯矩：

$$M=\Delta N\cdot e=11.36\times(125-34.5)=1028.08\text{kN}\cdot\text{mm}$$

由于弯矩数值很小，故按照构造要求设置焊缝，不作计算。

2. 屋脊节点

腹杆 IE 所需焊缝尺寸见表 2－3 所列。屋脊节点拼接角钢采用与上弦相同截面的角钢，为使拼接角钢与弦杆紧密相贴，肢背处割棱，焊脚尺寸 $h_f=5\text{mm}$，为便于施焊，竖肢切去 $\Delta=t+h_f+5=10+5+5=20\text{mm}$，并将竖肢切口后经热弯成型对焊。接头一侧所需焊缝计算长度为：

$$l_w=\frac{N}{4\times0.7h_f f_f^w}=\frac{370.80\times10^3}{4\times0.7\times5\times160}=165.54\text{mm} \qquad 取\ h_f=170\text{mm}$$

拼接角钢的总长度为：

$$l=2(l_w+10)+a=2\times(170+10)+50=410\text{mm}$$

屋脊节点设计如图 2－7 所示。

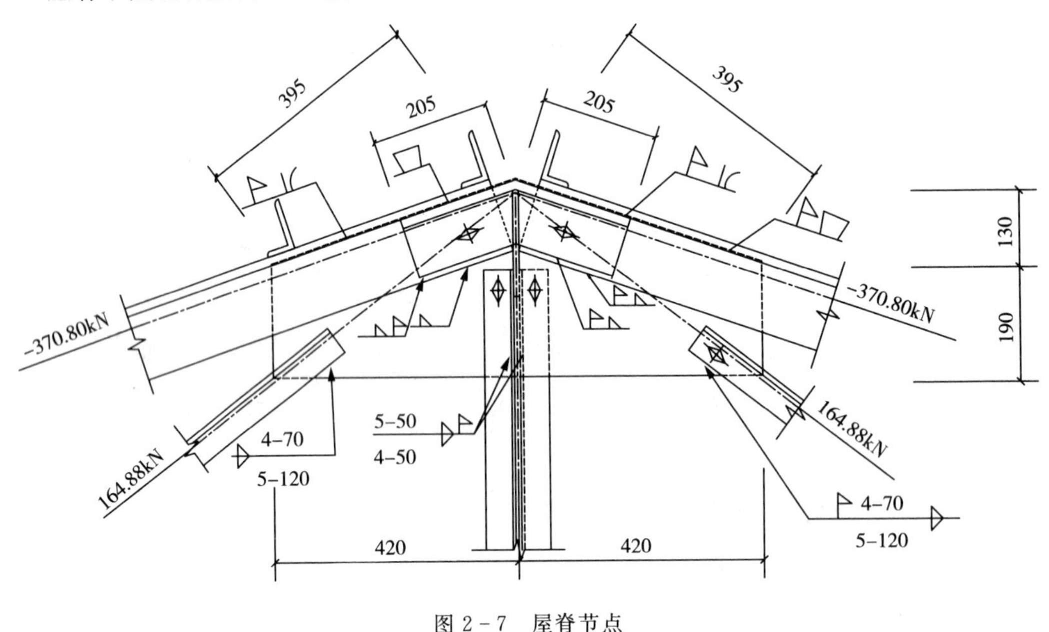

图 2－7 屋脊节点

3. 下弦拼接节点

由于屋架跨度为 24m，超过运输界限，故将屋架分为两个运输单元在工地进行拼接，下弦拼接节点在屋架节点 G 处。下弦杆与节点板的连接焊缝按相邻节间弦杆的内力差和弦杆最大内力的 15％两者中的较大值计算，因为两者数值均较小，按构造设置焊缝即可满足要求，不必计算。CG、GI 杆端的焊缝尺寸见表 2－3 所列。

拼接角钢采用与下弦相同截面的角钢，肢背处割棱，$h_f=5\text{mm}$，为便于施焊，竖肢切去 $\Delta=t+h_f+5=7+5+5=1\text{mm}$，取 $\Delta=20\text{mm}$。拉杆拼接角钢与杆件等强设计，接头一侧所需焊缝计算长度为：

$$l_w=\frac{Af}{4\times0.7h_f f_f^w}=\frac{1976\times215}{4\times0.7\times5\times160}=189.66\text{mm} \qquad 取\ h_f=190\text{mm}$$

拼接角钢的总长度为：

$$l=2(l_w+10)+a=2\times(190+10)+10=410\text{mm}$$

表 2-2　屋架各杆件截面选择表

杆件 名称	杆件 编号	计算内力(kN)	几何长度(mm)	计算长度(mm) l_{0x}	计算长度(mm) l_{0y}	截面形式和规格	截面面积(mm^2)	回转半径(mm) i_x	回转半径(mm) i_y	长细比 λ_x	长细比 λ_y	长细比 [λ]	稳定系数 φ_{min}	杆件应力 σ (N/mm^2)	设计强度 f (N/mm^2)
上弦杆	AB AC	−405.60 $M_1=10.86kN\cdot m$ $M_2=8.15kN\cdot m$	3124	3124	6203	2∟125×10	4874	38.5	55.9	81.14	110.96	150	0.4872	203.86	215
下弦杆	AF FG GH	384.72	5266	5266	11850	2∟90×56×7	1976	15.7	45.2	335.41	262.17	350		194.70	215
腹杆	BF、DI	−34.81	1043	938.7		∟50×4	390	9.9		94.82		150	0.5891	151.51	159.53
腹杆	FC、CI	54.96	3290	2961		∟50×4	390	9.9		299.09		350		140.92	182.75
腹杆	CG	−69.62	2082	1666	2082	2∟50×4	780	15.4	24.3	108.18	85.68	150	0.5039	177.13	215
腹杆	GI、IE	164.88	3290	3290	6580	2∟50×4	780	15.4	24.3	213.64	270.78	350		211.38	215
腹杆	EH	0	3950	3555		∟50×4	390	9.9		359.09		400		0	182.75
腹杆	EH	0	3950	3555		2∟50×4	780	19.4		183.3		200		0	215

表 2-3　杆件端部与节点板的连接焊缝计算表

杆件 名称	杆件 编号	计算内力(kN)	分配系数 k_1	分配系数 k_2	焊脚尺寸(mm) 肢背	焊脚尺寸(mm) 肢尖	内力(kN) N_1	内力(kN) N_2	焊缝计算长度(mm) l_{w1}	焊缝计算长度(mm) l_{w2}	实际焊缝尺寸 $h_{f1}-l_1$	实际焊缝尺寸 $h_{f2}-l_2$	填板数
上弦杆	AB	−405.6	0.7	0.3	8	6	−283.92	−121.68	158.4	90.5	8−180	6−110	1
下弦杆	AF	384.72	0.75	0.25	8	5	288.54	96.18	161.0	85.9	8−180	5−100	2
腹杆	BF、DI	−34.81	0.7	0.3	5	4	−24.367	−10.443	43.5	40	5−60	4−50	
腹杆	FC、CI	54.96	0.7	0.3	5	4	38.472	16.488	68.7	40	5−80	4−50	
腹杆	CG	−69.62	0.7	0.3	5	4	−48.734	−20.886	43.5	40	5−60	4−50	3
腹杆	GI	109.92	0.7	0.3	5	4	76.944	32.976	68.7	40	5−80	4−50	2
腹杆	IE	164.88	0.7	0.3	5	4	115.416	49.464	103.1	55.2	5−120	4−70	2
腹杆	EH	0(拉)	0.7	0.3	5	4	0	0	40	40	5−50	4−50	
腹杆	EH	0(压)			5	4	0	0	40	40	5−50	4−50	9

下弦拼接节点设计如图 2－8 所示。

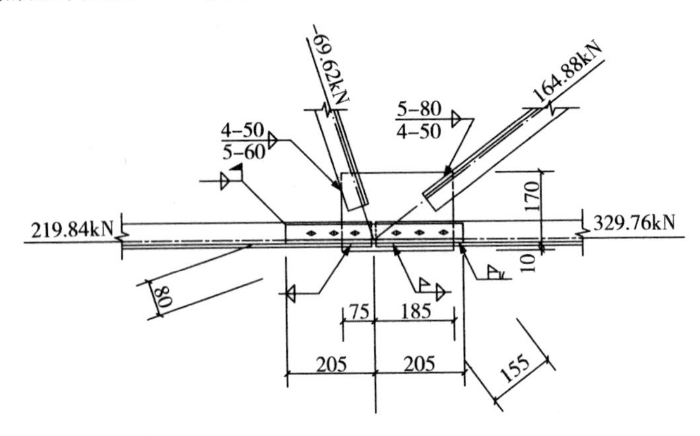

图 2－8 下弦拼接节点

4. 支座节点

上、下弦杆端焊缝计算省略，焊缝长度见表 2－3 所列。

(1)底板计算

支座最大反力 $R=4\times36.64=146.56\text{kN}$

根据构造要求，取底板尺寸 250mm×250mm，采用 M24 锚栓和图 2－9 的 U 形缺口。C25 混凝土承压强度设计值 $f_c=11.9\text{N/mm}^2$，柱顶混凝土的压应力为：

$$q=\frac{R}{A_n}=\frac{146.56\times10^3}{250\times250-\pi\times25^2/4-2\times55\times50}=2.59\text{N/mm}^2<11.9\text{N/mm}^2$$

满足要求。

底板经节点板和加劲肋分隔为四块两相邻边支承板，其 $b_1/a_1=88/177=0.5$，查表得屈曲系数 $\beta=0.058$，其单位宽度最大弯矩为

$$M=\beta q a_1^2=0.058\times2.59\times177^2=4706.24\text{N}\cdot\text{mm}$$

底板厚度一般不宜小于 16～20mm，$f=205\text{N/mm}^2$，按抗弯强度得：

$$t\geqslant\sqrt{\frac{6M}{f}}=\sqrt{\frac{6\times4706.24}{205}}=11.74\text{mm}，取 20\text{mm}。$$

(2)加劲肋计算

加劲肋采用 10mm 厚，与节点板和底板焊缝连接，$h_f=6\text{mm}$，加劲肋为支承于节点板上的悬臂梁，一个加劲肋传递支座反力 1/4，则加劲肋与节点板连接焊缝承受剪力和弯矩为：

$$V=R/4=146.56/4=36.64\text{kN}$$

$$M=Vb/4=36.64\times250/4=2290\text{kN}\cdot\text{mm}$$

$$l_w=215-2\times15-2\times6=173\text{mm}$$

$$\sqrt{\left(\frac{6M}{2\times0.7h_f l_w^2\beta_f}\right)^2+\left(\frac{V}{2\times0.7h_f l_w}\right)^2}=\sqrt{\left(\frac{6\times2290\times10^3}{2\times0.7\times6\times173^2\times1.22}\right)^2+\left(\frac{36.64\times10^3}{2\times0.7\times6\times173}\right)^2}$$

$$=51.41\text{N/mm}^2<160\text{N/mm}^2$$

满足要求。

(3)加劲肋、节点板与底板连接的焊缝计算

为避免三向焊缝相交，加劲肋下部切口宽度取 $c=15\text{mm}$。底板与节点板、加劲肋的焊缝承受全部支座反力 R，焊缝计算长度之和：

$$\sum l_w = 2a + 2(b - t - 2c) - 60 = 2 \times 250 + 2 \times (250 - 12 - 2 \times 15) - 60 = 856\text{mm}$$

$$\sigma_f = \frac{R}{0.7h_f \sum l_w} = \frac{146.56 \times 10^3}{0.7 \times 6 \times 856} = 40.77\text{N/mm}^2 < \beta_f f_f^w = 1.22 \times 160 = 195.2\text{N/mm}^2$$

满足要求。

其他节点从略。

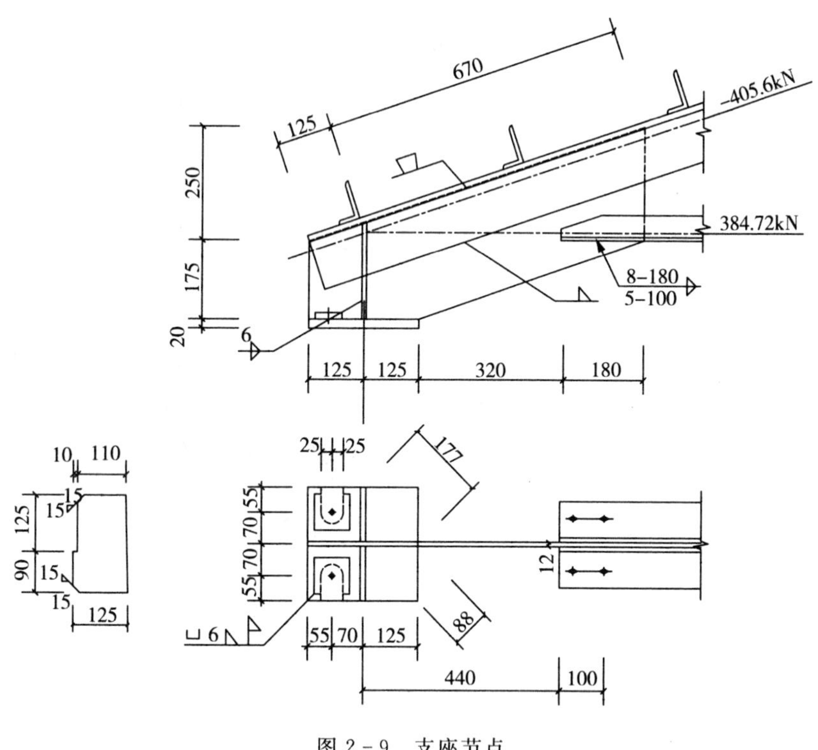

图 2-9　支座节点

为保证 T 形或十字形截面中的两个角钢共同作用，必须在两个角钢间相隔一定距离设置填板，填板间距为：

压杆：　$l_1 \leqslant 40i_1$　(2-4)

拉杆；　$l_1 \leqslant 80i_1$　(2-5)

对于 T 形截面，i_1 为一个角钢对平行于填板形心轴的回转半径；对于十字形截面，i_1 为一个角钢的最小回转半径，且填板应沿两个方向交错放置，在压杆的桁架平面外计算长度范围内，至少应设置两块填板。填板宽度一般取 50～80mm。为便于施焊，T 形截面的填板长度应伸出角钢肢尖 10～20mm；十字形截面的填板长度应缩进角钢肢尖 10～15mm。填板厚度与桁架节点板厚度相同。

2.3 结构施工图绘制

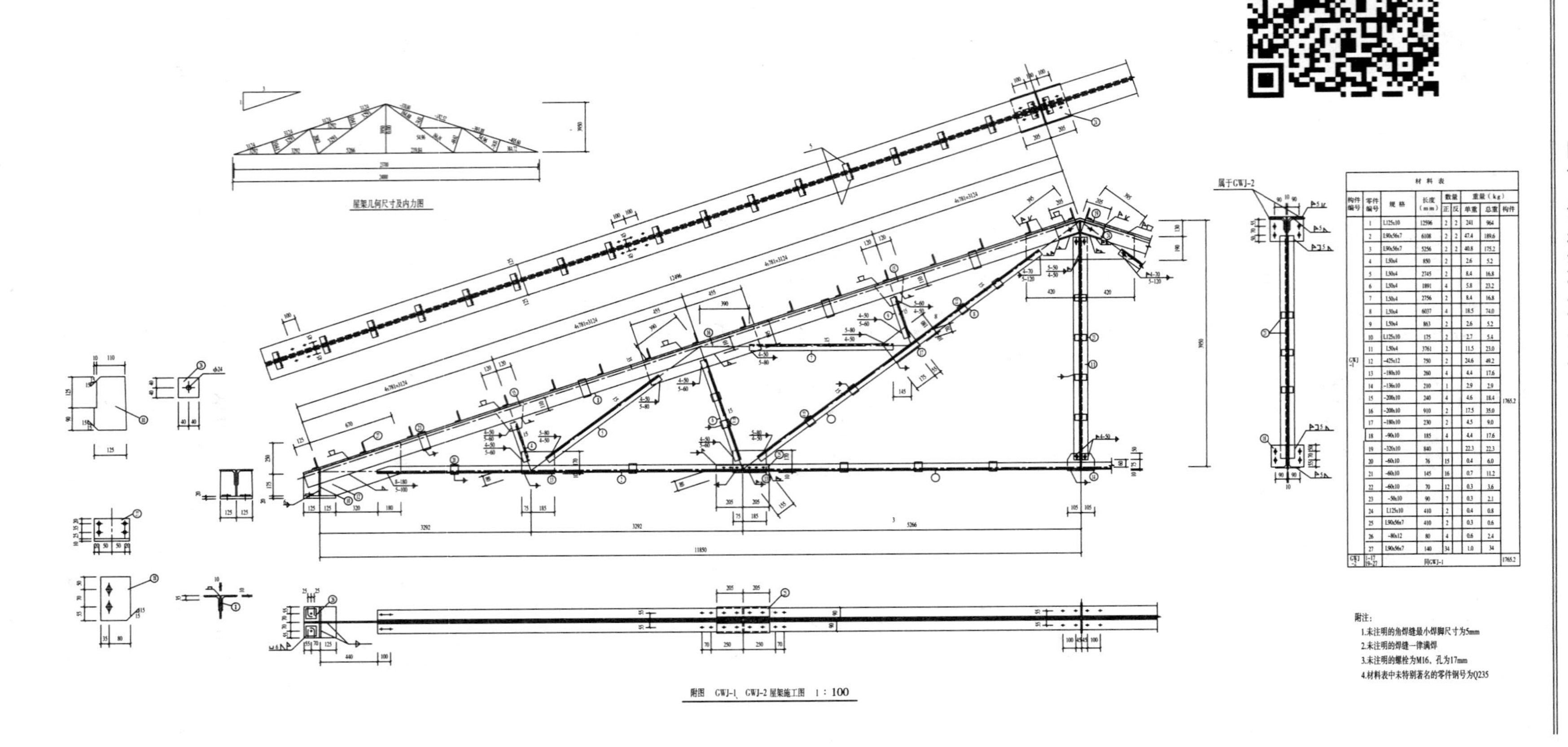

材料表

构件编号	零件编号	规格	长度（mm）	数量 正	数量 反	重量（kg） 单重	重量（kg） 总重	重量（kg） 构件
GWJ-1	1	L125x10	12596	2	2	241	964	1765.2
	2	L90x56x7	6108	2	2	47.4	189.6	
	3	L90x56x7	5256	2	2	40.8	175.2	
	4	L50x4	850	2		2.6	5.2	
	5	L50x4	2745	2		8.4	16.8	
	6	L50x4	1891	4		5.8	23.2	
	7	L50x4	2756	2		8.4	16.8	
	8	L50x4	6037	4		18.5	74.0	
	9	L50x4	863	2		2.6	5.2	
	10	L125x10	175	2		2.7	5.4	
	11	L50x4	3761	2		11.5	23.0	
	12	-425x12	750	2		24.6	49.2	
	13	-180x10	260	4		4.4	17.6	
	14	-136x10	210	1		2.9	2.9	
	15	-200x10	240	4		4.6	18.4	
	16	-200x10	910	2		17.5	35.0	
	17	-180x10	230	2		4.5	9.0	
	18	-90x10	185	4		4.4	17.6	
	19	-320x10	840	1		22.3	22.3	
	20	-60x10	76	15		0.4	6.0	
	21	-60x10	145	16		0.7	11.2	
	22	-60x10	70	12		0.3	3.6	
	23	-50x10	90	7		0.3	2.1	
	24	L125x10	410	2		0.4	0.8	
	25	L90x56x7	410	2		0.3	0.6	
	26	-80x12	80	4		0.6	2.4	
	27	L90x56x7	140	34		1.0	34	
GWJ-2	1-17 19-27	同GWJ-1						1765.2

附注：

1.未注明的角焊缝最小焊脚尺寸为5mm

2.未注明的焊缝一律满焊

3.未注明的螺栓为M16，孔为17mm

4.材料表中未特别著名的零件钢号为Q235

附图 GWJ-1、GWJ-2 屋架施工图 1：100

第 3 章　梯形钢屋架设计范例

3.1　课程设计任务书

3.1.1　设计资料

某单跨单层厂房，跨度为 21m，长度为 120m，柱距为 6.0m，车间内设有一台 200kN 的中级工作制吊车，计算温度高于－20℃。采用梯形钢屋架，屋面坡度为 1∶10。

梯形屋架的屋面采用 1.5m×6.0m 预应力混凝土大型屋面板（重量 $1.5kN/m^2$），上铺 100mm 厚泡沫混凝土保温层（重量 $0.8kN/m^2$）和柔性卷材防水层（重量 $0.3kN/m^2$）。

钢屋架简支于钢筋混凝土柱上，上柱截面为 400mm×400mm，混凝土强度等级为 C25，屋面均布活载为 $0.5kN/m^2$，雪载为 $0.6kN/m^2$，积灰荷载为 $0.3kN/m^2$，基本风压 $W_0 =$ 0.35kN/m，无抗震要求。

屋架和支撑自重估计公式：　$G_w = 117 + 11L(N/m^2)$，式中 L 为跨度(m)。

3.1.2　设计内容

(1)屋架选型：选择 21m 梯形屋架，确定腹杆体系和节间划分，确定屋架计算跨度、跨中高度及各杆的几何长度。

(2)屋架支撑布置：简述布置方案的理由，并绘制屋架支撑布置图，即上弦支撑布置平面图（绘出柱网、屋架及上弦支撑等）；下弦支撑布置平面图（绘出下弦支撑和系杆等）；垂直支撑的纵、剖面图；屋架支撑的侧面图。

(3)荷载和内力计算：计算出节点荷载，利用单位节点荷载作用下的内力系数（见表 3－1 所列），计算出各杆轴力，并进行内力组合。

表 3－1　21m 跨梯形屋架的内力系数（$F = 1kN$）

杆件编号	全跨荷载	半跨	杆件编号	全跨荷载	半跨
1	0	0	14	－4.49	－3.15
2、3	－9.51	－6.74	15	3.56	2.0
4、5	－13.89	－9.04	16	－2.78	－1.26
6、7	－14.67	－8.26	17	0.04	－1.89
8	5.31	3.89	18	2.56	2.56
9	12.20	8.33	19	－0.5	－0.5
10	14.56	8.93	20	－1.0	－1.0
11	14.02	7.00	21	－1.0	－1.0
12	－8.40	－6015	22	－1.0	－1.0
13	6.16	4.37	23	0	0

(4)杆件截面设计：在计算书中叙述几种典型的屋架杆件和支撑杆件的计算过程，其余可列表计算。

(5)节点设计:计算几个典型节点,其他节点按构造要求处理,在绘制施工图时完成,杆端焊缝可列表计算。

(6)施工图绘制:绘制一个运输单元施工图,进行详细编号,并附材料表和备注说明。

3.1.3 设计要求

(1)要求学生独立完成钢屋架的设计,绘制出一张钢屋架施工图(图幅按1号图),完成一份完整的设计计算书。

(2)设计时间为2周。

3.2 梯形钢屋架设计

3.2.1 设计资料

某单跨单层厂房,跨度为21m,长度为120m,柱距6.0m,车间内设有一台200kN的中级工作制的吊车,计算温度高于−20℃。

梯形屋架的屋面采用1.5m×6.0m的预应力混凝土大型屋面板(重量1.5kN/m²),上铺100mm厚泡沫混凝土保温层(重量0.8kN/m²)和柔性卷材防水层(重量0.3kN/m²)。

钢屋架简支于钢筋混凝土柱上,上柱截面为400mm×400mm,混凝土强度等级为C25,屋面均布活载为0.5kN/m²,雪载为0.6kN/m²,积灰荷载为0.3kN/m²,基本风压W_0=0.35kN/m,无抗震要求。

3.2.2 结构形式与支撑布置

由于屋面材料为混凝土大型屋面板,所以采用21m梯形钢屋架,屋面坡度为1∶10。根据荷载作用类型(静力荷载)和工作温度,钢材选用Q235B,焊条为E43系列,手工焊。

屋架计算跨度:

$$L_0=L-300=21000-300=20700\text{mm}$$

屋架中部高度根据经济高度为:

$$(1/10\sim1/8)\times21000=2100\sim2625\text{mm},\text{取 }2550\text{mm}$$

则屋架端部高度:

$$H_0=2550-20700\times0.1/2=1515\text{mm},\text{取 }1500\text{mm}$$

屋架腹杆体系采用下承式人字形,考虑混凝土大型屋面板的宽度,为了使屋架节点受力,屋架几何尺寸如图3-1所示,图中屋架跨中起拱40mm(按$L_0/500$计)。

由于厂房长度大于60m,且根据跨度及荷载情况,设置三道上、下弦横向水平支撑。横向水平支撑一般设于厂房温度区段两端第一或第二柱间,因本厂房两端为山墙,故在本屋架两端第二柱间和中间柱间设置上、下弦横向水平支撑。由于屋架跨度小于30m,故在设置横向水平支撑的同一柱间设置垂直支撑三道,分别设置在屋架两端和跨中。在第一柱间的上、下弦平面设置刚性系杆,以保证屋架的侧向稳定和风荷载的传递。在屋架上弦屋脊节点处设置通长刚性系杆,屋架下弦跨中设置通长柔性系杆。支撑布置如图3-2所示。

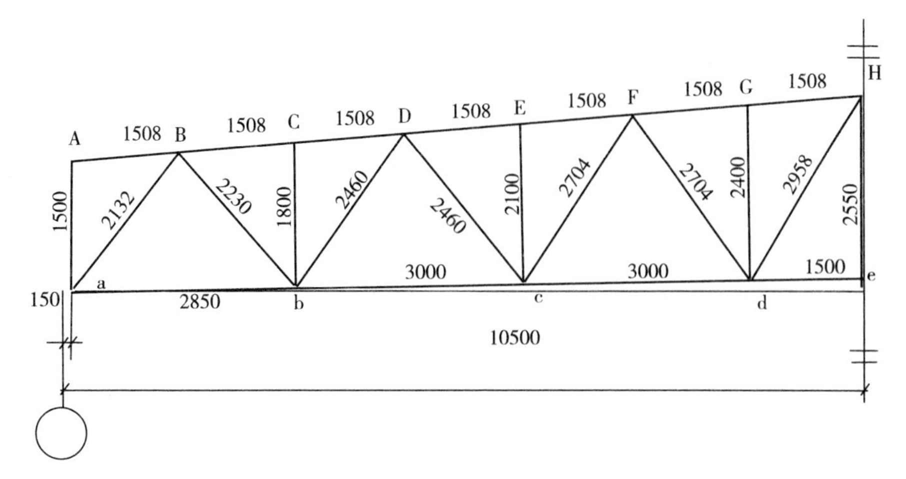

图 3－1　21m 梯形钢屋架几何尺寸

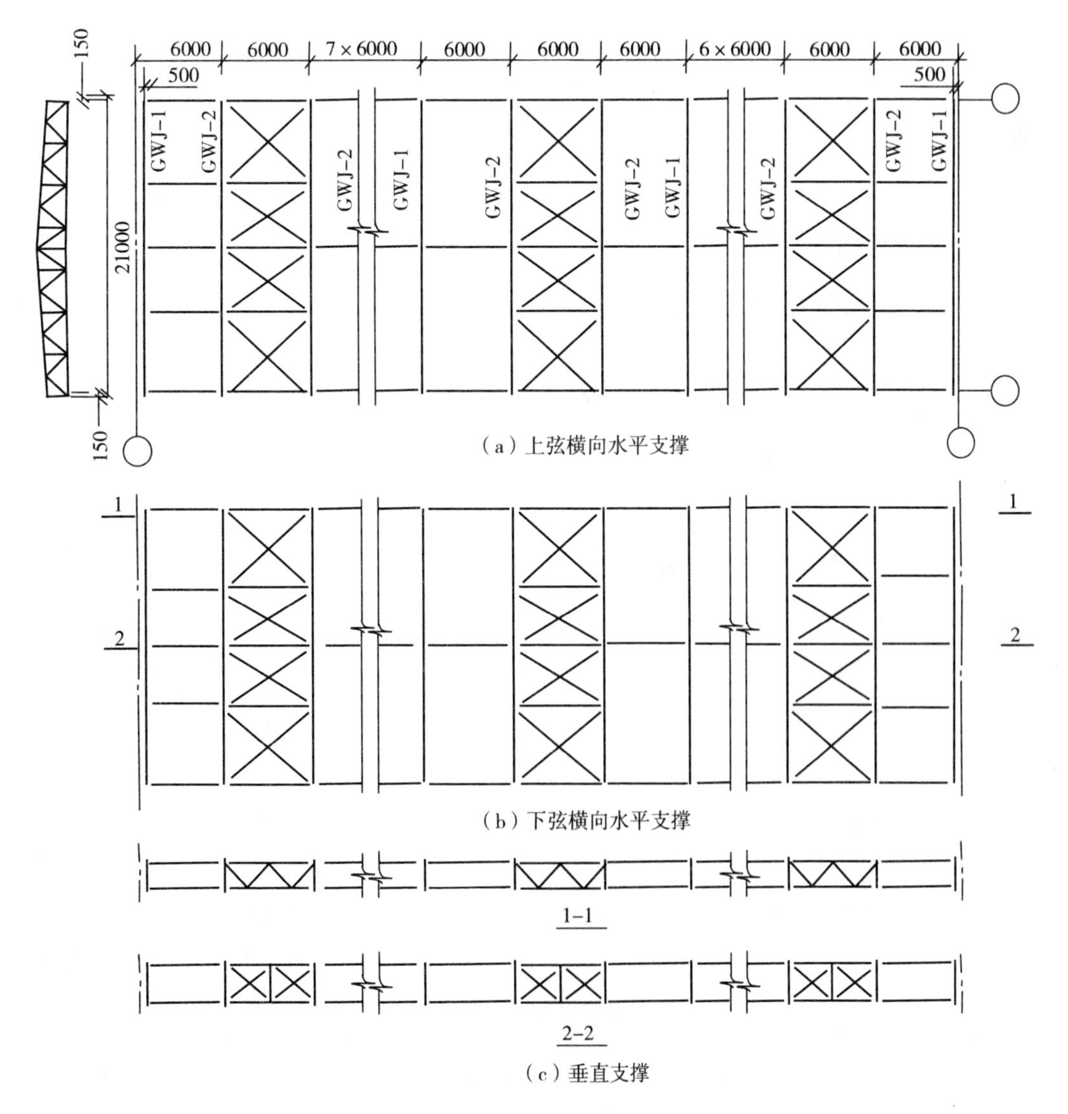

图 3－2　屋架支撑布置图

3.2.3 屋架节点荷载

1. 永久荷载计算

预应力混凝土大型屋面板　$1.2\times1.5=1.8\text{kN/m}^2$

泡沫混凝土保温层(100mm)　$1.2\times0.8=0.96\text{kN/m}^2$

柔性卷材防水层　$1.2\times0.3=0.36\text{kN/m}^2$

屋架及支撑自重

$$G_w=1.2\times(117+11L)=1.2\times(117+11\times21)=417.6\text{N/m}^2=0.42\text{kN/m}^2$$

永久荷载设计值总和

$$g=1.8+0.96+0.36+0.42=3.54\text{kN/m}^2$$

2. 可变荷载计算

屋面均布活荷载 0.5kN/m^2，雪荷载 0.6kN/m^2，积灰荷载 0.3kN/m^2。由于屋面活载和雪荷载不同时考虑，取两者较大值进行计算。

雪荷载　$1.4\times0.6=0.84\text{kN/m}^2$

积灰荷载　$1.4\times0.3=0.42\text{kN/m}^2$

可变荷载设计值总和　$p=0.84+0.42=1.26\text{kN/m}^2$

屋架应考虑下列荷载组合情况：

(1)全跨永久荷载＋全跨可变荷载

节点荷载　$P=(3.54+1.26)\times1.5\times6=43.20\text{kN}$

(2)全跨永久荷载＋半跨可变荷载

全跨节点永久荷载　$P_1=3.54\times1.5\times6=31.86\text{kN}$

半跨节点可变荷载　$P_2=1.26\times1.5\times6=11.34\text{kN}$

(3)屋架及支撑自重＋半跨屋面板重＋半跨屋面活载

全跨节点屋架及支撑自重荷载　$P_3=0.42\times1.5\times6=3.78\text{kN}$

半跨节点屋面板重及活荷载　$P_4=(1.8+0.84)\times1.5\times6=23.76\text{kN}$

3.2.4 屋架杆件内力计算

屋架在三种荷载组合作用下的计算简图如图 3-3 所示。

由于屋面坡度较小，风荷载为吸力，且远小于屋面永久荷载，故在内力组合时不会增大杆件内力，不需考虑。杆件内力求解时，先用图解法求出全跨和半跨单位节点荷载作用下的杆件内力系数，然后乘以实际的节点荷载而得到各杆件内力。通过内力系数计算得出，除了腹杆在半跨荷载作用下与全跨荷载作用下的受力方向不一致且内力最大外，其余各杆件在半跨荷载作用下的内力方向与全跨荷载作用下的内力方向一致，且全跨荷载作用下的受力最不利。各杆件计算结果见表 3-2 所列。

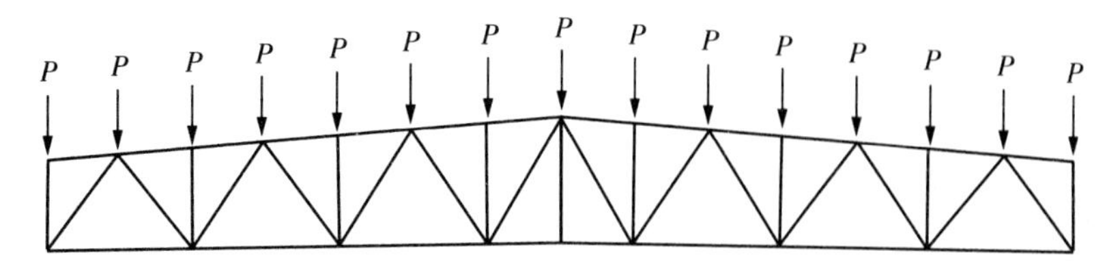

(a) 全跨永久荷载+全跨可变荷载

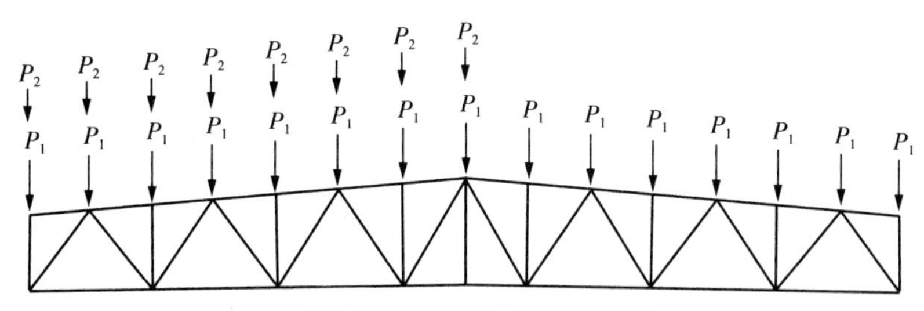

(b) 全跨永久荷载+半跨可变荷载

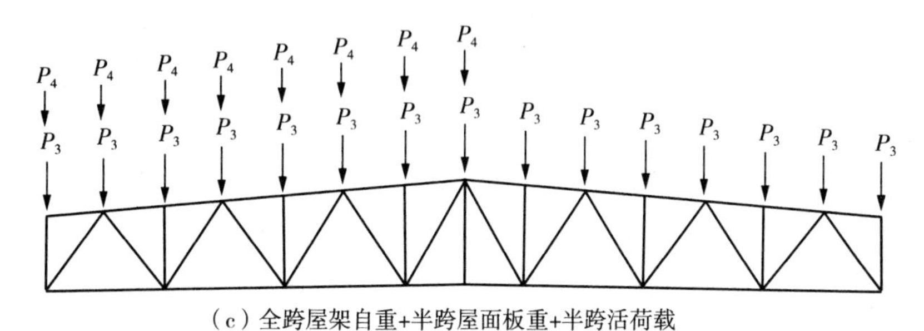

(c) 全跨屋架自重+半跨屋面板重+半跨活荷载

图 3-3 屋架在三种荷载组合作用下的计算简图

表 3-2 屋架杆件计算内力

杆件名称	杆件编号	$P=1$			最大内力				
		全跨	左半跨	右半跨	组合(1) $P=43.2$kN	组合(2) $P_1=31.86$kN $P_2=11.34$kN		组合(3) $P_3=3.78$kN $P_4=23.76$kN	
					全跨	左半跨	右半跨	左半跨	右半跨
		①	②	③	$N=P\times$①	$N=P_1\times$①$+P_2\times$②	$N=P_1\times$①$+P_2\times$③	$N=P_3\times$①$+P_4\times$②	$N=P_3\times$①$+P_4\times$③
上弦杆	AB	0	0	0	0	0	0	0	0
	BC CD	−9.51	−6.74	−2.77	−410.83	−379.42	−334.40	−196.09	−101.76
	DE、EF	−13.89	−9.04	−4.85	−600.05	−545.05	−497.53	−267.29	−167.74
	FG GH	−14.67	−8.26	−6.41	−633.74	−561.05	−540.08	−251.71	−207.75

（续表）

杆件名称	杆件编号	$P=1$			最大内力				
		全跨	左半跨	右半跨	组合(1) $P=43.2\text{kN}$	组合(2) $P_1=31.86\text{kN}$ $P_2=11.34\text{kN}$		组合(3) $P_3=3.78\text{kN}$ $P_4=23.76\text{kN}$	
		①	②	③	全跨	左半跨	右半跨	左半跨	右半跨
					$N=P\times$①	$N=P_1\times$① $+P_2\times$②	$N=P_1\times$① $+P_2\times$③	$N=P_3\times$① $+P_4\times$②	$N=P_3\times$① $+P_4\times$③
下弦杆	ab	5.31	3.89	1.42	229.39	213.29	185.28	112.50	53.81
	bc	12.2	8.33	3.87	527.04	483.15	432.58	244.04	138.07
	cd	14.56	8.93	5.63	628.99	565.15	527.73	267.21	188.81
	de	14.02	7	7.02	605.66	526.06	526.28	219.32	219.79
斜腹杆	aB	−8.4	−6.15	−2.25	−362.88	−337.37	−293.14	−177.88	−85.21
	Bb	6.16	4.37	1.79	266.11	245.81	216.56	127.12	65.82
	bD	−4.49	−3.15	−1.34	−193.97	−178.77	−158.25	−91.82	−48.81
	Dc	3.56	2	1.56	153.79	136.10	131.11	60.98	50.52
	cF	−2.78	−1.26	−1.52	−120.10	−102.86	−105.81	−40.45	−46.62
	Fd	0.04	−1.89	1.93	1.73	−20.16	23.16	−44.76	46.01
	dH	2.56	2.56	0	110.59	110.59	81.57	70.50	9.68
竖腹杆	Aa	−0.5	−0.5	0	−21.6	−21.6	−15.93	−13.77	−1.89
	Cb	−1	−1	0	−43.2	−43.2	−31.86	−27.54	−3.78
	Ec	−1	−1	0	−43.2	−43.2	−31.86	−27.54	−3.78
	Gd	−1	−1	0	−43.2	−43.2	−31.86	−27.54	−3.78
	He	0	0	0	0	0	0	0	0

3.2.5 杆件截面选择

1. 上弦杆

整个上弦杆采用等截面，按照 FG、GH 杆最大内力 $N_{FG}=N_{GH}=-633.74\text{kN}$ 进行计算，FG 杆在屋架平面内的计算长度取一个节间长度，$l_{0x}=1.508\text{m}$。对于无檩屋盖，考虑大型屋面板能起到一定的支撑作用，一般取两块屋面板的宽度，但不大于 3.0m，故平面外计算长度为 $l_{0y}=3\text{m}$。

根据等稳原则以及上弦杆在屋架平面外与平面内计算长度的比值，上弦杆截面宜采用两个不等肢角钢短肢相并的截面形式。根据腹杆最大内力 $N_{aB}=-362.88\text{kN}$，查表可得节点板厚度 $t=10\text{mm}$，支座节点板厚度取 $t=12\text{mm}$。

初选 2∟125×80×10 组成的 T 形截面，$A=3940\ \text{mm}^2$，$i_x=22.6\text{mm}$，$i_y=61.1\text{mm}$

$$\lambda_x=\frac{l_{0x}}{i_x}=\frac{1508}{22.6}=66.73<[\lambda]=150$$

$$\lambda_y=\frac{l_{0y}}{i_y}=\frac{3000}{61.1}=49.10<[\lambda]=150$$

刚度满足要求。

按照 b 类截面，由 λ_x 查轴心受压构件的稳定系数表得到 $\varphi_{\min}=0.7704$

$$\frac{N}{\varphi_{\min}A}=\frac{633.74\times10^3}{0.7704\times3940}=208.78\text{N/mm}^2<215\text{N/mm}^2$$

整体稳定满足要求。

故上弦杆截面为 2∟125×80×10。

2. 下弦杆

下弦杆采用等截面，按下弦杆最大内力 $N_{cd}=628.99\text{kN}$ 进行计算。

$$l_{0x}=3.0\text{m},l_{0y}=20700/2=10350\text{mm}$$

所需面积
$$A_n=\frac{N}{f}=\frac{628.99\times10^3}{215}=2925.5\ \text{mm}^2$$

采用两个不等肢角钢相并的截面形式，查型钢表选用 2∟110×70×10，

$$A=3440\ \text{mm}^2>2925.5\text{mm}^2,i_x=19.6\text{mm},i_y=54.6\text{mm}$$

$$\lambda_x=\frac{l_{0x}}{i_x}=\frac{3000}{19.6}=153.06<[\lambda]=350$$

$$\lambda_y=\frac{l_{0y}}{i_y}=\frac{10350}{54.6}=189.56<[\lambda]=350$$

强度和刚度均满足要求。

3. 斜腹杆

端斜杆 aB：

$N_{aB}=-362.88\text{kN},l_{0x}=l_{0y}=2132\text{mm}$，采用不等肢角钢长肢相并的截面形式，使 $i_x=i_y$，选用角钢 2∟90×8，$A=2788\ \text{mm}^2,i_x=27.6\text{mm},i_y=40.9\text{mm}$。

$$\lambda_x=\frac{l_{0x}}{i_x}=\frac{2132}{27.6}=77.25<[\lambda]=150$$

$$\lambda_y=\frac{l_{0y}}{i_y}=\frac{2132}{40.9}=52.13<[\lambda]=150$$

刚度满足要求。

查表得 $\varphi_{\min}=0.7055$

$$\frac{N}{\varphi_{\min}A}=\frac{362.88\times10^3}{0.7055\times2788}=184.49\text{N/mm}^2<215\text{N/mm}^2$$

整体稳定满足要求。

4. 竖腹杆

竖腹杆最大内力 $N_{Gd}=-43.2\text{kN},l_{0x}=0.8\times2400=1920\text{mm},l_{0y}=2400\text{mm}$，因为杆件内力较小，可按允许长细比[λ]选择截面，需要回转半径：$i_x=1920/150=12.8\text{mm},i_y=2400/$

150=16mm。

按 i_x、i_y 查型钢表，选用 2 ∟ 50×5，$A=960\ mm^2$，$i_x=15.3mm$，$i_y=24.5mm$，截面验算：

$$\lambda_x=\frac{l_{0x}}{i_x}=\frac{1920}{15.3}=125.49<[\lambda]=150$$

$$\lambda_y=\frac{l_{0y}}{i_y}=\frac{2400}{24.5}=97.96<[\lambda]=150$$

刚度满足要求。

查表得 $\varphi_{min}=0.40855$

$$\frac{N}{\varphi_{min}A}=\frac{43.2\times10^3}{0.4086\times960}=110.13N/mm^2<215N/mm^2$$

整体稳定满足要求。

其他斜腹杆和竖杆选择截面同上述计算方法，计算结果见表 3-2 所列。

3.2.6 节点设计

对于屋架节点设计，先计算腹杆与节点板连接的焊缝尺寸，然后按比例绘制出节点板的形状，量出尺寸，再验算弦杆与节点板的连接焊缝。节点设计计算中用到各杆的内力见表3-3 所列。

腹杆与节点板采用侧面角焊缝进行连接，侧面角焊缝尺寸要满足构造要求。E43 型焊条角焊缝的强度设计值 $f_f^w=160N/mm^2$。

焊脚尺寸：

肢背 $$1.5\sqrt{t_{max}}\leqslant h_{f1}\leqslant1.2t_{min} \quad (3-1)$$

肢尖 $$1.5\sqrt{t_{max}}\leqslant h_{f2}\leqslant\begin{cases}t，当\ t\leqslant6mm\\t-(1\sim2)，当\ t>6mm\end{cases} \quad (3-2)$$

计算长度 $$8h_f，40mm\leqslant l_w\leqslant60h_f \quad (3-3)$$

1. 上弦节点 D

根据节点板和腹杆的厚度，计算杆端所需焊缝长度。BD、DC 杆的肢背和肢尖焊缝的焊脚尺寸取 $h_{f1}=6mm$，$h_{f2}=5mm$。

(1)bD 杆

肢背：

$$l_1=l_{w1}+2h_{f1}=\frac{k_1N}{2\times0.7h_{f1}f_f^w}+2h_{f1}=\frac{0.7\times193.97\times10^3}{2\times0.7\times6\times160}+2\times6=113.03mm$$

取 120mm。

肢尖：

$$l_2=l_{w2}+2h_{f2}=\frac{k_2N}{2\times0.7h_{f2}f_f^w}+2h_{f2}=\frac{0.3\times193.97\times10^3}{2\times0.7\times5\times160}+2\times5=61.96mm$$

取 70mm。

(2)Dc 杆

肢背：

$$l_1=l_{w1}+2h_{f1}=\frac{k_1N}{2\times0.7h_{f1}f_f^w}+2h_{f1}=\frac{0.7\times153.97\times10^3}{2\times0.7\times6\times160}+2\times6=92.19\text{mm}$$

取 100mm。

肢尖：

$$l_2=l_{w2}+2h_{f2}=\frac{k_2N}{2\times0.7h_{f2}f_f^w}+2h_{f2}=\frac{0.3\times153.79\times10^3}{2\times0.7\times5\times160}+2\times5=51.19\text{mm}$$

取 60mm。

根据求得腹杆的焊缝长度，并按照构造要求留出间隙及制作和装配误差，按比例绘制节点大样图，节点尺寸如图 3-4 所示。为便于大型屋面板的放置，节点板缩进上弦角钢背，缩进距离不宜小于 $0.5t+2=0.5\times10+2=7$mm，也不宜大于节点板厚度 10mm，所以节点板缩进 8mm，肢背塞焊缝 $h_{f1}=0.5\times10=5$mm，按承受最大集中荷载 P 进行计算。

$$\sigma_f=\frac{P}{2\times0.7h_{f1}l_{w1}}=\frac{43.3\times10^3}{2\times0.7\times5\times(310-2\times5)}$$

$$=20.62\text{N/mm}^2<\beta_f f_f^w=1.22\times160=195.2\text{N/mm}^2$$

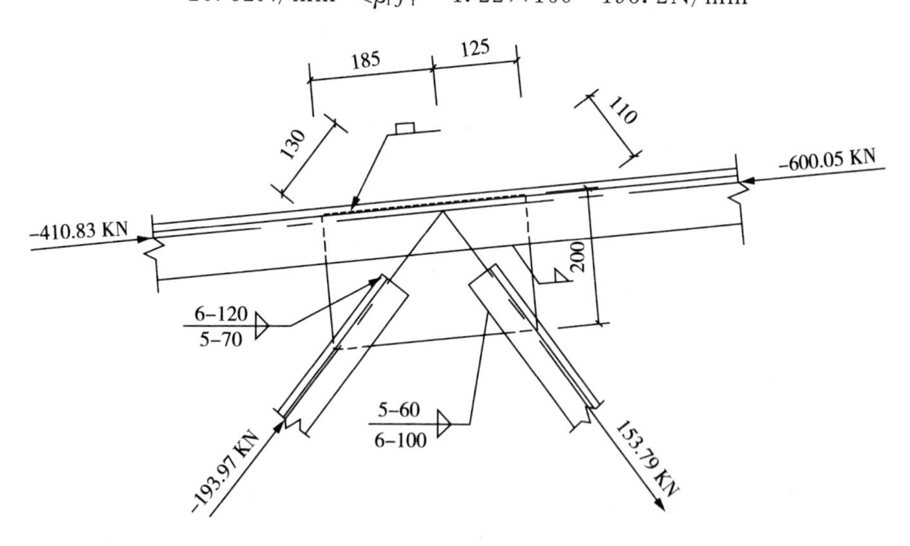

图 3-4　上弦节点 D

D 节点相邻弦杆的内力差 $\Delta N=600.05-410.83=189.22$kN，由弦杆角钢肢尖与节点板的连接焊缝承受，焊脚尺寸 $h_{f2}=5$mm，偏心弯矩：

$$M=\Delta N\cdot e=189.22\times(80-19.2)=11504.58\text{kN}\cdot\text{mm}$$

则

$$\tau_f=\frac{\Delta N}{2\times0.7h_{f2}l_{w2}}=\frac{189.22\times10^3}{2\times0.7\times8\times(310-2\times5)}=56.32\text{N/mm}^2$$

$$\sigma_f=\frac{6M}{2\times0.7h_{f2}l_{w2}^2}=\frac{6\times11504.58\times10^3}{2\times0.7\times5\times(310-2\times5)^2}=109.57\text{N/mm}^2$$

$$\sqrt{\left(\frac{\sigma_f}{\beta_f}\right)^2+\tau_f^2}=\sqrt{\left(\frac{109.57}{1.22}\right)^2+56.32^2}=106.01\text{N/mm}^2<f_f^w=160\text{N/mm}^2$$

2. 下弦节点 b

Bb、Cb、bD 杆端焊缝计算方法同上弦节点设计，见表 3－4 所列，节点图如图 3－5 所示。为便于焊接，节点板伸出弦杆 10mm。弦杆与节点板连接的焊缝承受弦杆相邻节间内力差 $\Delta N=527.04-229.39=297.65\text{kN}$，下弦杆肢背、肢尖所需焊脚尺寸：

$$h_{f1}=\frac{k_1\Delta N}{2\times0.7l_{w1}f_f^w}==\frac{0.75\times297.65\times10^3}{2\times0.7\times(350-2\times5)\times160}=2.93\text{mm}$$

$$h_{f2}=\frac{k_2\Delta N}{2\times0.7l_{w2}f_f^w}==\frac{0.25\times297.65\times10^3}{2\times0.7\times(350-2\times5)\times160}=0.98\text{mm}$$

构造要求 $1.5\sqrt{10}=4.74\text{mm}\leqslant h_{f1}\leqslant1.2\times10=12\text{mm}$

$$1.5\sqrt{10}=4.74\text{mm}\leqslant h_{f2}\leqslant10-(1\sim2)=8\sim9\text{mm}$$

根据构造要求，肢背和肢尖焊脚尺寸均取 5mm。

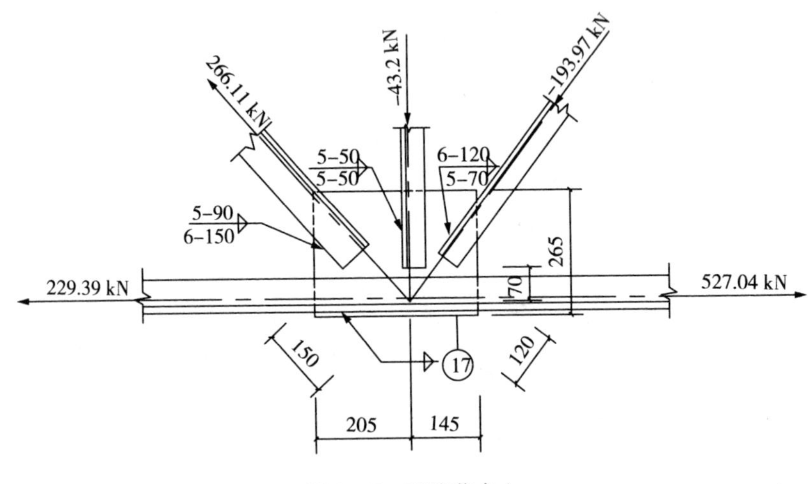

图 3－5 下弦节点 b

3. 屋脊节点

腹杆 dH 所需焊缝长度见表 3－3 所列。屋脊节点拼接角钢采用与上弦相同截面的角钢，为使拼接角钢与弦杆紧密相贴，焊脚尺寸 $h_f=8\text{mm}$，肢背处割棱，为便于施焊，竖肢切去 $\Delta=t+h_f+5=10+8+5=23\text{mm}$，取 $\Delta=25\text{mm}$，并将竖肢切口后经热弯成型对焊。

接头一侧所需焊缝计算长度为：

$$l_w=\frac{N}{4\times0.7h_f f_f^w}=\frac{633.74\times10^3}{4\times0.7\times8\times160}=176.83\text{mm}，取 180\text{mm}。$$

拼接角钢的总长度为：

$$l=2(l_w+16)+a=2\times(180+16)+50=442\text{mm}，取 440\text{mm}。$$

屋脊节点设计如图 3－6 所示。

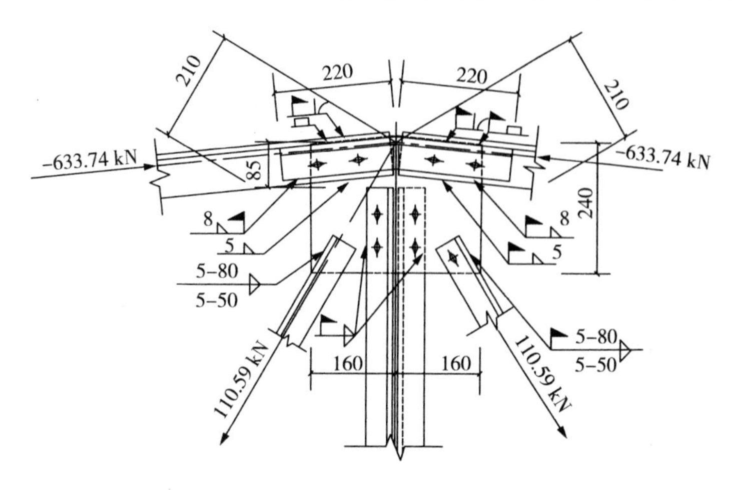

图 3-6　屋脊节点设计

4. 下弦拼接节点

屋架分为两个运送单元在工地进行拼接，下弦拼接节点在屋架跨中节点 e，下弦杆与节点板的连接焊缝按相邻节间弦杆的内力差和弦杆最大内力的 15%两者中的较大值计算，因为两者数值均较小，按构造布置焊缝即可满足要求，不必计算。

拼接角钢采用与下弦相同截面的角钢，焊脚尺寸为 $h_f=8\text{mm}$，肢背处割棱，竖肢切去 $\Delta=t+h_f+5=10+8+5=23\text{mm}$，取 $\Delta=25\text{mm}$。拉杆拼接角钢与杆件等强度设计，接头一侧所需焊缝计算长度为：

$$l_w=\frac{Af}{4\times0.7h_f f_f^w}=\frac{3440\times215}{4\times0.7\times8\times160}=206.36\text{mm}，取 210\text{mm}。$$

拼接角钢的总长度为：

$l=2(l_w+16)+a=2\times(210+16)+10=462\text{mm}$，取 460mm。

下弦拼接节点设计如图 3-7 所示。

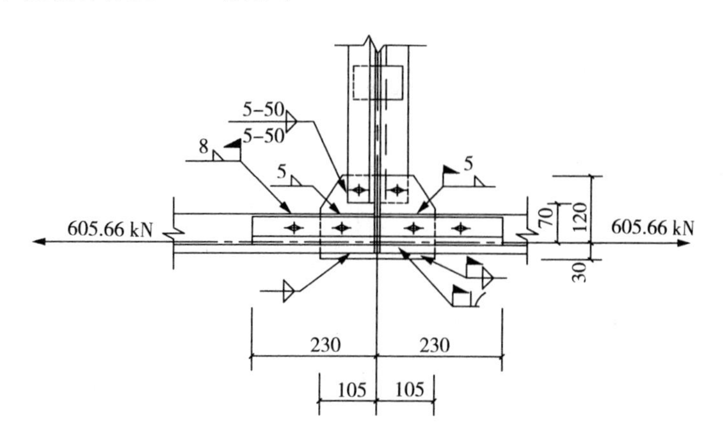

图 3-7　下弦拼接节点设计

5. 支座节点

上、下弦杆端焊缝计算省略，焊缝长度见表 3-4 所列。

(1)底板计算

支座最大反力　　　　$R=7\times43.2=302.4\text{kN}$

根据构造要求,取底板尺寸为280mm×390mm,采用M24锚栓和图3-8的U形缺口。C25混凝土承压强度设计值$f_c=11.9\text{N/mm}^2$,若仅考虑加劲肋部分的底板作为有效截面,则柱顶混凝土的压应力:

$$q=\frac{R}{A_n}=\frac{302.4\times10^3}{280\times212}=5.09\text{N/mm}^2<11.9\text{N/mm}^2$$

满足要求。

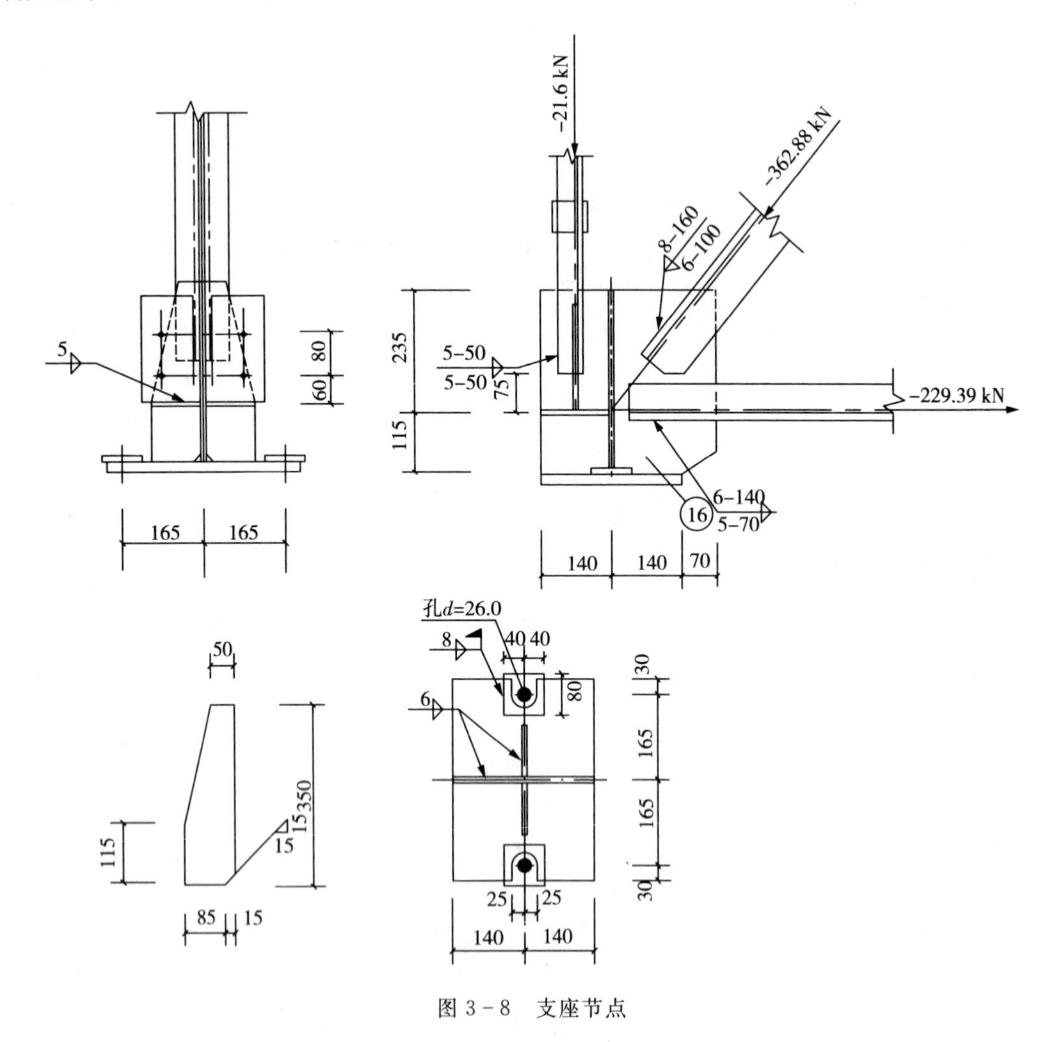

图3-8　支座节点

底板厚度按经节点板和加劲肋分隔后的两相邻边支承板计算,其

$$a_1=\sqrt{\left(140-\frac{10}{2}\right)^2+100^2}=168\text{mm}$$

$$b_1=100\times\frac{140-10/5}{168}=80\text{mm}$$

$b_1/a_1=80/168=0.48$，查表得屈曲系数 $\beta=0.053$，其单位宽度最大弯矩为：

$M=\beta q a_1^2=0.053\times5.09\times168^2=7613.99\text{N}\cdot\text{mm}$

底板厚度一般不宜小于 16～20mm，$f=205\text{N/mm}^2$，按抗弯强度得：

$$t\geqslant\sqrt{\frac{6M}{f}}=\sqrt{\frac{6\times7613.99}{205}}=14.93\text{mm}，取 20\text{mm}。$$

故底板尺寸为 280mm×390mm×20mm。

(2)加劲肋计算

加劲肋厚度采用 10mm，与节点板和底板焊缝连接，$h_f=6\text{mm}$，加劲肋为支承于节点板上的悬臂梁，每个加劲肋传递支座反力 1/4，则加劲肋与节点板连接的焊缝承受剪力和弯矩为：

$$V=R/4=302.4/4=75.6\text{kN}$$

$$M=V\times100/2=75.6\times100/2=3780\text{kN}\cdot\text{mm}$$

$$l_w=350-15-2\times6=323\text{mm}$$

$$\sqrt{\left(\frac{6M}{2\times0.7h_f l_w^2\beta_f}\right)^2+\left(\frac{V}{2\times0.7h_f l_w}\right)^2}=\sqrt{\left(\frac{6\times3780\times10^3}{2\times0.7\times6\times323^2\times1.22}\right)^2+\left(\frac{75.6\times10^3}{2\times0.7\times6\times323}\right)^2}$$

$$=35.02\text{N/mm}^2<160\text{N/mm}^2$$

满足要求。

(3)加劲肋、节点板与底板的连接焊缝计算

为避免三向焊缝相交，加劲肋下部切口宽度取 $c=15\text{mm}$。底板与节点板、加劲肋的连接焊缝承受全部支座反力 R，焊缝计算长度之和：

$$\sum l_w=2\times(280-2\times6)+4\times(100-15-2\times6)=828\text{mm}$$

满足要求。

$$\sigma_f=\frac{R}{0.7h_f\sum l_w}=\frac{302.4\times10^3}{0.7\times6\times828}=86.96\text{N/mm}^2<\beta_f f_f^w=1.22\times160=195.2\text{N/mm}^2$$

其他节点从略。

为保证 T 形或十字形截面中两个角钢共同作用，必须在两个角钢间相隔一定距离设置填板，填板间距为：

压杆：　$$l_1\leqslant40i_1\tag{3-4}$$

拉杆：　$$l_1\leqslant80i_1\tag{3-5}$$

对于 T 形截面，i_1 为一个角钢对平行于填板形心轴的回转半径；对于十字形截面，i_1 为一个角钢的最小回转半径，且填板应沿两个方向交错放置，在压杆的桁架平面外计算长度范围内，至少应设置两块填板。填板宽度一般取 50～80mm。为便于施焊，T 形截面的填板长度应伸出角钢肢尖 10～20mm；十字形截面的填板长度应缩进角钢肢尖 10～15mm。填板厚度与桁架节点板厚度相同。

表 3-3　屋架各杆件截面选择表

杆件		计算内力 (kN)	几何长度 (mm)	计算长度 (mm)		截面形式和规格	截面面积 (mm^2)	回转半径 (mm)		长细比			稳定系数	杆件应力 σ (N/mm^2)	设计强度 f(N/mm^2)
名称	编号			l_{0x}	l_{0y}			i_x	i_y	λ_x	λ_y	[λ]	φ_{min}		
上弦杆	FG	−633.74	1508	1508	3000	2 ∟ 125×80×10	3940	22.6	61.1	66.73	49.10	150	0.7704	208.78	215
下弦杆	AF	628.99	3000	3000	10350	2 ∟ 110×70×10	3440	19.6	54.6	153.06	189.56	350		182.8	215
斜腹杆	aB	−362.88	2132	2132	2132	2 ∟ 90×8	2788	27.6	40.9	77.25	52.13	150	0.7055	184.49	215
	Bb	266.11	2230	1784	2230	2 ∟ 75×5	1482	23.2	34.3	76.90	65.01	350		179.56	215
	bD	−193.97	2460	1968	2460	2 ∟ 75×5	1482	23.2	34.3	84.83	71.72	150	0.656	199.52	215
	Dc	153.79	2460	1968	2460	2 ∟ 50×5	960	15.3	24.5	128.63	100.41	350		160.20	215
	cF	−120.10	2704	2163	2704	2 ∟ 75×5	1482	23.2	34.3	93.23	78.83	150	0.5994	135.20	215
	Fd	−44.76	2704	2163	2704	2 ∟ 50×5	960	15.3	24.5	141.37	110.37	150	0.3395	137.33	215
	dH	110.59	2958	2366	2958	2 ∟ 50×5	960	15.3	24.5	154.64	120.73	350		115.20	215
竖腹杆	Aa	−21.60	1500	1500	1500	2 ∟ 50×5	960	15.3	24.5	98.04	61.22	150	0.5677	39.63	215
	Cb	−43.20	1800	1440	1800	2 ∟ 50×5	960	15.3	24.5	94.12	73.47	150	0.5933	75.85	215
	Ec	−43.20	2100	1680	2100	2 ∟ 50×5	960	15.3	24.5	109.80	85.71	150	0.4942	91.06	215
	Gd	−43.20	2400	1920	2400	2 ∟ 50×5	960	15.3	24.5	125.49	97.96	150	0.4086	110.13	215
	He	0	2550	2295		2 ∟ 50×5	960	19.2		119.53		150		0	215

表3-4 杆件端部与节点板的连接焊缝计算表

杆件		计算内力(kN)	分配系数		焊脚尺寸(mm)		内力(kN)		焊缝计算长度(mm)		实际焊缝尺寸		填板数
名称	编号		k_1	k_2	肢背	肢尖	N_1	N_2	l_{w1}	l_{w2}	$h_{f1}-l_1$	$h_{f2}-l_2$	
上弦杆	AB	0	0.75	0.25	5	5	0	0	40	40	5—50	5—50	1
下弦杆	ab	229.39	0.75	0.25	6	5	172.04	57.35	128	51	6—140	5—70	1
斜腹杆	aB	−362.88	0.7	0.3	8	6	−254.02	−108.86	142	81	8—160	6—100	1
	Bb	266.11	0.7	0.3	6	5	186.28	79.83	139	71	6—150	5—90	1
	bD	−193.97	0.7	0.3	6	5	−135.78	−58.19	101	52	6—120	5—70	2
	Dc	153.79	0.7	0.3	6	5	107.65	46.14	80	41	6—100	5—60	1
	cF	−120.1	0.7	0.3	5	5	−84.07	−36.03	75	40	5—90	5—50	2
	Fd	−44.76	0.7	0.3	5	5	−31.33	−13.43	40	40	5—50	5—50	4
	dH	110.59	0.7	0.3	5	5	77.41	33.18	69	40	5—80	5—50	2
竖腹杆	Aa	−21.6	0.7	0.3	5	5	−15.12	−6.48	40	40	5—50	5—50	2
	Cb	−43.2	0.7	0.3	5	5	−30.24	−12.96	40	40	5—50	5—50	2
	EC	−43.2	0.7	0.3	5	5	−30.24	−12.96	40	40	5—50	5—50	3
	Gd	−43.2	0.7	0.3	5	5	−30.24	−12.96	40	40	5—50	5—50	3
	He	0			5	5	0	0	40	40	5—50	5—50	6

3.3 结构施工图绘制

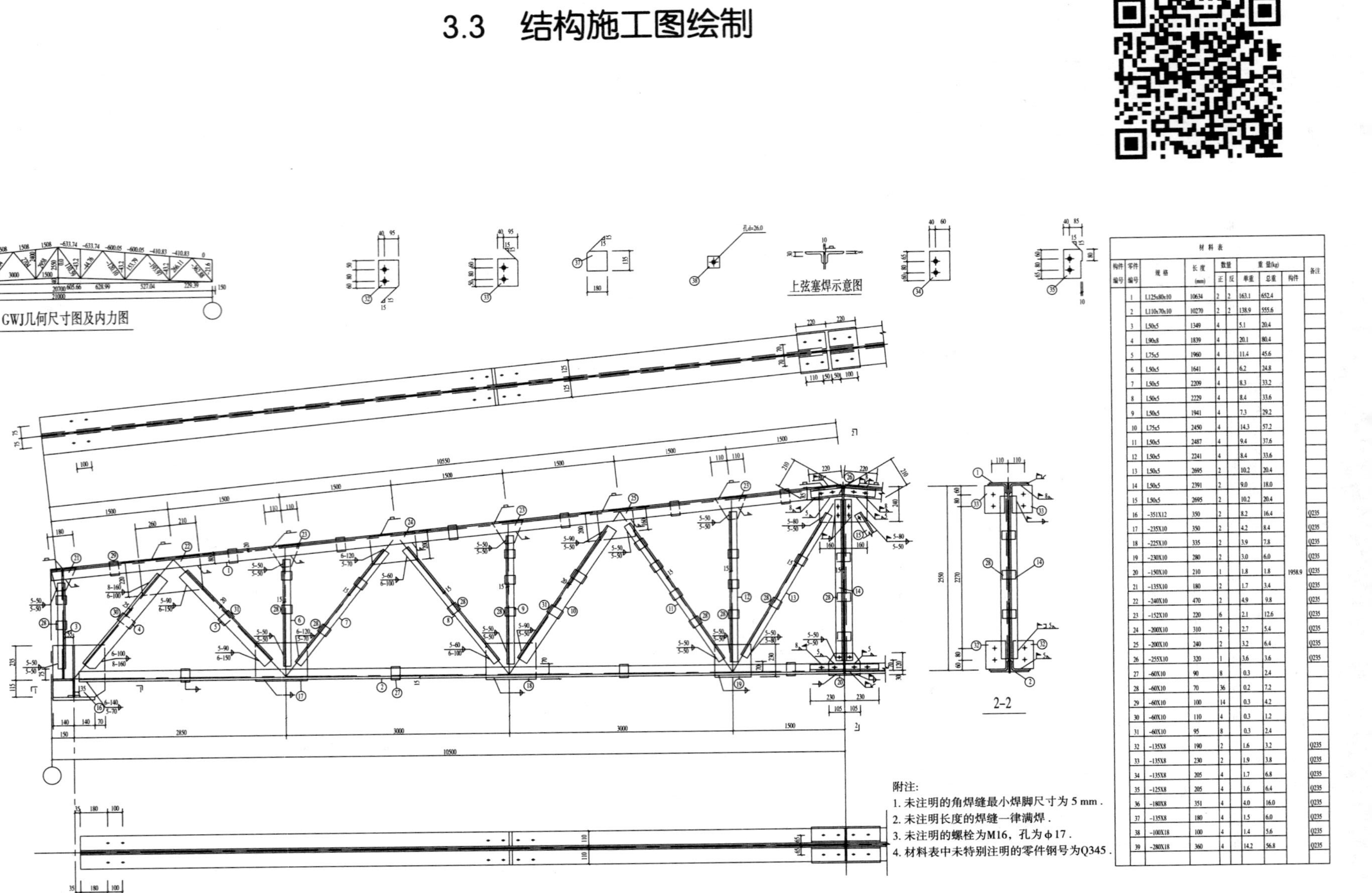

材料表

构件编号	零件编号	规格	长度(mm)	数量 正	数量 反	重量(kg) 单重	重量(kg) 总重	重量(kg) 构件	备注
	1	L125x80x10	10634	2	2	163.1	652.4		
	2	L110x70x10	10270	2	2	138.9	555.6		
	3	L50x5	1349	4		5.1	20.4		
	4	L90x8	1839	4		20.1	80.4		
	5	L75x5	1960	4		11.4	45.6		
	6	L50x5	1641	4		6.2	24.8		
	7	L50x5	2209	4		8.3	33.2		
	8	L50x5	2229	4		8.4	33.6		
	9	L50x5	1941	4		7.3	29.2		
	10	L75x5	2450	4		14.3	57.2		
	11	L50x5	2487	4		9.4	37.6		
	12	L50x5	2241	4		8.4	33.6		
	13	L50x5	2695	2		10.2	20.4		
	14	L50x5	2391	2		9.0	18.0		
	15	L50x5	2695	2		10.2	20.4		
	16	-351X12	350	2		8.2	16.4		Q235
	17	-235X10	350	2		4.2	8.4		Q235
	18	-225X10	335	2		3.9	7.8		Q235
	19	-230X10	280	2		3.0	6.0		Q235
	20	-150X10	210	1		1.8	1.8	1958.9	Q235
	21	-135X10	180	2		1.7	3.4		Q235
	22	-240X10	470	2		4.9	9.8		Q235
	23	-152X10	220	6		2.1	12.6		Q235
	24	-200X10	310	2		2.7	5.4		Q235
	25	-200X10	240	2		3.2	6.4		Q235
	26	-255X10	320	1		3.6	3.6		Q235
	27	-60X10	90	8		0.3	2.4		
	28	-60X10	70	36		0.2	7.2		
	29	-60X10	100	14		0.3	4.2		
	30	-60X10	110	4		0.3	1.2		
	31	-60X10	95	8		0.3	2.4		
	32	-135X8	190	2		1.6	3.2		Q235
	33	-135X8	230	2		1.9	3.8		Q235
	34	-135X8	205	4		1.7	6.8		Q235
	35	-125X8	205	4		1.6	6.4		Q235
	36	-180X8	351	4		4.0	16.0		Q235
	37	-135X8	180	4		1.5	6.0		Q235
	38	-100X18	100	4		1.4	5.6		Q235
	39	-280X18	360	4		14.2	56.8		Q235

附注:
1. 未注明的角焊缝最小焊脚尺寸为 5 mm .
2. 未注明长度的焊缝一律满焊 .
3. 未注明的螺栓为M16，孔为 ϕ17 .
4. 材料表中未特别注明的零件钢号为Q345 .

附图 GWJ 屋架施工图　1：100

第 4 章　门式刚架设计范例

4.1　课程设计任务书

4.1.1　设计资料

合肥地区某轻钢加工车间，跨度为 18m，总长 90m，柱距 6m，斜梁坡度 1∶10。根据工艺及建筑设计要求，车间为单层单跨门式刚架结构。厂房所在地区属于Ⅱ类场地，抗震设防烈度为 7 度。粘土层分布均匀，承载力特征值为 280kPa。钢材为 Q235－B 钢，焊条 E43。屋面板和墙板采用夹芯板，檩条和墙梁为薄壁卷边 C 型钢，间距 1.5m。

屋面及墙面材料采用夹芯板，天沟为彩板天沟，基础混凝土标号 C30，$f_c=14.3\text{N/mm}^2$，恒载 0.5kN/m^2，活载 0.5kN/m^2，基本风压取 $w_0=0.40\text{kN/m}^2$，地面粗糙度 B 类，雪载 0.6kN/m^2，积灰荷载 0.3kN/m^2，钢材材质为 Q235B。

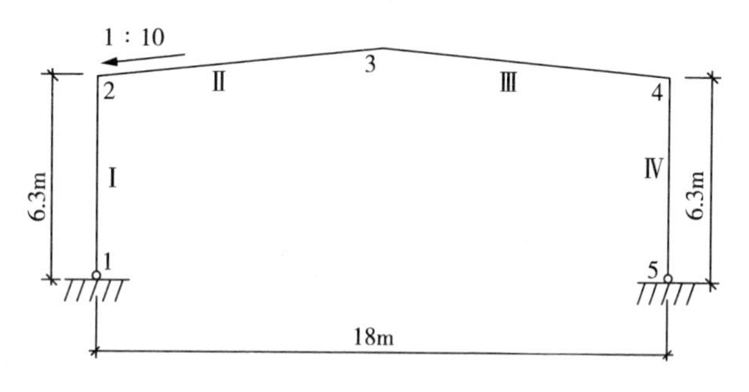

图 4－1　计算简图及结构编号

4.1.2　设计内容

（1）确定屋面结构布置（包括支撑体系布置）。

（2）计算刚架内力：确定梁、柱截面形式，并初估截面尺寸；梁、柱线刚度计算，梁、柱计算长度确定；荷载计算；荷载组合和内力组合（不考虑地震情况）。

（3）指标控制：柱顶水平位移为 $h/60$；横梁挠度仅支承压型钢板屋面和冷弯型钢檩条时为 $h/180$，有吊顶时为 $h/240$。

（4）构件及连接节点设计：柱脚设计；柱间支撑设计；梁、柱连接节点设计；屋面梁拼接节点设计。

4.1.3　设计要求

（1）要求学生独立完成设计，绘制出一张门式刚架施工图（图幅按 1 号图），完成一份完整的设计计算书。

（2）设计时间为 2 周。

4.2　门式刚架设计

4.2.1　荷载计算

1. 荷载取值计算

(1)屋面自重:

彩色钢板岩棉夹芯板	0.25kN/m²
檩条及支撑	0.1kN/m²
横梁自重	0.15kN/m²
小计	0.50kN/m²

(2)屋面活载

① 雪荷载:屋面水平面夹角　　$\alpha=\arctan 1/10=5.96°<25°$

根据《建筑结构荷载规范》的规定取　　$\mu_r=1.0$

合肥地区 50 年一遇的基本雪压　　$S_0=0.6\text{kN/m}^2$

② 屋面均布活荷载　　0.5kN/m^2

③ 风荷载

$$w_k=\beta\mu_s\mu_z w_0 \tag{4-1}$$

式中β——系数,计算主刚架时取 $\beta=1.1$;计算檩条、墙梁、屋面板和墙面板及其连接时取 $\beta=1.5$。

μ_z——风荷载高度变化系数,按《建筑结构荷载规范》的规定采用;当高度小于 10m 时,应按 10m 高度处的数值采用。

μ_s——风荷载体型系数。本结构 μ_s分布如图 4-2 所示。

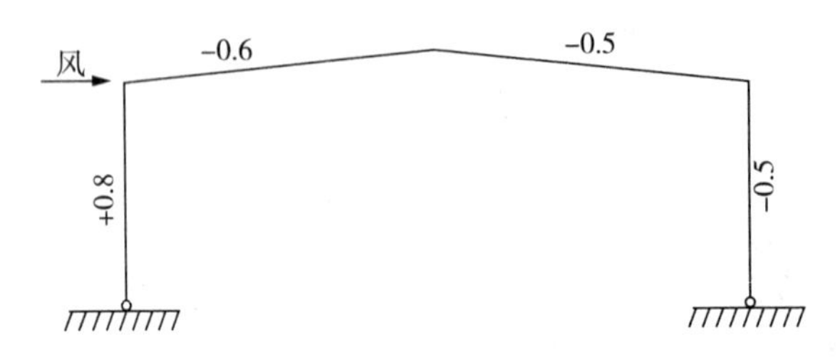

图 4-2　风荷载体型系数分布图

根据场地粗糙度分类,合肥某轻钢厂房的场地分类为 B 类,由于高度小于 10m,查表得 $\mu_z=1.00$。

$$w_{1k}=1.1\times0.8\times1.00\times0.4=0.352\text{kN/m}^2$$

$$w_{2k}=1.1\times(-0.6)\times1.00\times0.4=-0.264\text{kN/m}^2$$

$$w_{3k}=1.1\times(-0.5)\times1.00\times0.4=-0.220\text{kN/m}^2$$

$$w_{4k}=1.1\times(-0.5)\times1.00\times0.4=-0.220\text{kN/m}^2$$

(3)柱及墙的自重

彩色钢板岩棉夹芯板　0.25kN/m^2

墙梁及支撑　0.10kN/m^2

柱自重　0.15kN/m^2

小计　0.50kN/m^2

2. 各部分作用荷载

(1)屋面荷载

恒载标准值　$0.5\times6=3.0$kN/m

活载标准值　$0.6\times6=3.6$kN/m

积灰荷载标准值　$0.3\times6=1.8$kN/m

(2)柱荷载

恒载标准值　$0.5\times6\times6.3=18.9$kN/m

(3)风荷载标准值

$$q_{1k}=0.352\times6=2.112\text{kN/m}$$

$$q_{2k}=-0.264\times6=-1.584\text{kN/m}$$

$$q_{3k}=-0.220\times6=-1.320\text{kN/m}$$

$$q_{4k}=-0.220\times6=-1.320\text{kN/m}$$

3. 各部分作用的荷载简图(标准值)

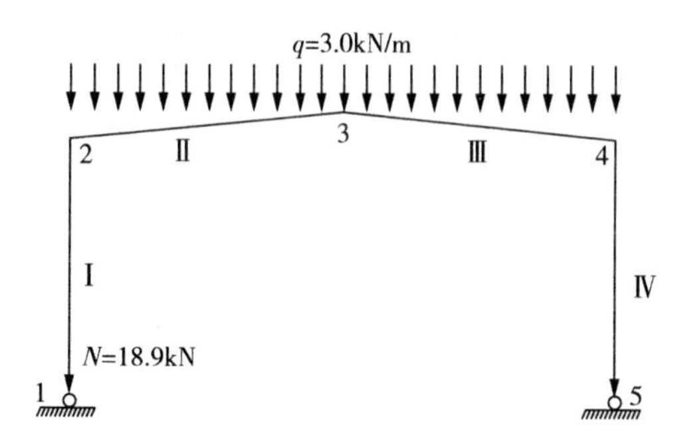

图 4-3　恒载作用简图

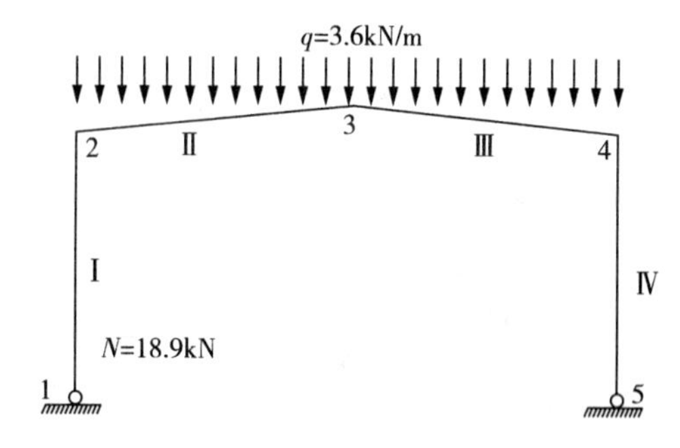

图 4-4　活载作用简图

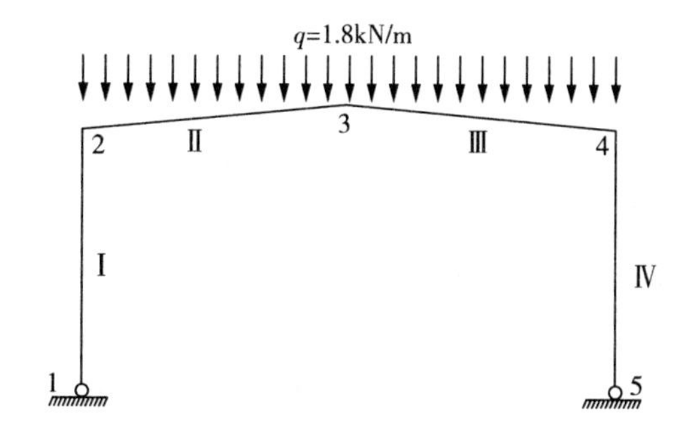

图 4-5　积灰荷载作用简图

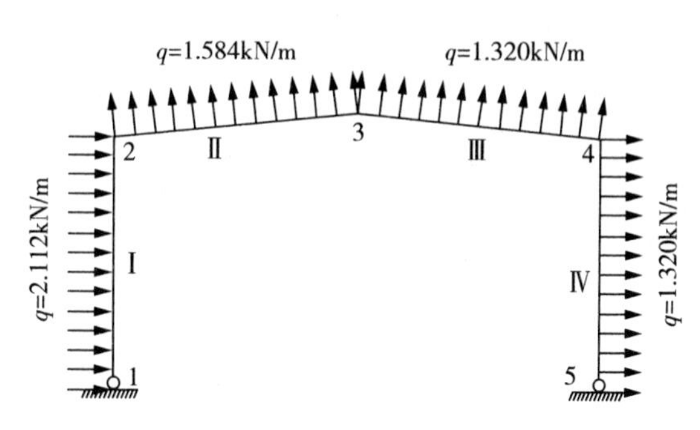

图 4-6　风荷载作用简图(→)

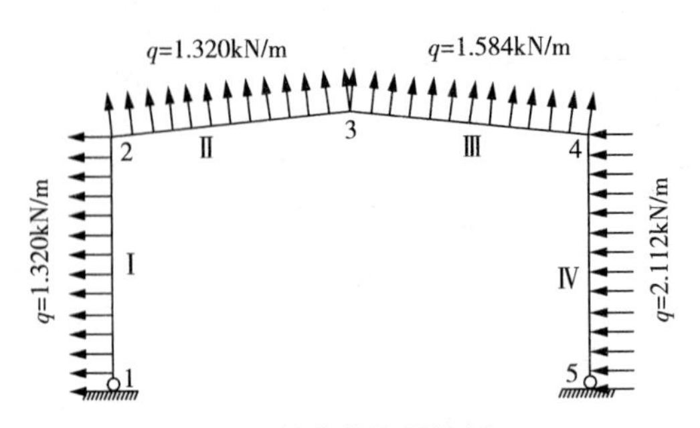

图 4-7　风荷载作用简图(←)

4. 利用结构力学求解器求出各杆内力并绘制内力图(标准值)

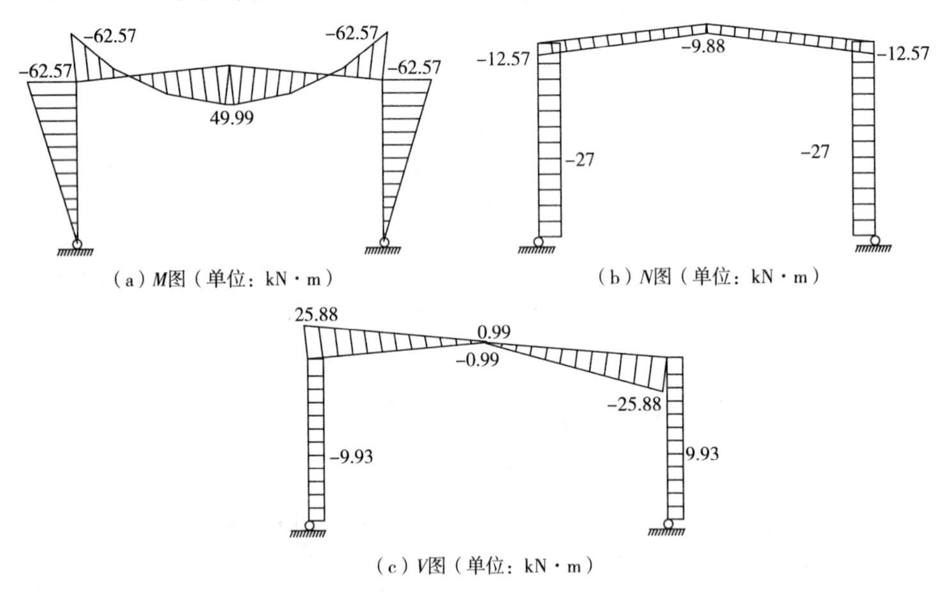

图 4-8　恒载作用下的 M 图、N 图、V 图

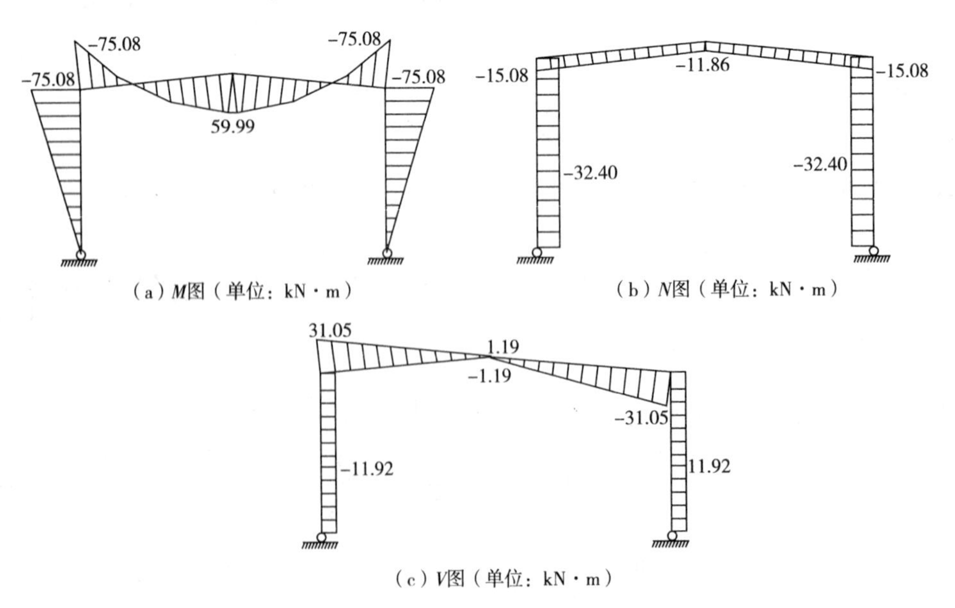

图 4-9　屋面活载作用下的 M 图、N 图、V 图

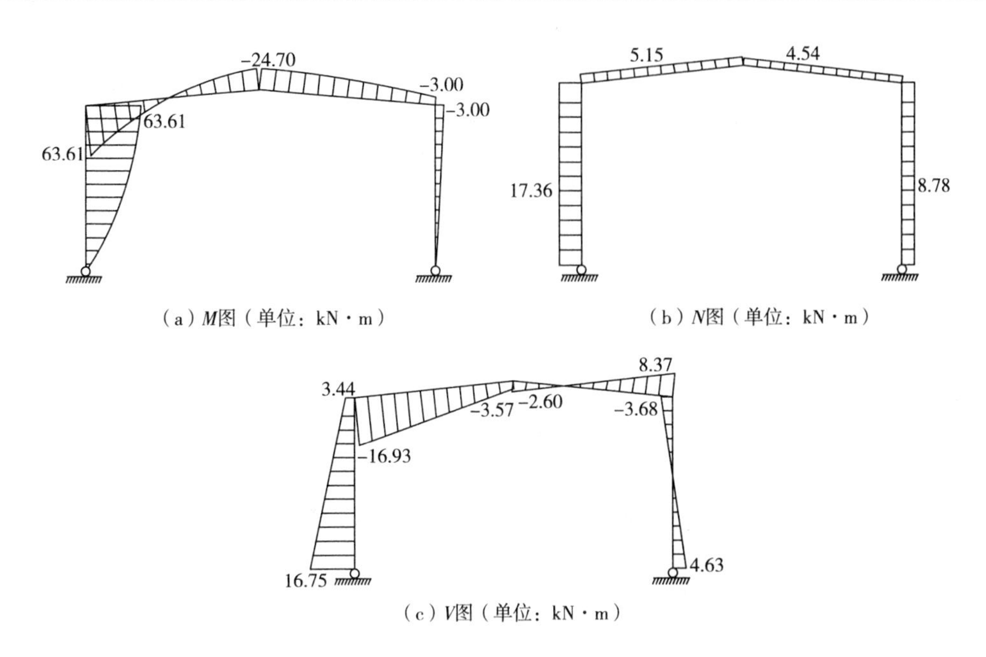

（a）*M*图（单位：kN·m）　（b）*N*图（单位：kN·m）

（c）*V*图（单位：kN·m）

图 4－10　风荷载(→)作用下的 *M* 图、*N* 图、*V* 图

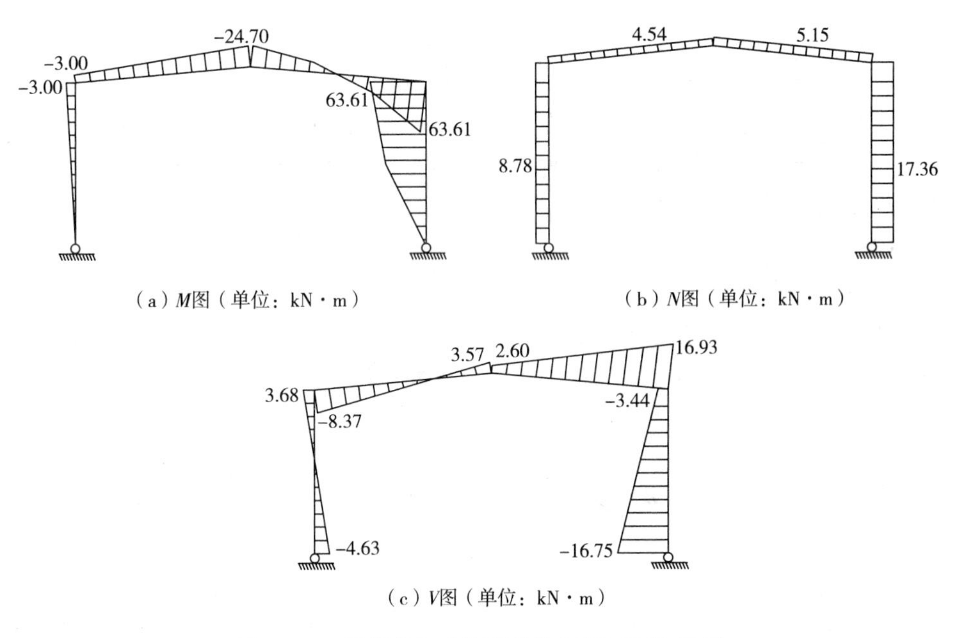

（a）*M*图（单位：kN·m）　（b）*N*图（单位：kN·m）

（c）*V*图（单位：kN·m）

图 4－11　风荷载(←)作用下的 *M* 图、*N* 图、*V* 图

4.2.2　内力分析

1. 荷载组合

荷载效应的组合一般应遵从《建筑结构荷载规范》的规定。建筑设计应根据使用过程中在结构上可能同时出现的荷载，按承载力极限状态和正常使用极限状态分别进行荷载组合，并应取各自的最不利的效应组合进行设计。

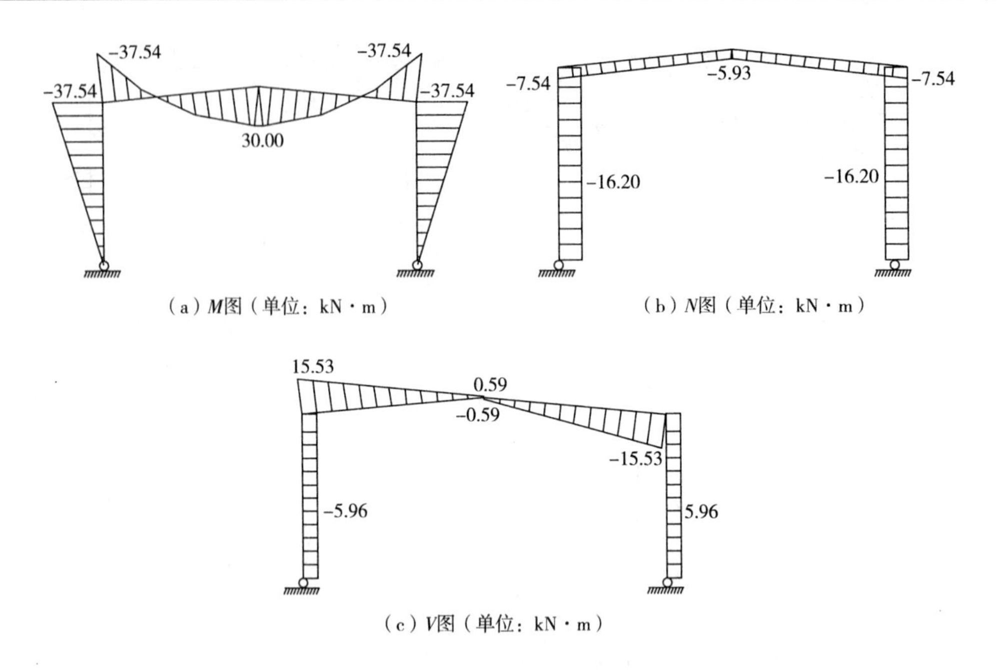

图 4-12　积灰荷载作用下 M 图、N 图、V 图

(1)针对门式刚架的特点，给出下列组合原则：

① 屋面均布活荷载不与雪荷载同时考虑，应取两者的较大值；

② 积灰荷载应与雪荷载或屋面均布活荷载中的较大值同时考虑；

③ 施工或检修集中荷载不与屋面材料或檩条自重之外的其他荷载同时考虑；

④ 多台吊车的组合应符合《建筑结构荷载规范》的规定；

⑤ 当需要考虑地震作用时，风荷载不与地震作用同时考虑。

(2)该结构只考虑承受恒载、活载、积灰荷载和风荷载，所以进行刚架内力分析时，所需考虑的荷载效应组合主要有：

① 1.2×永久荷载+1.4×{max(屋面均布活载，雪荷载)+积灰荷载+风荷载}；

② 1.2×永久荷载+1.4×竖向可变荷载；

③ 1.0×永久荷载+1.4×风荷载。

当地震设防烈度为6度，风荷载标准值大于0.45kN/m^2，地震作用的组合一般不起控制作用。

2. 内力组合

根据不同荷载组合下的内力分析结果，找出控制截面的内力组合，控制截面的位置一般在柱底、柱顶、柱牛腿连接处及梁端、梁跨中等截面，控制截面的内力组合主要有：

(1)最大轴压力 N_{max} 和同时出现的 M 及 V 较大值；

(2)最大弯矩 M_{max} 和同时出现的 N 及 V 较大值；

鉴于轻型门式刚架自重较轻，锚栓在强风下可能受到拔起力，需考虑1.0×永荷载+1.4×风荷载组合；

(3)最小轴压力 N_{min} 和同时出现的 M 及 V 较大值，出现在永久荷载和风荷载共同作用下。

表 4－1　内力组合

单元号	节点号			恒载	活载	积灰荷载	风荷载	
							左风	右风
Ⅰ	1	标准值	M(kN・m)	0.00	0.00	0.00	0.00	0.00
			N(kN)	−45.90	−32.40	−16.20	17.36	8.78
			V(kN)	−9.93	−11.92	−5.96	16.75	−4.63
		组合Ⅰ	M(kN・m)	0.00				
			N(kN)	−116.32				
			V(kN)	−34.44				
		组合Ⅱ	M(kN・m)	0.00				
			N(kN)	−21.60				
			V(kN)	13.52				
	2	标准值	M(kN・m)	−62.57	−75.08	−37.54	63.61	−3.00
			N(kN)	−27.00	−32.40	−16.20	17.36	8.78
			V(kN)	−9.93	−11.92	−5.96	3.44	3.68
		组合Ⅰ	M(kN・m)	−216.99				
			N(kN)	−93.64				
			V(kN)	−34.44				
		组合Ⅱ	M(kN・m)	26.48				
			N(kN)	−2.70				
			V(kN)	−5.11				
Ⅱ	2	标准值	M(kN・m)	−62.57	−75.08	−37.54	63.61	−3.00
			N(kN)	−12.57	−15.08	−7.54	5.15	4.54
			V(kN)	25.88	31.05	15.53	−16.93	−8.37
		组合Ⅰ	M(kN・m)	−216.99				
			N(kN)	−43.59				
			V(kN)	89.75				
		组合Ⅱ	M(kN・m)	26.48				
			N(kN)	−5.36				
			V(kN)	2.18				
	3	标准值	M(kN・m)	49.99	59.99	30.00	−24.70	−24.70
			N(kN)	−9.88	−11.86	−5.93	5.15	4.54
			V(kN)	−0.99	−1.19	−0.59	−2.60	3.57
		组合Ⅰ	M(kN・m)	173.37				
			N(kN)	−34.27				
			V(kN)	−3.43				
		组合Ⅱ	M(kN・m)	15.41				
			N(kN)	−2.67				
			V(kN)	−4.63				

注：组合Ⅰ＝1.2×恒载＋1.4×活载＋1.4×0.7×积灰荷载；组合Ⅱ＝1.0×恒载＋1.4×风荷载；单元号与节点编号如图 4－1 所示。

4.2.3　梁柱截面设计

1. 杆件计算长度

(1)梁的弯矩平面内计算长度 $l_{0x}=9.0\text{m}$

(2)梁的弯矩作用平面外计算长度：

考虑檩条对梁的支撑及隅撑，取计算长度为隅撑间距 $l_y=3\text{m}$

(3)柱的弯矩平面外计算长度：设置柱间支撑如图 4－13 所示。

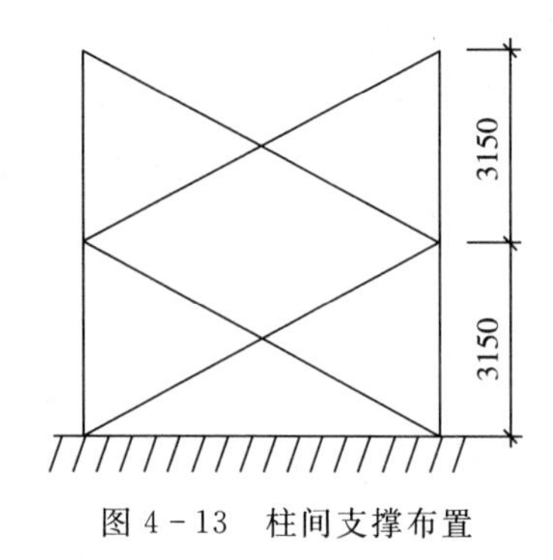

图 4－13　柱间支撑布置

$$l_{0y}=1/2H_0=1/2\times6.3=3.15\text{m}$$

(4)柱的弯矩平面内的计算长度：

$$H_0=\mu_r H \tag{4-2}$$

由于 μ_r 是由 $\dfrac{k_2}{k_1}=\dfrac{I_2/l}{I_1/H}$ 查表确定，所选面梁和柱不相同，因此柱在弯矩作用平面内的计算长度在计算梁截面确定后得出。

2. 梁截面设计

在内力组合表中挑出最大弯矩为 216.99kN · m，此时轴力为 43.59kN，剪力为 89.75kN，按强度条件选择截面，主要在满足抗弯条件下选出经济合理的截面。

$$W_{nx}\geqslant\frac{M_{max}}{\gamma_x f}=\frac{216.99\times10^6}{1.05\times215}=961196\text{mm}^3$$

确定腹板高度 h_w：

$$h_{min}\geqslant\frac{5fl}{31.2\text{E}}\left[\frac{l}{v_T}\right]=\frac{5\times215\times9045}{31.2\times2.06\times10^5}\times\left[\frac{9045}{9045/180}\right]=272\text{mm}$$

$$h_w=7\sqrt[3]{W_x}-300=7\times\sqrt[3]{961196}-300=391\text{mm}$$

确定腹板高度 $h_w=400\text{mm}$。

确定腹板厚度 t_w：

$$\text{由公式 } t_w\geqslant\frac{1.2V_{max}}{h_w f_v}\text{ 得：}t_w\geqslant\frac{1.2V_{max}}{h_w f_v}=\frac{1.2\times89.75\times10^3\text{N}}{400\times125\text{N/mm}^2}=2.2\text{mm}$$

$$\text{由公式 } t_w=\frac{\sqrt{h_w}}{3.5}\text{ 得：}t_w=\frac{\sqrt{h_w}}{3.5}=\frac{\sqrt{400}}{3.5}=5.7\text{mm}$$

由于 t_w 小于 6mm，因此确定 t_w 为 6mm。

确定翼缘宽度和厚度：

假设梁高为 450mm，需要的净截面惯性矩为：

$$I_{nx}=W_{nx}\frac{h}{2}=9.61\times10^5\times450/2=2.16\times10^8\,\text{mm}^4$$

腹板惯性矩为：$I_w=t_w h_0^3/12=6\times40^3\times10^3/12=3.2\times10^7\,\text{mm}^4$

由公式 $bt=\dfrac{2(I_x-I_w)}{h_0^2}$ 得：

$$bt=\frac{2(I_x-I_w)}{h_0^2}=\frac{2\times(2.16\times10^8-3.2\times10^8)}{40^2\times10^2}=2.3\times10^3\,\text{mm}^2$$

$b=h_0/3=400/3=133.3\text{mm}$，取 $b=150\text{mm}$，$t=2.3\times10^3/150=15.3\text{mm}$，取$t=18\text{mm}$。

可确定梁截面 $h_w=400\text{mm}$，$t_w=6\text{mm}$，$b=150\text{mm}$，$t=18\text{mm}$。

3. 柱截面设计

在内力组合表中挑出最大弯矩为 216.99，此时轴力为 93.64kN，由于柱为主要承受压力而易失稳构件，主要以满足稳定性条件选出经济合理的截面。

$$W_{nx}\geqslant\frac{M_{max}}{\gamma_x f}=\frac{216.99\times10^6}{1.05\times215}=961196\text{mm}^3$$

确定截面高度

假定 $\lambda=90$，$l_{0x}=6300\text{mm}$，$l_{0y}=3150\text{mm}$，对于工字型钢，当绕 x 轴失稳时属于 a 类截面，由轴心受压构件的稳定系数表，可查得 $\varphi_x=0.714$；当绕 y 轴失稳时属于 b 类截面，查表得 $\varphi_y=0.621$。

所需截面的几何为：

$$A\geqslant\frac{N}{\varphi_{min}f}=\frac{93.64\times10^3}{0.621\times215\times10^2}=701\text{mm}^2$$

$$i_x=\frac{l_{0x}}{\lambda}=\frac{6300}{90}=70\text{mm}$$

$$i_y=\frac{l_{0y}}{\lambda}=\frac{3150}{90}=35\text{mm}$$

因不可能存在同时满足 A、i_x、i_y的工字型钢号，可在 A 和 i_y两值之间选择适当型号。试选焊接工字钢，截面尺寸为：$h=500\text{mm}$，$b=200\text{mm}$，$t_w=12\text{mm}$，$t=20\text{mm}$。

由于柱下端只承受轴向压力，下端柱截面取：$h=400\text{mm}$，$b=200\text{mm}$，$t_w=12\text{mm}$，$t=20\text{mm}$。

4. 构件截面特性

表 4-2 梁、柱截面特性

单元号	截面名称		长度(mm)	面积(mm^2)	I_y(mm^4)	I_x(mm^4)
Ⅰ	柱底	400×200×12×20	6300	12320	2671.9	19105.6
	柱顶	500×200×12×20		13520	2673.3	41093.6
Ⅱ	436×150×6×18		9045	7800	1019.7	16304.3

4.2.4 构件截面验算

1. 验算板件宽厚比及确定 f'_v

工字形截面翼缘板自由外伸宽厚比：

$$柱\quad \frac{200-12}{2\times 20}=4.7<15$$

满足限值要求。

$$梁\quad \frac{150-6}{2\times 18}=4.0<15$$

满足限值要求。

腹板宽厚比(以最大 h_w 计算) $\frac{500-2\times 20}{12}=38.3<250$

满足限值要求。

腹板高度变化率 $\frac{500-400}{6.3}=15.87\text{mm/m}<60\text{mm/m}$

可以考虑屈曲后强度。现全长不设加劲肋，$k_t=5.34$，则

$$柱\quad \lambda_w=\frac{\frac{h_w}{t_w}}{37\sqrt{k_t}\sqrt{\frac{235}{f_y}}}=\frac{\frac{500-2\times 20}{12}}{37\times\sqrt{5.34}\times 1}=0.19<0.8$$

$$梁\quad \lambda_w=\frac{\frac{h_w}{t_w}}{37\sqrt{k_t}\sqrt{\frac{235}{f_y}}}=\frac{\frac{400}{6}}{37\times\sqrt{5.34}\times 1}=0.78<0.8$$

故无论梁、柱，腹板考虑屈曲后强度的抗剪强度设计值均为 $f'_v=f_v=125\text{N/mm}^2$。

2. 对Ⅱ号单元(梁单元)验算

Ⅱ号单元为梁单元，包括节点 2 和节点 3，见图 4-1。组合内力值如下：

节点 2 截面：$M_{23}=216.99\text{kN}\cdot\text{m}$，$N_{23}=-43.59\text{kN}$，$V_{23}=89.75\text{kN}$

节点 3 截面：$M_{32}=173.37\text{kN}\cdot\text{m}$，$N_{32}=-34.27\text{kN}$，$V_{32}=3.43\text{kN}$

(1)节点 2 截面强度验算

截面对 x 轴的抗弯截面模量为：

$$W_x=\frac{16304.3\times10^4}{\frac{400+18\times2}{2}}=74.8\times10^4\,\mathrm{mm}^3$$

$$\sigma_1=\frac{N}{A}+\frac{M}{W_x}$$

$$=\frac{43.59\times10^3}{7800}+\frac{216.99\times10^6}{74.8\times10^4}=5.59+290.09=295.68\mathrm{N/mm}^2$$

$$\sigma_2=\frac{N}{A}-\frac{M}{W_x}=5.59-290.09=-284.5\mathrm{N/mm}^2$$

故截面边缘正应力比值 $\beta=\frac{\sigma_2}{\sigma_1}=-\frac{284.5}{295.68}=-0.96$，于是有：

$$k_\sigma=\frac{16}{\sqrt{(1+\beta)^2+0.112(1-\beta)^2}+(1+\beta)}=\frac{16}{\sqrt{0.04^2+0.112\times1.96^2}+0.04}=22.95$$

$$\lambda_p=\frac{\frac{h_w}{t_w}}{28.1\sqrt{k_\sigma}\sqrt{\frac{235}{f_y}}}=\frac{\frac{400}{6}}{28.1\times\sqrt{22.95}\times\sqrt{\frac{235}{1.1\times295.68}}}=0.58<0.8$$

所以有效宽度系数 $\rho=1$，即 2 号节点截面全部有效。上式计算过程中用 $\gamma_R\times\sigma_1=1.1\times295.68$ 代替了 f_y，节点 2 截面同时受到压力和弯矩作用，验算如下：

$$V_{23}=89.75\mathrm{kN}<0.5V_d=0.5\times400\times6\times125=150\mathrm{kN}$$

$$M_e^N=M_e-\frac{NW_e}{A_e}=W_e\left(f-\frac{N}{A_e}\right)=74.8\times10^4\times\left(215-\frac{43.59\times10^3}{7800}\right)$$

$$=240.51\mathrm{kN\cdot m}>M_{23}=216.99\mathrm{kN\cdot m}$$

故节点 2 截面强度满足要求。

(2)节点 3 截面强度验算

$$\sigma_1=\frac{N}{A}+\frac{M}{W_x}=\frac{34.27\times10^3}{7800}+\frac{173.37\times10^6}{74.8\times10^4}=4.39+231.78=236.17\mathrm{N/mm}^2$$

$$\sigma_2=\frac{N}{A}-\frac{M}{W_x}=4.39-231.78=-227.39\mathrm{N/mm}^2$$

故截面边缘正应力比值 $\beta=\frac{\sigma_2}{\sigma_1}=-\frac{227.39}{236.17}=-0.96$，则：

$$k_\sigma=\frac{16}{\sqrt{(1+\beta)^2+0.112(1-\beta)^2}+(1+\beta)}=\frac{16}{\sqrt{0.04^2+0.112\times1.96^2}+0.04}=22.95$$

$$\lambda_p=\frac{\frac{h_w}{t_w}}{28.1\sqrt{k_\sigma}\sqrt{\frac{235}{f_y}}}=\frac{\frac{400}{6}}{28.1\times\sqrt{22.95}\times\sqrt{\frac{235}{1.1\times236.17}}}=0.52<0.8$$

所以有效宽度系数 $\rho=1$，即 3 号节点截面全部有效。计算过程中用 $\gamma_R \times \sigma_1=1.1\times 236.17$ 代替了 f_y，节点 3 截面同时受到压力和弯矩作用，验算如下：

$$V_{32}=3.43\text{kN}<0.5V_d=0.5\times400\times6\times125=150\text{kN}$$

$$M_e^N=M_e-\frac{NW_e}{A_e}=W_e(f-\frac{N}{A_e})=74.8\times10^4\times(215-\frac{34.27\times10^3}{7800})$$

$$=237.68\text{kN}\cdot\text{m}>M_{32}=173.37\text{kN}\cdot\text{m}$$

故节点 3 截面强度满足要求。

(3)稳定验算

现屋面坡度 5.96°<10°，根据《门式刚架轻型房屋钢结构技术规范》，在刚架平面内可仅按压弯构件计算其强度，不需要验算稳定性。

斜梁平面外的稳定性验算如下：

梁平面外侧向支撑点间距为 3000mm，故平面外计算长度 $l_{0y}=3000\text{mm}$，则有：

$$\lambda_y=\frac{l_{0y}}{\sqrt{\frac{I_b}{A_b}}}=\frac{3000}{\sqrt{\frac{1019.7\times10^4}{7800}}}=83$$

$$\varphi_b=1.07-\frac{\lambda_y^2}{44000}\cdot\frac{f_y}{235}=0.913$$

按现行国家标准《钢结构设计标准(GB 50017—2017)》的规定采用，可得 $\varphi_y=0.559$，$\beta_{tx}=1.0$，于是

$$\frac{N}{\varphi_y A}+\frac{\beta_{tx}M_1}{\varphi_b W_{1x}}=\frac{43.59\times10^3}{0.559\times7800}+\frac{1.0\times216.99\times10^6}{0.913\times74.8\times10^4}$$

$$=10+189.73=199.73\text{N/mm}^2<f=215\text{N/mm}^2$$

故满足整体稳定验算。

3. 对Ⅰ号单元(柱单元)验算

Ⅰ号单元为柱单元，包括节点 1 和节点 2，见图 4-1。其内力分别为：

节点 1 截面：$M_{12}=0\text{kN}\cdot\text{m}$，$N_{12}=-116.32\text{kN}$，$V_{12}=34.44\text{kN}$

节点 2 截面：$M_{21}=216.99\text{kN}\cdot\text{m}$，$N_{21}=-93.64\text{kN}$，$V_{21}=34.44\text{kN}$

(1)节点 1 截面强度验算

由于该截面处弯矩为 0，故截面边缘正应力比值 $\beta=\frac{\sigma_2}{\sigma_1}=1.0$，于是有：

$$k_\sigma=\frac{16}{\sqrt{(1+\beta)^2+0.112(1-\beta)^2}+(1+\beta)}=4.0$$

$$\lambda_p=\frac{\frac{h_w}{t_w}}{28.1\sqrt{k_\sigma}\sqrt{\frac{235}{f_y}}}=\frac{\frac{400}{6}}{28.1\times\sqrt{4.0}\times\sqrt{\frac{235}{1.1\times9.44}}}=0.11<0.8$$

因此,有效宽度系数 $\rho=1$,即 1 号节点截面全部有效。上式计算过程中用 $\gamma_R\times\sigma_1=1.1\times9.44$ 代替了 f_y,于是有:

$$\sigma_1=\frac{N}{A}=\frac{116.32\times10^3}{12320}=9.44\text{N/mm}^2<f=215\text{N/mm}^2$$

$$V_{12}=34.44\text{kN}<V_d=h_w t_w f=360\times12\times125=540\text{kN}$$

可见,节点 1 截面强度满足要求。

(2)节点 2 截面强度验算

截面对 x 轴的抗弯截面模量为:

$$W_x=\frac{41093.6\times10^4}{\frac{500}{2}}=164.37\times10^4\text{mm}^3$$

$$\sigma_1=\frac{N}{A}+\frac{M}{W_x}=\frac{93.64\times10^3}{13520}+\frac{216.99\times10^6}{164.37\times10^4}=6.93+132.01=138.94\text{N/mm}^2$$

$$\sigma_2=\frac{N}{A}-\frac{M}{W_x}=6.93-132.01=-125.08\text{N/mm}^2$$

故截面边缘正应力比值 $\beta=\frac{\sigma_2}{\sigma_1}=-\frac{125.08}{138.94}=-0.90$,则:

$$k_\sigma=\frac{16}{\sqrt{(1+\beta)^2+0.112(1-\beta)^2}+(1+\beta)}=\frac{16}{\sqrt{0.1^2+0.112\times1.9^2}+0.1}=21.51$$

$$\lambda_p=\frac{\frac{h_w}{t_w}}{28.1\times\sqrt{k_\sigma}\times\sqrt{\frac{235}{f_y}}}=\frac{\frac{500-2\times20}{12}}{28.1\times\sqrt{21.51}\times\sqrt{\frac{235}{1.1\times138.94}}}=0.24<0.8$$

所以有效宽度系数 $\rho=1$,即 2 号节点截面全部有效。上式计算过程中用 $\gamma_R\times\sigma_1=1.1\times138.94$ 代替了 f_y,节点 2 截面同时受到压力和弯矩作用,验算如下:

$$V_{21}=34.44\text{kN}<0.5V_d=0.5\times460\times12\times125=345\text{kN}$$

$$M_e^N=M_e-\frac{NW_e}{A_e}=W_e(f-\frac{N}{A_e})=164.37\times10^4\times\left(215-\frac{93.64\times10^3}{13520}\right)$$

$$=342.01\text{kN}\cdot\text{m}>M_{21}=216.99\text{kN}\cdot\text{m}$$

故节点 2 截面强度满足要求。

(3)Ⅰ号单元(柱单元)整体稳定验算

① 变截面柱在平面内的稳定验算

柱截面随高度呈线性变化,刚架平面内柱子的计算长度系数 μ_r 依据一阶分析法计算。先计算柱顶水平荷载作用下的侧移刚度 $K=H/u$,式中 u 按照下式计算:

$$u=\frac{Hh^3}{12EI_c}(2+\xi_t)$$

$$I_c=\frac{I_{c0}+I_{c1}}{2}=\frac{19105.6+41093.6}{2}\times 10^4=30099.6\times 10^4\,\mathrm{mm}^4$$

$$\xi_t=\frac{I_cL}{I_bh}=\frac{30099.6\times 10^4\times 18000}{41093.6\times 10^4\times 6300}=2.09$$

将柱顶水平力取为单位力，即 $H=1$，则：

$$u=\frac{Hh^3}{12EI_c}(2+\xi_t)=\frac{1\times 6300^3}{12\times 206\times 10^3\times 30099.6\times 10^4}\times(2+2.09)=1.37\times 10^3\,\mathrm{mm}$$

$$K=\frac{H}{u}=\frac{1}{1.37\times 10^{-3}}=729.93\mathrm{N/mm}$$

$$\mu_r=4.14\sqrt{\frac{EI_{c0}}{Kh^3}}=4.14\times\sqrt{\frac{206\times 10^3\times 19105.6\times 10^4}{729.93\times 6300^3}}=1.92$$

$$l_{0x}=\mu_r h=1.92\times 6300=12096\mathrm{mm}$$

$$\lambda_x=\frac{l_{0x}}{\sqrt{\frac{I_{c0}}{A_{e0}}}}=\frac{12096}{\sqrt{\frac{19105.6\times 10^4}{12320}}}=97$$

按照 b 类截面查《b 类截面轴心受压构件的稳定系数 φ》表，得 $\varphi_{xr}=0.575$。

又
$$N'_{Ex0}=\frac{\pi^2 A_{e0}}{1.1\lambda^2}=\frac{\pi^2\times 206\times 10^3\times 12320}{1.1\times 97^2}=2420.1\times 10^3\,\mathrm{N}$$

$$W_{e1}=\frac{41093.6\times 10^4}{\frac{500}{2}}=164.37\times 10^4\,\mathrm{mm}^3$$

由侧移刚架柱等效弯矩系数 $\beta_{max}=1.0$，则：

$$\frac{N_0}{\varphi_{xr}A_{e0}}+\frac{\beta_{max}M_1}{\left(1-\frac{N_0}{N_{Ex0}}\varphi_{xr}\right)W_{e1}}=\frac{116.32\times 10^3}{0.575\times 12320}+\frac{1.0\times 216.99\times 10^6}{\left(1-\frac{116.32\times 10^3}{2420.1\times 10^3}\times 0.575\right)\times 164.37\times 10^4}$$

$$=16.42+135.77=152.19(\mathrm{N/mm}^2)<f=215\mathrm{N/mm}^2$$

满足要求。

② 变截面柱在平面外的稳定验算

变截面柱的平面外稳定按下式计算：

$$\frac{N_0}{\varphi_y A_{e0}}+\frac{\beta_t M_1}{\varphi_{br}W_{e1}}\leqslant f$$

考虑压型钢板墙面与墙梁紧密相连，能起到应力蒙皮作用，与柱相连的墙梁可作为柱平面外支撑点，但为了安全起见，计算长度按照 2 倍墙梁间距考虑，即取 $l_{0y}=3000\text{mm}$ 计算。

按照柱小头计算的绕 y 轴长细比：

$$\lambda_y=\frac{l_{0y}}{\sqrt{\frac{I_{c0y}}{A_{e0}}}}=\frac{3000}{\sqrt{\frac{2671.9\times10^4}{12320}}}=64$$

$$N'_{Ey0}=\frac{\pi^2 A_{e0}}{1.1\lambda^2}=\frac{\pi^2\times206\times10^3\times12320}{1.1\times64^2}=5559.36\times10^3\text{N}$$

工字形截面，翼缘为轧制或剪切边时绕 y 轴属于 c 类，查《c 类截面轴心受压构件的稳定系数 φ》表，得 $\varphi_y=0.682$。

φ_{br}按照下式计算：

$$\varphi_{br}=\frac{4320}{\lambda_y^2}\cdot\frac{A_0h_0}{W_{x0}}\sqrt{\left(\frac{\mu_s}{\mu_w}\right)^4+\left(\frac{\lambda_{y0}t_0}{4.4h_0}\right)^2}\cdot\left(\frac{235}{f_y}\right)$$

参数计算如下：

$$\gamma=\frac{d_1}{d_0}-1=\frac{500}{400}-1=0.25$$

$$\mu_s=1+0.023\gamma\sqrt{\frac{lh_0}{A_f}}=1+0.023\times0.25\times\sqrt{\frac{6300\times400}{200\times20}}=1.144$$

$$i_{y0}=\sqrt{\frac{\frac{20\times200^3}{12}}{20\times200+\frac{1}{3}\times\frac{(4002\times20)\times12}{2}}}=53.15\text{mm}$$

$$\lambda_{y0}=\frac{\mu_s l}{i_{y0}}=\frac{1.144\times6300}{53.15}=135.6$$

$$\mu_w=1+0.00385\gamma\sqrt{\frac{l}{i_{y0}}}=1+0.00385\times0.25\times\sqrt{\frac{6300}{53.15}}=1.010$$

代入上式：

$$\varphi_{br}=\frac{4320}{\lambda_y^2}\cdot\frac{A_0h_0}{W_{x0}}\sqrt{\left(\frac{\mu_s}{\mu_w}\right)^4+\left(\frac{\lambda_{y0}t_0}{4.4h_0}\right)^2}\cdot\left(\frac{235}{f_y}\right)$$

$$=\frac{4320}{135.6^2}\times\frac{12320\times400}{\frac{19105.6\times10^4}{\frac{400}{2}}}\times\sqrt{\left(\frac{1.144}{1.010}\right)^4+\left(\frac{135.6\times20}{4.4\times400}\right)^2}$$

$$=2.43>0.6$$

因此，采用相应的 φ'_b代替 φ_{br}。

$$\varphi_b'=1.07-\frac{0.282}{2.43}=0.95$$

$$\beta_t=1-\frac{N}{N'_{Ex0}}+0.75\left(\frac{N}{N'_{Ex0}}\right)^2$$

$$=1-\frac{116.32\times10^3}{5559.36\times10^3}+0.75\times\left(\frac{116.32\times10^3}{5559.36\times10^3}\right)^2=0.98$$

于是

$$\frac{N_0}{\varphi_y A_{e0}}+\frac{\beta_t M_1}{\varphi_{br}W_{e1}}=\frac{116.32\times10^3}{0.682\times12320}+\frac{0.98\times216.99\times10^6}{0.95\times164.37\times10^4}$$

$$=13.8+136.2=150\text{N/mm}^2<f=215\text{N/mm}^2$$

满足要求。

4.2.5 连接节点设计

1. 梁柱节点设计

连接处的组合内力值为：$M=216.99\text{kN}\cdot\text{m}$，$N=-93.64\text{kN}$，$V=89.75\text{kN}$。

(1)螺栓验算

现采用10.9级M20摩擦型高强度螺栓连接，接触面用喷砂处理，$\mu=0.45$，每个螺栓抗剪承载力为：

$$N_v^b=0.9n_f\mu P=0.9\times1\times0.45\times155=62.78\text{kN}$$

采用竖放的端板连接，由于斜梁呈1∶10的坡度，故梁截面高度在端板平面的投影高度为$\frac{436}{10/\sqrt{10^2+1^2}}=438\text{mm}$，初步确定采用8个M20高强螺栓，按照摩擦型连接设计。梁柱连接点示意图及螺栓群布置如图4-14所示。

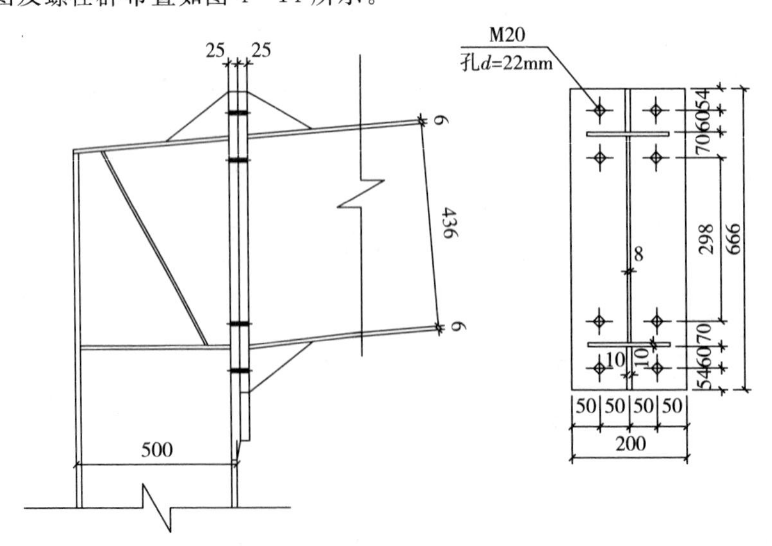

图4-14 梁柱连接节点示意图及螺栓群布置图

一个受拉螺栓承受的最大拉力为：

$$N_{tp}=\frac{M}{n_t h_t}+\frac{N}{n}=\frac{216.99\times10^3}{4\times(438-10)}=116.75\text{kN}<N_t^b=0.8P=0.8\times155=124\text{kN}$$

轴力 N 为压力，不考虑。

另一端承压，应力为：

$$\sigma=\frac{216.99\times10^6}{(43810)\times200\times(114\times2+10)}=10.7\text{N/mm}^2<f=215\text{N/mm}^2$$

抗剪靠剩下的4个螺栓，每个螺栓承受的剪力为：

$$\frac{89.75}{4}=22.44\text{kN}<N_v^b=62.78\text{kN}$$

满足要求。

(2)连接板厚度设计

端板厚度 t 根据支承条件确定。现只有两边支承类端板(端板外伸)一种计算类型。按照第一排螺栓计算，有 $e_f=60\text{mm}$，$e_w=54\text{mm}$，$N_t=116.75\text{kN}$，$b=200\text{mm}$，由于端板厚度要求不小于16mm，故取 $f=215\text{N/mm}^2$，于是有：

$$t=\sqrt{\frac{6e_f e_w N_t}{[e_w b+2e_f(e_f+e_w)]f}}=\sqrt{\frac{6\times60\times54\times116.75\times10^3}{[54\times200+2\times60\times(60+54)]\times215}}=20.7\text{mm}$$

故可取端板厚度 $t=25\text{mm}$。

(3)节点域验算

门式刚架斜梁与柱相交的节点域应验算剪应力。已知 $M=216.99\text{kN}\cdot\text{m}$，$d_b=500\text{mm}$，$d_c=400\text{mm}$，$t_c=12\text{mm}$，于是有：

$$\tau=\frac{M}{d_b d_c t_c}=\frac{216.99\times10^6}{500\times400\times12}=90.41\text{N/mm}^2<f_v=125\text{N/mm}^2$$

满足要求。

在端板设置螺栓处，应验算构件腹板的强度。已知翼缘内只有一排螺栓，故翼缘内第二排一个螺栓的拉力设计值 $N_{t2}=0\text{kN}<0.4P=62\text{kN}$。又 $e_w=54\text{mm}$，$t_w=12\text{mm}$，所以：

$$\frac{0.4P}{e_w t_w}=\frac{62\times10^3}{54\times12}=95.68\text{N/mm}^2<f=215\text{N/mm}^2$$

满足要求。

2. 梁拼接节点设计

连接处的组合内力值为：$M=173.37\text{kN}\cdot\text{m}$，$N=-34.27\text{kN}$，$V=3.43\text{kN}$。

(1)螺栓验算

采用10.9级M20摩擦型高强度螺栓连接，接触面用喷砂处理，$\mu=0.45$，每个螺栓抗剪承载力为62.78kN。由于剪力 $V=3.43\text{kN}$，初步确定采用8个M20高强度螺栓，抗剪显然满足。

梁拼接节点示意图及螺栓群布置如图4-15所示。

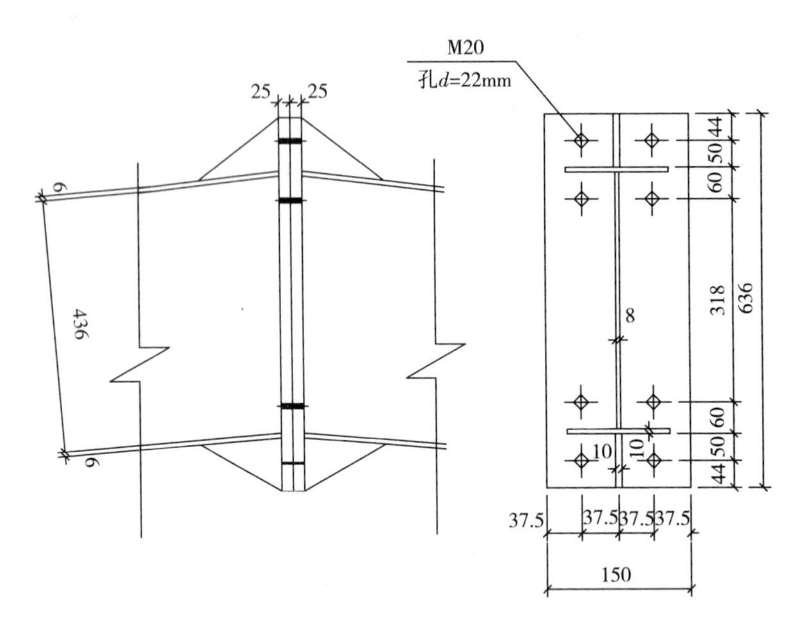

图 4-15 梁拼接节点示意图及螺栓群布置图

一个受拉螺栓承受的最大拉力为：

$$N_{tp}=\frac{M}{n_t h_t}+\frac{N}{n}=\frac{173.37\times10^3}{4\times(438-10)}=100.32\text{kN}$$

$$<N_t^b=0.8P=0.8\times155=124\text{kN}$$

轴力 N 为压力，不考虑。

另一端承压，应力为：

$$\sigma=\frac{173.37\times10^6}{(438-10)\times200\times(94\times2+10)}=10.2\text{N/mm}^2<f=215\text{N/mm}^2$$

抗剪靠剩下的 4 个螺栓，每个螺栓承受的剪力为：

$$\frac{3.43}{4}=0.86\text{kN}<N_v^b=62.78\text{kN}$$

满足要求。

(2)连接板厚度设计

端板厚度 t 根据支承条件确定。现只有两边支承类端板(端板外伸)一种计算类型。按照第一排螺栓计算，有 $e_f=50\text{mm}$，$e_w=44\text{mm}$，$N_t=100.32\text{kN}$，$b=150\text{mm}$，由于端板厚度要求不小于 16mm，故取 $f=215\text{N/mm}^2$，于是有：

$$t=\sqrt{\frac{6e_f e_w N_t}{[e_w b+2e_f(e_f+e_w)]f}}=\sqrt{\frac{6\times50\times44\times100.32\times10^3}{[44\times150+2\times50\times(50+44)]\times215}}=19.6\text{mm}$$

故可取端板厚度 $t=25\text{mm}$。

3. 柱脚设计

柱脚处的组合内力值为：$M=0\text{kN}\cdot\text{m}$，$N=-116.32\text{kN}$，$V=34.44\text{kN}$。

因为 $0.4N=0.4\times116.32=46.53\text{kN}>V$，所以底板水平剪力可由底板与混凝土基础之间的摩擦力(摩擦系数取 0.4)承担，不必再设置抗剪键。基础混凝土强度等级 C30，即 $f_c=14.3\text{N/mm}^2$.

由于此截面无拉应力，即无拔起力，所以构造配锚栓，则配置 2 个锚栓。

一个锚栓的承载拉力 $T=\dfrac{N}{n}=\dfrac{116.32}{2}=58.16\text{kN}$

由公式 $T=Af_t$ 得，$A_e=\dfrac{T}{f_t}=\dfrac{58.16\times10^3}{140}=415\text{mm}^2$，查表选用 M30，$d_0=32\text{mm}$。柱脚布置简图如图 4－16 所示。

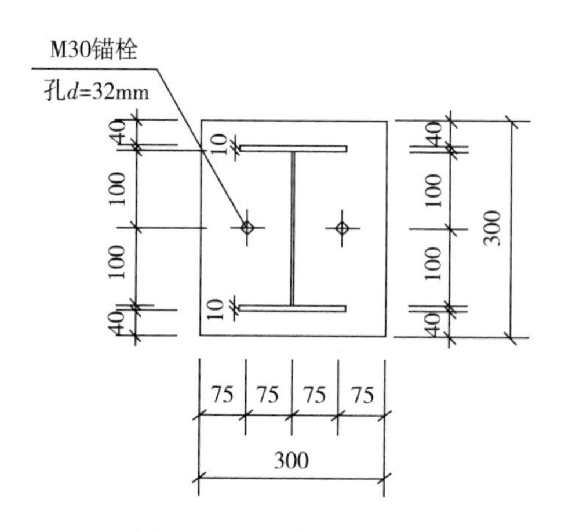

图 4－16　柱脚布置简图

底板的计算：

(1)底板宽度 B：由柱截面高度 b，靴梁厚度 t 和底板悬臂部分组成

$$B=b+2t+2c=200+2\times10+2\times40=300\text{mm}$$

(2)底板长度：根据柱脚的构造形式，可以取 B 与 L 大致相同，也可以取 L 比 B 大得很多，但不允许 L 大于 B 两倍。取 $L=B=300\text{mm}$，则：

$$\sigma_c=\frac{N}{A}=\frac{116.32\times10^3}{300\times300}=1.29\text{N/mm}^2<f_c=14.3\text{N/mm}^2$$

满足要求。

(3)底板厚度 t：底板被划分为四边支承部分，三边支承部分，两边支承部分和悬臂部分。这几部分所承受的弯矩可能很不相同，要先分别计算，然后通过比较取得其中最大弯矩来确定底板厚度。此底板分为三边支承部分和悬臂部分。

① 底板所承受的均布压力：

$$q=\frac{N}{(B\times L-A_0)}=\frac{116.32\times10^3}{(300\times300-2\times32\times32)}=1.32\text{N/mm}^2$$

② 三边支承板：$M=\beta qa_1^2$

$$a_1=200\text{mm}, b_1=\frac{300-6}{2}=147\text{mm}$$

则 $b_1/a_1=0.74$，查表得 $\beta=0.091$。因此：

$$M=\beta q a_1^2=0.091\times1.32\times200^2=4804.8\text{N}\cdot\text{mm}$$

③ 悬臂部分：$M=1/2qC^2$（C 为悬臂长度）

所以 $$M=\frac{1}{2}qC^2=\frac{1}{2}\times1.32\times30^2=594\text{N}\cdot\text{mm}$$

$$t=\sqrt{\frac{6M_{\max}}{f}}=\sqrt{\frac{6\times4804.8}{215}}=11.6\text{mm}<14\text{mm}$$

因为 t 通常取(20～40)mm，则可以取底板厚度 $t=25$mm。

4. 柱间支撑设计

每侧边柱各设有一道柱间支撑，形式为单层 X 形交叉支撑。对于单层无吊车普通厂房，支撑采用张紧的圆钢截面，预张力控制在杆件拉力设计值的 10%左右。

(1)荷载计算

风荷载标准值：$w_k=\beta\mu_w\mu_z w_0=1.1\times0.8\times1.0\times0.4=0.352\ \text{kN/m}^2$

设计值：$w=1.4w_k=1.4\times0.352=0.493\text{kN/m}^2$

单片柱间支撑的柱顶风荷载(集中力)设计值：

$$F_w=\frac{0.493\times6.3\times18}{4}=13.98\text{kN}$$

(2)支撑受力分析

柱间支撑的受力分析模型如图 4-17 所示。

考虑张紧的圆钢只能受拉，虚线部分退出工作，于是得到支撑杆件拉力值为：

$$N=\frac{13.98}{\dfrac{6}{\sqrt{6^2+6.3^2}}}=20.27\text{kN}$$

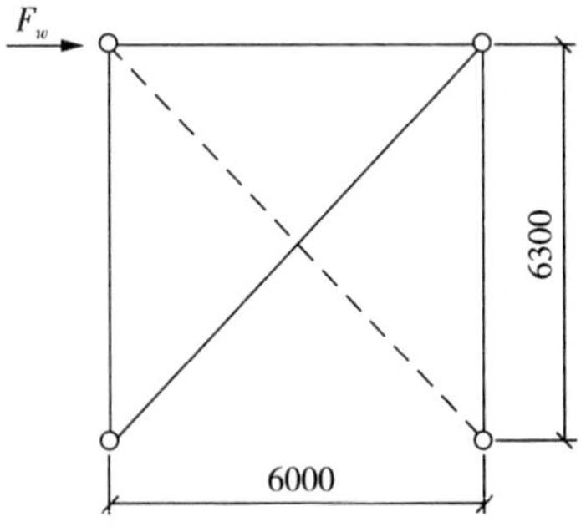

考虑钢杆的预加张力作用，在杆件设计中留出 10%的余量，杆件拉力设计值取为：

$$N=20.27\times1.1=22.30\text{kN}$$

图 4-17 柱间支撑的受力分析模型

(3)支撑截面选择

杆件所需净面积为：$A=\dfrac{N}{f}=\dfrac{22.30\times10^3}{215}=104\text{mm}^2$

取 A18 的圆钢，可提供的截面面积为 254mm²，满足要求。

4.3 结构施工图绘制

门式刚架施工图如图 4-18 所示。

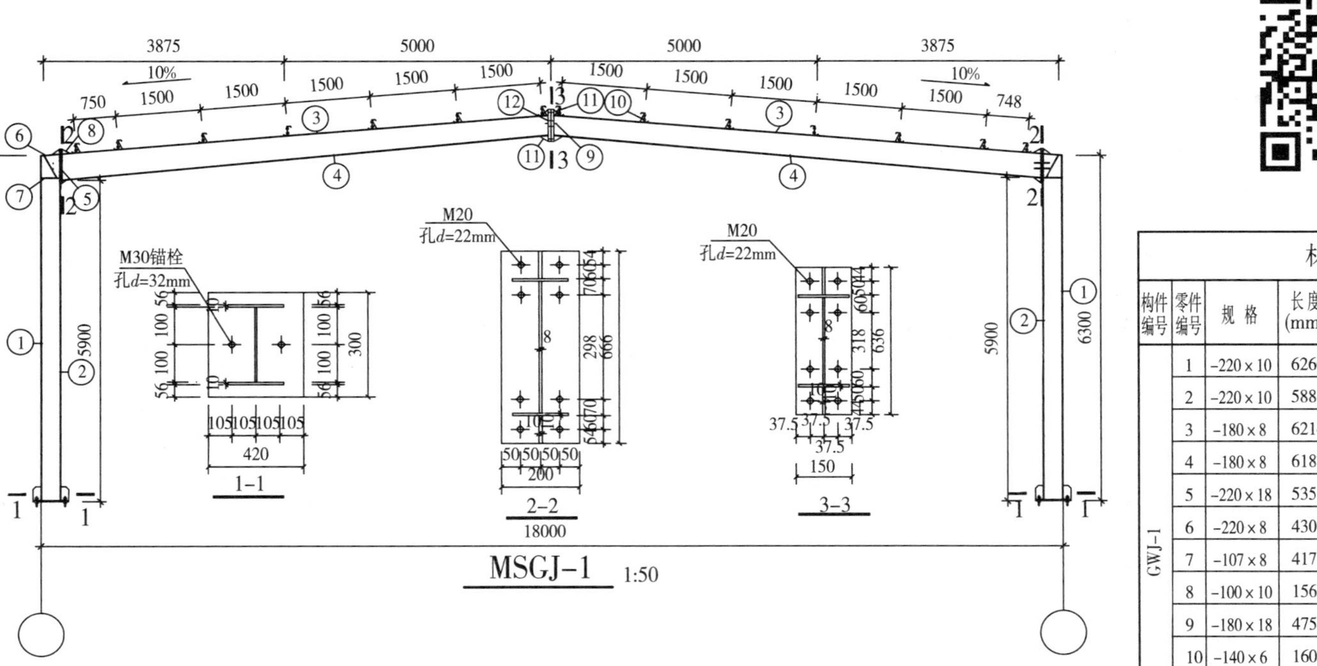

材料表									
构件编号	零件编号	规格	长度(mm)	数量		重量(kg)			注
				正	反	单重	共重	总重	
GWJ-1	1	-220×10	6260	2		108.1	216.2	820.9	
	2	-220×10	5883	2		101.6	203.2		
	3	-180×8	6214	2		70.2	140.4		
	4	-180×8	6187	2		70.0	140.0		
	5	-220×18	535	2		16.6	33.3		
	6	-220×8	430	2		5.9	11.9		
	7	-107×8	417	4		2.8	11.2		
	8	-100×10	156	2		1.2	2.5		
	9	-180×18	475	2		12.1	24.2		
	10	-140×6	160	8		1.1	8.4		
	11	-97×10	116	4		0.9	3.5		
	12	-87×10	87	4		0.6	2.4		
	13	-260×20	290	2		11.8	23.7		

说明：1. 本设计按钢结构设计规范（GBJ50017-2017）进行设计；
2. 材料：钢板及型钢为Q235B钢；
3. 构件的拼接连接采用10.9级摩擦型高强度螺栓，连接接触面的处理采用钢丝刷清除浮锈；
4. 柱脚基础混凝土等级为C30，锚栓钢号为Q235钢；
5. 图中未注明的角焊缝最小厚度为8mm，一律满焊；
6. 对接焊缝的焊缝质量不低于二级；
7. 钢结构的制作和安装需按照《钢结构工程施工规范》（GB 50755-2012）的有关规定进行施工；
8. 钢构件表面除锈后用两道红丹打底，构件的防火等级按2小时处理。

图4-18　门式刚架施工图

4.4 电 算

本门式刚架采用 PKPM 中的 STS 进行电算，步骤如下：

(1)启动 PKPM(V3.2 版本)

启动门式刚架程序，建立工作目录用以存放模型及分析数据，避免发生数据冲突。如图 4-19 所示。

图 4-19 门式刚架主界面

双击图 4-19 中的“门式刚架二维设计”，打开如图 4-20 所示的界面，单击“新建工程文件”按钮，输入文件名称后单击“确定”进入平面建模主界面。如图 4-21 所示。

图 4-20 门式刚架交互输入界面

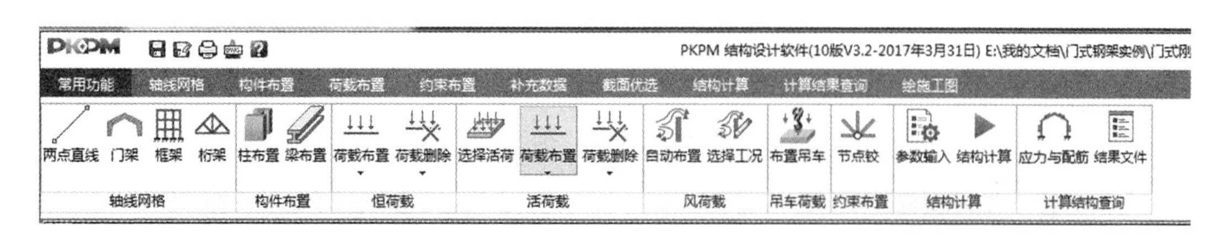

图 4－21　平面建模主界面

(2)输入刚架设计参数

在输入梁的分段信息时，应根据工程的实际情况，确定梁的分段数。由于分段后可以使各段的截面不同，分段的原则是充分发挥截面的承载能力，可参考其内力图。若弯矩、剪力大，可采用大截面；弯矩、剪力小，应采用小截面。如果分段不理想，可以进一步改变设计，重新确定分段数。如图 4－22 所示。

图 4－22　门式刚架快速建模界面

(3)确定梁柱截面

输入梁截面数据,如图 4－23 所示。

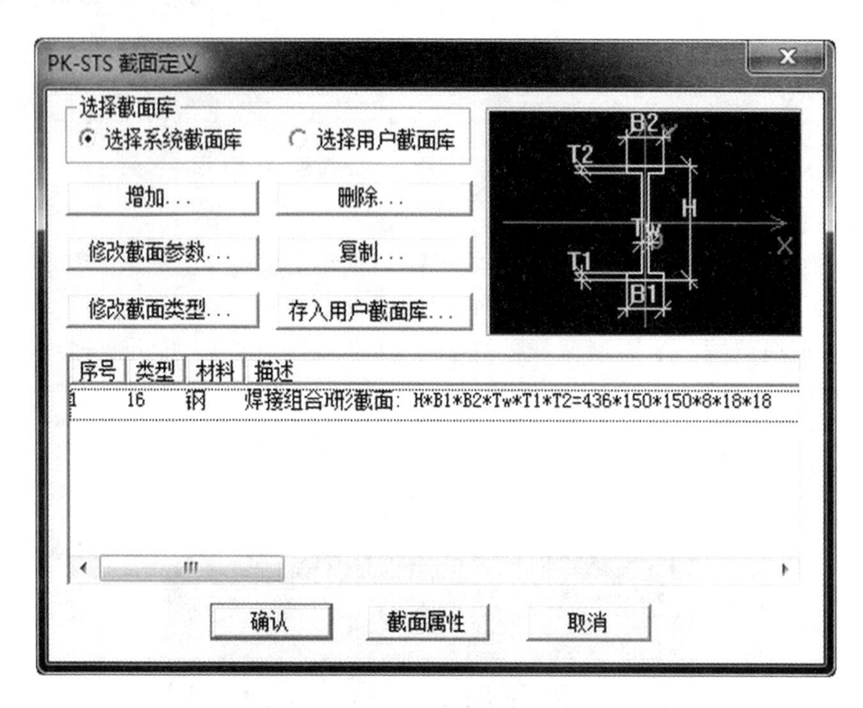

图 4－23　确定梁截面

输入柱截面,并对柱子进行布置,如图 4－24 所示。

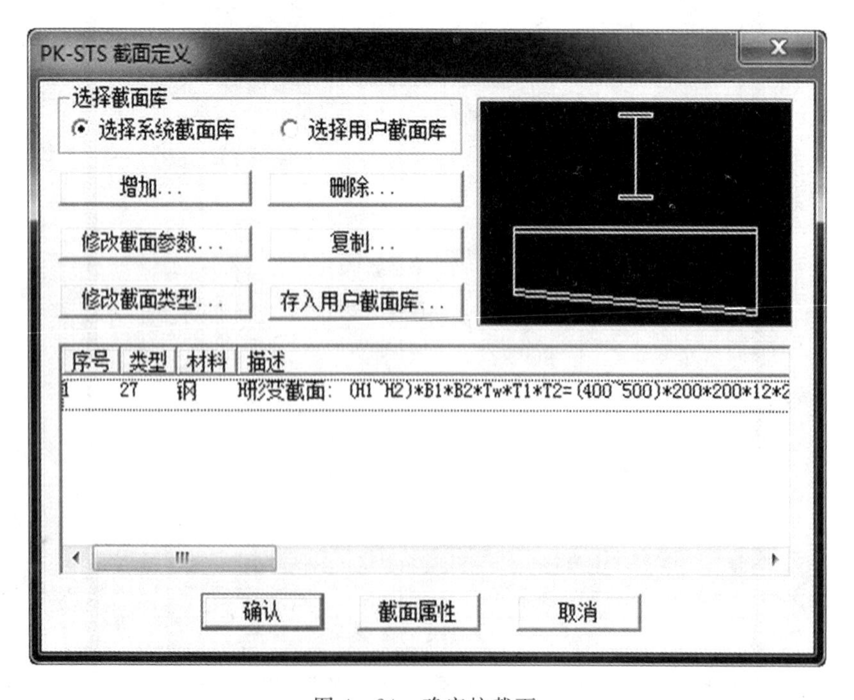

图 4－24　确定柱截面

(4)恒载及活载布置

回到图 4－21 所示的主界面,选择“梁间恒载”,如图 4－25 所示。

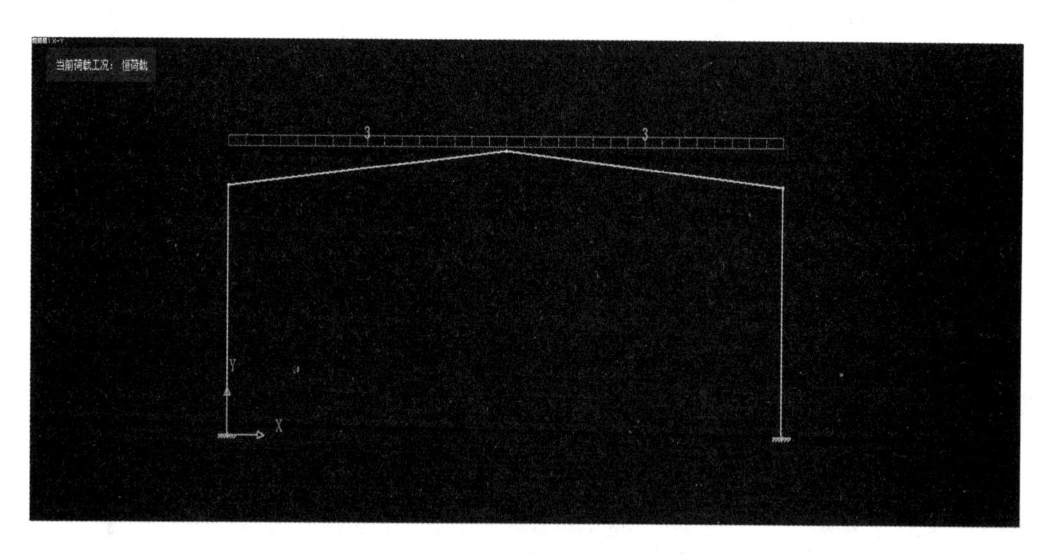

图 4－25　恒载布置

输入梁间活载,如图 4－26 所示。

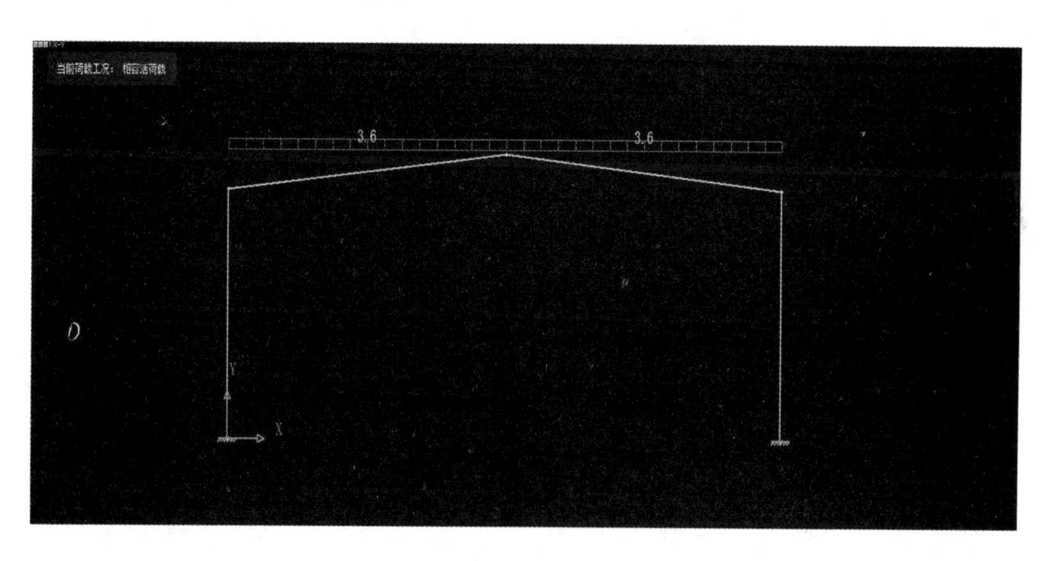

图 4－26　活载布置

同样的输入风荷载参数。至此,将门式刚架的几何信息、荷载信息输入完毕。

(5)相关参数的设定

下面根据《门式刚架轻型房屋钢结构技术规范》《钢结构设计标准》与《荷载设计规范》的要求对相关参数进行设定。打开的对话框中有 4 个选项卡,分别是“结构类型参数”(图 4－27)、“总信息参数”(图 4－28)、“地震计算参数”(图 4－29)、“荷载分项及组合系数”(图 4－30)等。

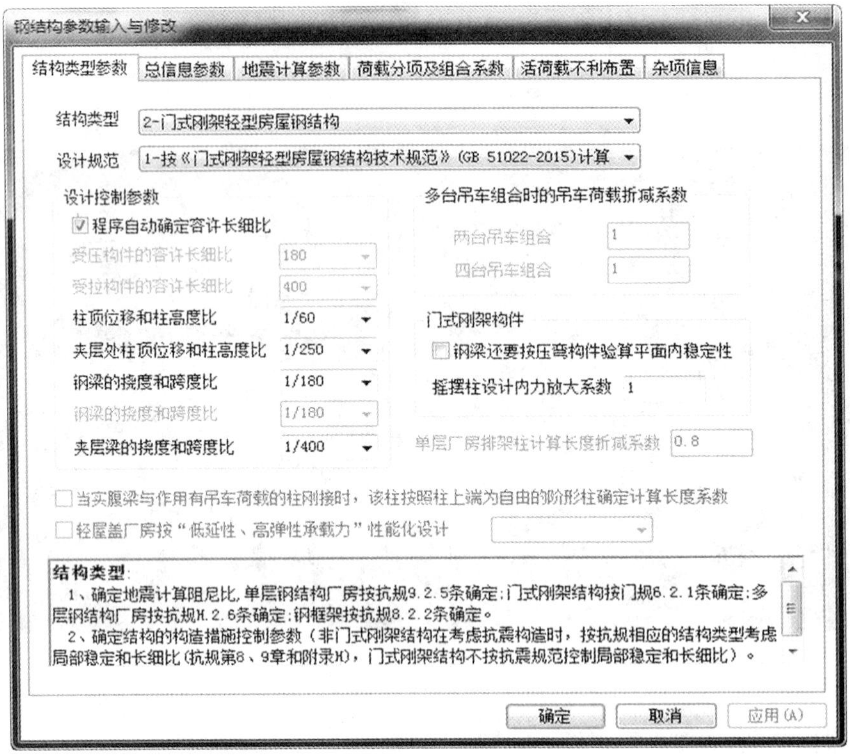

钢结构参数输入与修改

结构类型参数 | 总信息参数 | 地震计算参数 | 荷载分项及组合系数 | 活荷载不利布置 | 杂项信息

结构类型 2-门式刚架轻型房屋钢结构

设计规范 1-按《门式刚架轻型房屋钢结构技术规范》(GB 51022-2015)计算

设计控制参数

☑程序自动确定容许长细比

受压构件的容许长细比 180

受拉构件的容许长细比 400

柱顶位移和柱高度比 1/60

夹层处柱顶位移和柱高度比 1/250

钢梁的挠度和跨度比 1/180

钢梁的挠度和跨度比 1/180

夹层梁的挠度和跨度比 1/400

多台吊车组合时的吊车荷载折减系数

两台吊车组合 1

四台吊车组合 1

门式刚架构件

□钢梁还要按压弯构件验算平面内稳定性

摇摆柱设计内力放大系数 1

单层厂房排架柱计算长度折减系数 0.8

□当实腹梁与作用有吊车荷载的柱刚接时，该柱按照柱上端为自由的阶形柱确定计算长度系数

□轻屋盖厂房按“低延性、高弹性承载力”性能化设计

结构类型:

1、确定地震计算阻尼比,单层钢结构厂房按抗规9.2.5条确定;门式刚架结构按门规6.2.1条确定;多层钢结构厂房按抗规H.2.6条确定;钢框架按抗规8.2.2条确定。

2、确定结构的构造措施控制参数（非门式刚架结构在考虑抗震构造时，按抗规相应的结构类型考虑局部稳定和长细比(抗规第8、9章和附录H)，门式刚架结构不按抗震规范控制局部稳定和长细比）。

确定 取消 应用(A)

图 4－27 “结构类型参数”选项卡

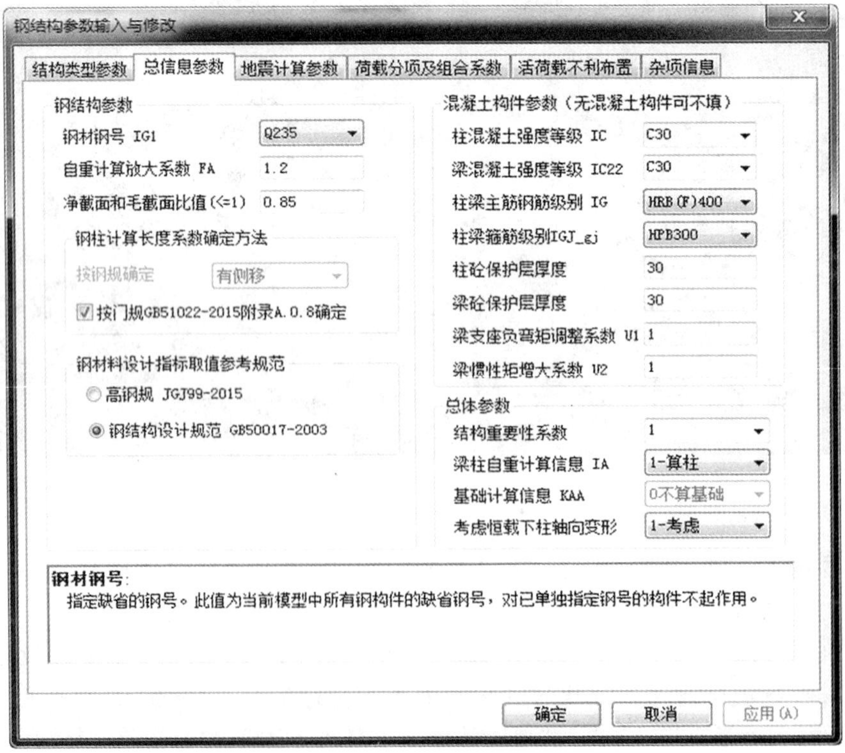

钢结构参数输入与修改

结构类型参数 | 总信息参数 | 地震计算参数 | 荷载分项及组合系数 | 活荷载不利布置 | 杂项信息

钢结构参数

钢材钢号 IG1 Q235

自重计算放大系数 FA 1.2

净截面和毛截面比值(<=1) 0.85

钢柱计算长度系数确定方法

按钢规确定 有侧移

☑按门规GB51022-2015附录A.0.8确定

钢材料设计指标取值参考规范

○高钢规 JGJ99-2015

◉钢结构设计规范 GB50017-2003

混凝土构件参数（无混凝土构件可不填）

柱混凝土强度等级 IC C30

梁混凝土强度等级 IC22 C30

柱梁主筋钢筋级别 IG HRB(F)400

柱梁箍筋级别IGJ_gj HPB300

柱砼保护层厚度 30

梁砼保护层厚度 30

梁支座负弯矩调整系数 U1 1

梁惯性矩增大系数 U2 1

总体参数

结构重要性系数 1

梁柱自重计算信息 IA 1-算柱

基础计算信息 KAA 0不算基础

考虑恒载下柱轴向变形 1-考虑

钢材钢号:

指定缺省的钢号。此值为当前模型中所有钢构件的缺省钢号，对已单独指定钢号的构件不起作用。

确定 取消 应用(A)

图 4－28 “总信息参数”选项卡

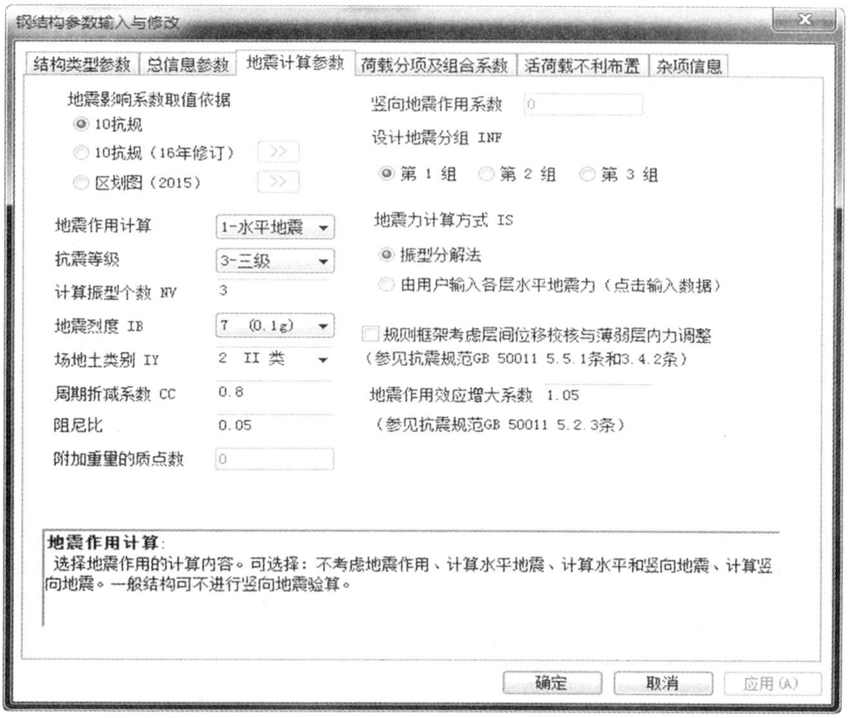

图4-29　“地震计算参数”选项卡

本次设计未考虑地震效应，若考虑地震效应，应按照相应的条件输入参数。

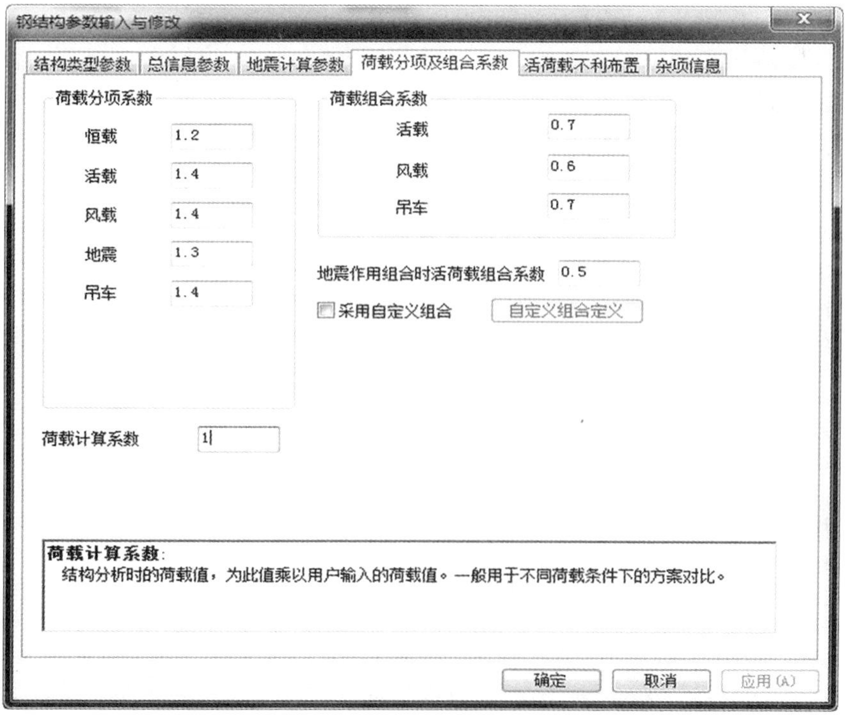

图4-30　“荷载分项及组合系数”选项卡

(6)校核设计内容并进行结构计算

所有参数输入完毕后,进行计算简图的校核,包括几何尺寸、荷载、梁跨度及柱高度等信息,确定计算无误后,选择“结构计算”,输入结果文件名称,如图 4-31 所示。

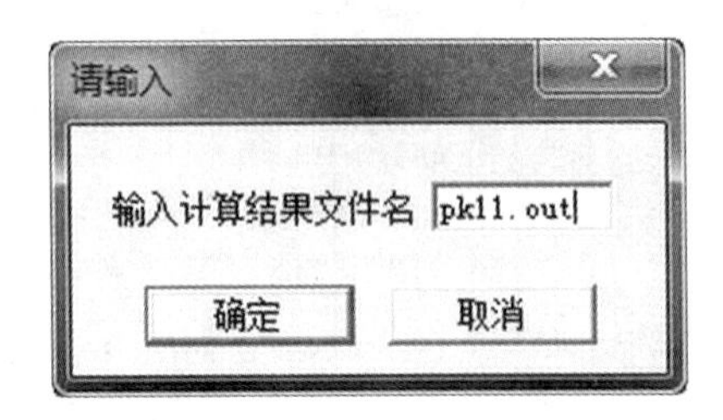

图 4-31 输入计算结果文件名

计算完毕后,软件会自动打开结果查看页面,如图 4-32 所示。

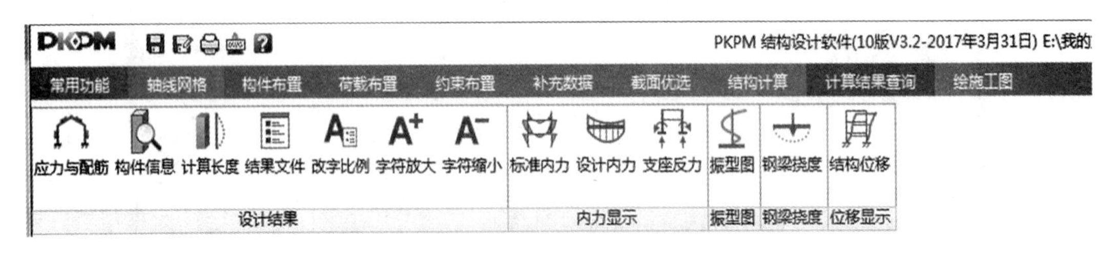

图 4-32 PK 内力计算结果图形输出

对于结果的正确性、合理性要进行人工判断,若有超限的情况程序会给出相应的信息,如图 4-33 所示。

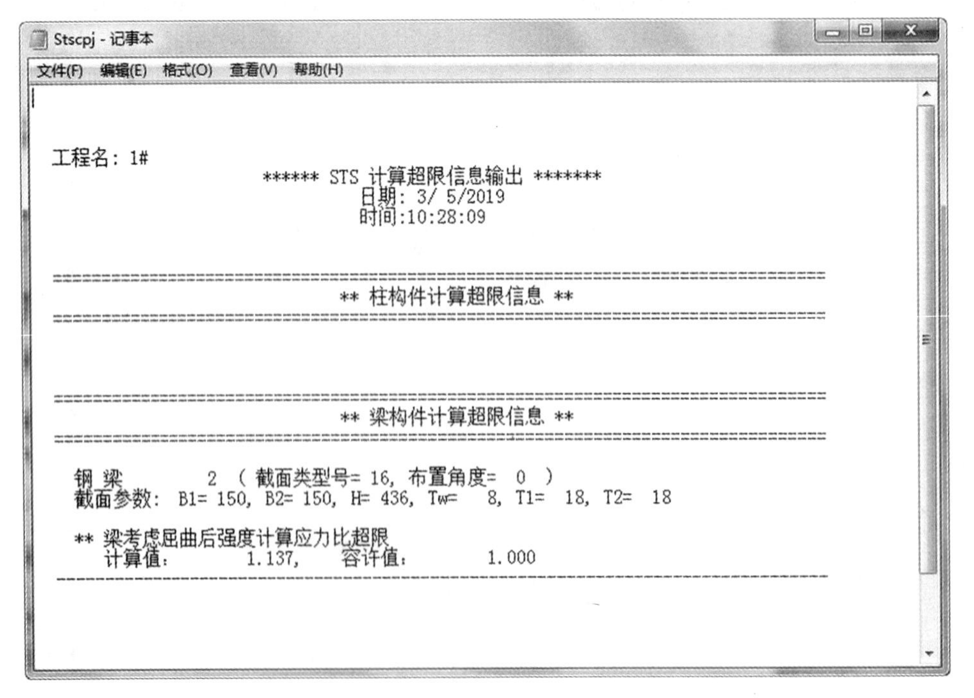
Stscpj - 记事本

文件(F) 编辑(E) 格式(O) 查看(V) 帮助(H)

工程名: 1#

****** STS 计算超限信息输出 *******
日期: 3/ 5/2019
时间:10:28:09

** 柱构件计算超限信息 **

** 梁构件计算超限信息 **

钢 梁 2 (截面类型号= 16, 布置角度= 0)
截面参数: B1= 150, B2= 150, H= 436, Tw= 8, T1= 18, T2= 18

** 梁考虑屈曲后强度计算应力比超限
计算值: 1.137, 容许值: 1.000

图 4-33 超限信息

查看配筋包络图与钢结构应力比图(见图4-34),在应力比控制在多少的问题上,要综合考虑厂房的重要性、跨度等。一般情况下应力比不应大于1.0,柱的控制一般比梁要严格。

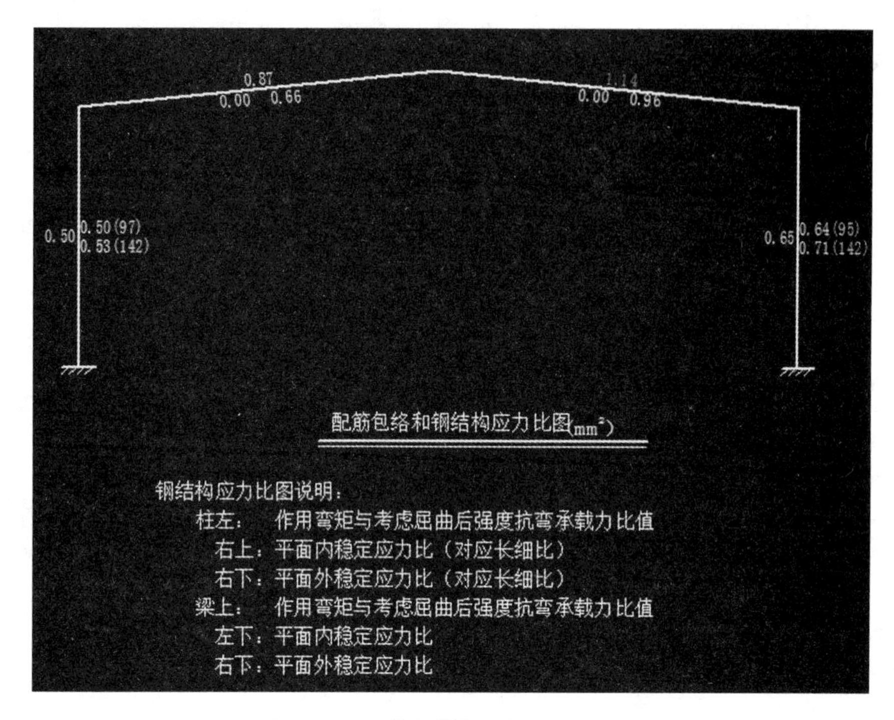

图4-34　配筋包络与钢结构应力比图

查看挠度及侧移等信息,如图4-35所示。

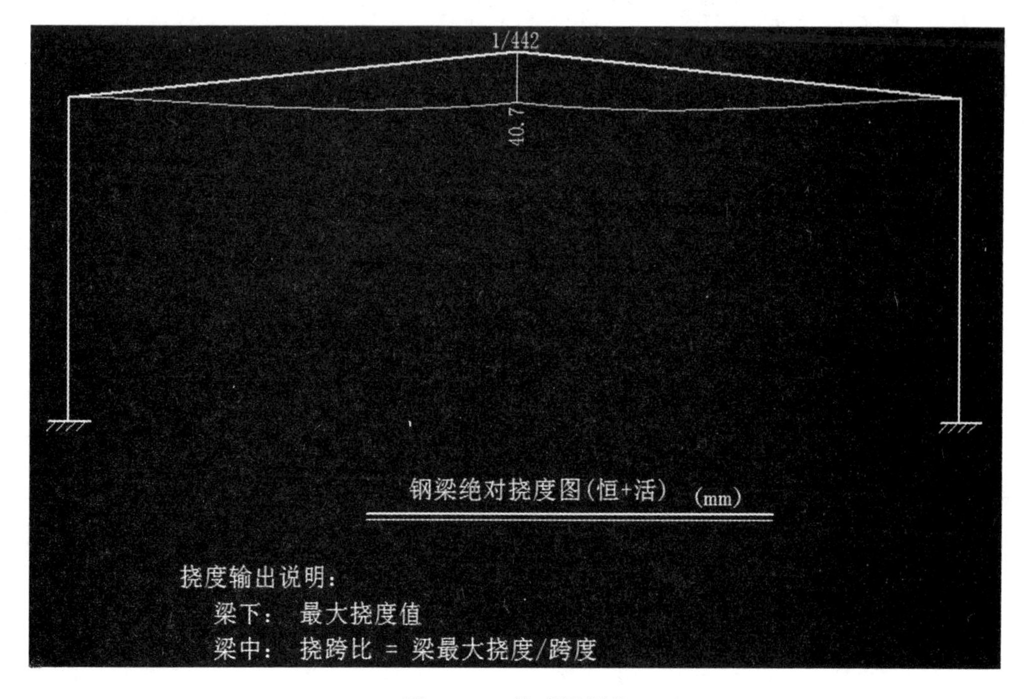

图4-35　挠度及侧移

查看恒载弯矩图(见图 4－36)。

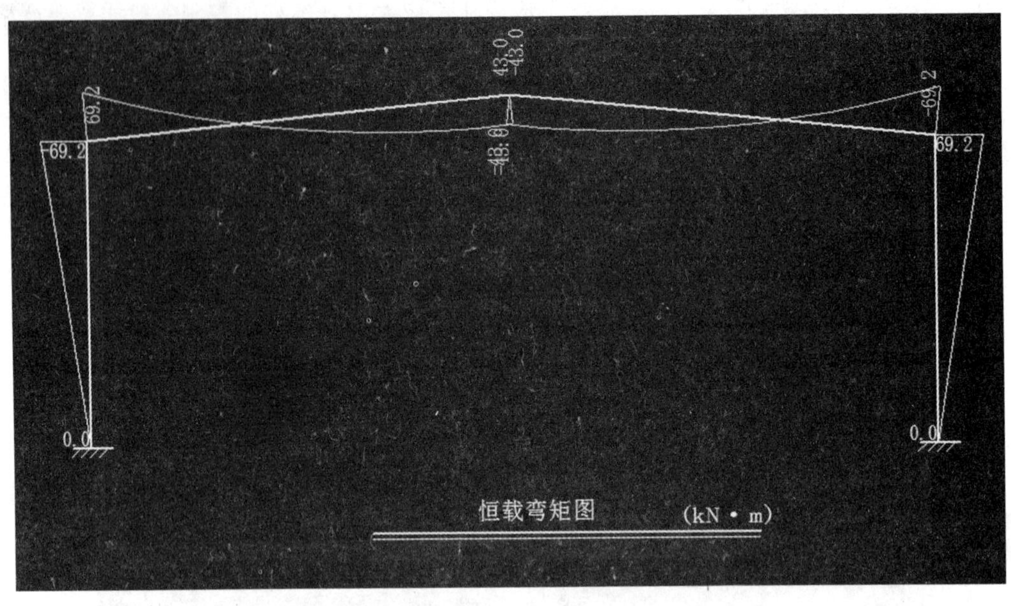

图 4－36 荷载作用下的弯矩图

(7)节点的选择

节点的选择应符合构造简单、受力合理、方便施工等要求,合理选择节点,如图 4－37 所示。

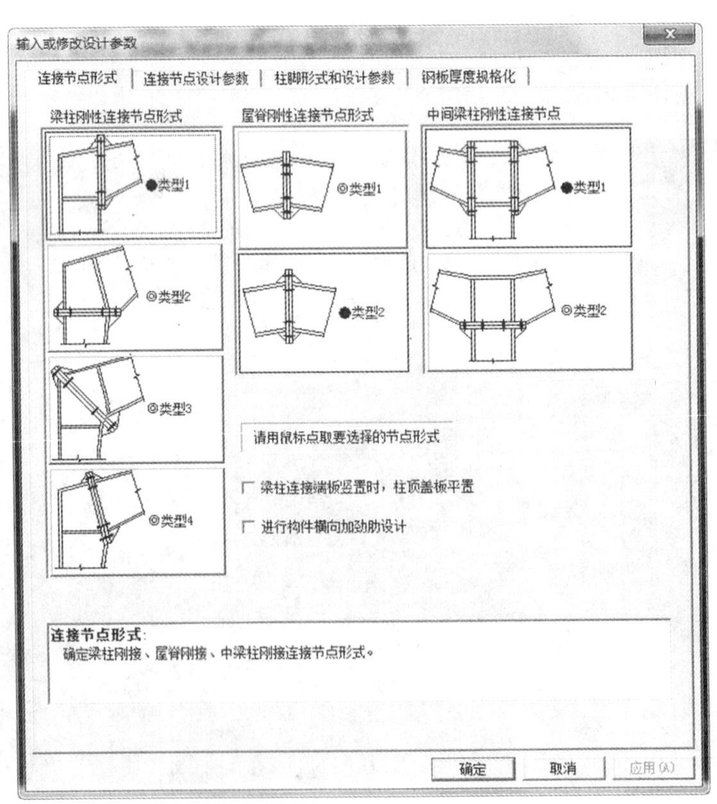

图 4－37 节点选择界面

(8)柱间支撑设计

① 厂房每个单元的每一柱列，都应设置柱间支撑，且边柱与中柱柱列应在同一开间内。

② 有吊车时，柱间支撑应在牛腿上下分别设置上柱支撑和下柱支撑。

③ 当抗震设防烈度为 8 度或有桥式吊车时，厂房单元两端开间内宜设置上柱支撑。

④ 厂房各列柱的柱顶，应设置通常的水平系杆。

⑤ 柱间支撑的形式主要有十字形、人字形和门形。十字形支撑传力直接，构造简单，用料节省，刚度较大，是应用较多的一种形式；人字形和门形主要用于柱距较大或由于建筑功能限制不能使用十字形支撑的情况。

⑥ 十字形支撑的设计，一般仅按受拉杆件进行设计，不考虑压杆的工作。在布置时，其倾角一般按 35°～55°考虑。

⑦ 柱截面高度小于 800mm 时，一般多是沿柱子中心线设置单片支撑。其截面形式多为圆钢、单角钢、双脚钢组成的 T 形或两槽钢组成的工字形截面。有吊车时用后两种截面。

⑧ 柱间支撑的截面大小可由计算确定，并应验算其长细比；对于荷载不大的情况，一般由长细比控制。

⑨ 山墙风荷载由独立温度区段的所有柱间支撑承担：计算时，可按柱列求得，然后再平均分配到每道柱间支撑，分层时，可分别求出。

⑩ 吊车的纵向制动力由下柱柱间支撑承担。可按《建筑结构荷载规范(GB 50009—2012)》第 6.1.2 条第 1 款。

⑪ 纵向地震作用计算可按柱列法进行，计算按 2 个质点考虑。

⑫ 纵向地震作用不与山墙风荷载和吊车的纵向制动力同时组合。

柱间支撑设置窗口如图 4－38 所示。

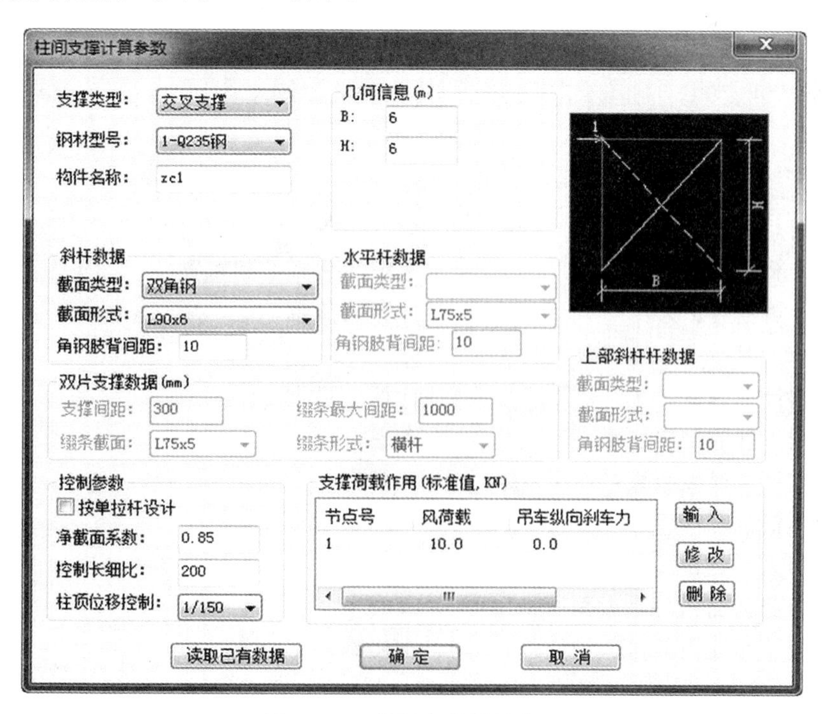

图 4－38　柱间支撑设置窗口

(9)对计算结果进行判断

程序计算结果的正确性需要使用者对软件结果的合理性做出判断，由于软件的使用过程中涉及相关参数的取值，而这些参数对结果的影响较大，因此使用者必须对结果进行校核。校核包括定性校核和定量校核，一般定性判断即可，必要时可以利用结构静力计算手册等工具进行定量校核。

定性校核的方法如结构力学中的对称性利用，在结构对称、荷载对称的情况下，弯矩、轴力等应该具有对称性，剪力应具有反对称性。如果计算结果不符合这一规律，就要仔细校核。

(10)仔细查看计算文件

如本例中的计算结果文件如下：

工程名：MS

* * * * * * * * * * * * * PK11. EXE * * * * * * * * * * * * * * * * * *

日期：2/5/2018

时间：20：55：12

设计主要依据：

《建筑结构荷载规范(GB 50009—2012)》；《建筑抗震设计规范(GB 50011—2010)》；《钢结构设计标准(GB 50017—2017)》；《门式刚架轻型房屋钢结构技术规范(GB 51022—2015)》。

结果输出

——总信息——

结构类型：门式刚架轻型房屋钢结构

设计规范：按《门式刚架轻型房屋钢结构技术规范(GB 51022—2015)》计算

结构重要性系数：	1.00
节点总数：	5
柱数：	2
梁数：	2
支座约束数：	2
标准截面总数：	2
活荷载计算信息：	考虑活荷载不利布置
风荷载计算信息：	计算风荷载
钢材：	Q235
梁柱自重计算信息：	计算柱自重
恒载作用下柱的轴向变形：	考虑
梁柱自重计算增大系数：	1.20
基础计算信息：	不计算基础
梁刚度增大系数：	1.00
钢结构净截面面积与毛截面面积比：	0.85
门式刚架梁平面内的整体稳定性：	不验算
程序自动确定允许的长细比	
钢梁(恒+活)容许挠跨比：	1/180

柱顶容许水平位移/柱高：　1/60
地震影响系数取值依据：　抗规(2010 版)
地震作用计算：　计算水平地震作用
计算振型数：　3
地震烈度：　7.00
场地土类别：　Ⅱ类
附加重量节点数：　0
设计地震分组：　第一组
周期折减系数：　0.80
地震力计算方法：　振型分解法
结构阻尼比：　0.050
按 GB 50011—2010 地震效应增大系数　1.050

——恒荷载标准值作用计算结果——

——柱内力——

柱号	M	N	V	M	N	V
1	0.00	34.80	−10.98	−69.18	−27.13	10.98
2	0.00	34.80	10.98	69.18	−27.13	−10.98

——梁内力——

梁号	M	N	V	M	N	V
1	69.18	13.63	25.91	43.04	−10.93	1.09
2	−43.04	10.93	1.09	−69.18	−13.63	25.91

——恒荷载作用下的节点位移(mm)——

节点号	X 向位移	Y 向位移
1	−1.8	0.1
2	1.8	0.1
3	0.0	18.5

(11)施工图的绘制

在设计方案得到认可后，单击主界面(如图 4 - 39)上的“绘制施工图”可以进行结构绘图。

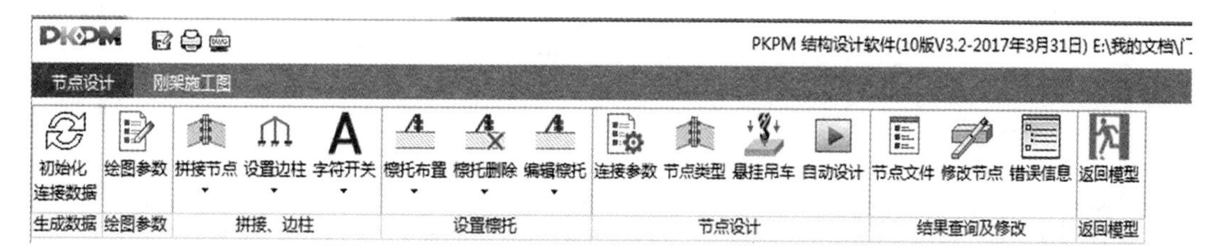

图 4 - 39　施工图绘制界面

只有在节点设计好后才能进行绘制施工图，否则将出现（如图 4－40）所示的错误信息提示。

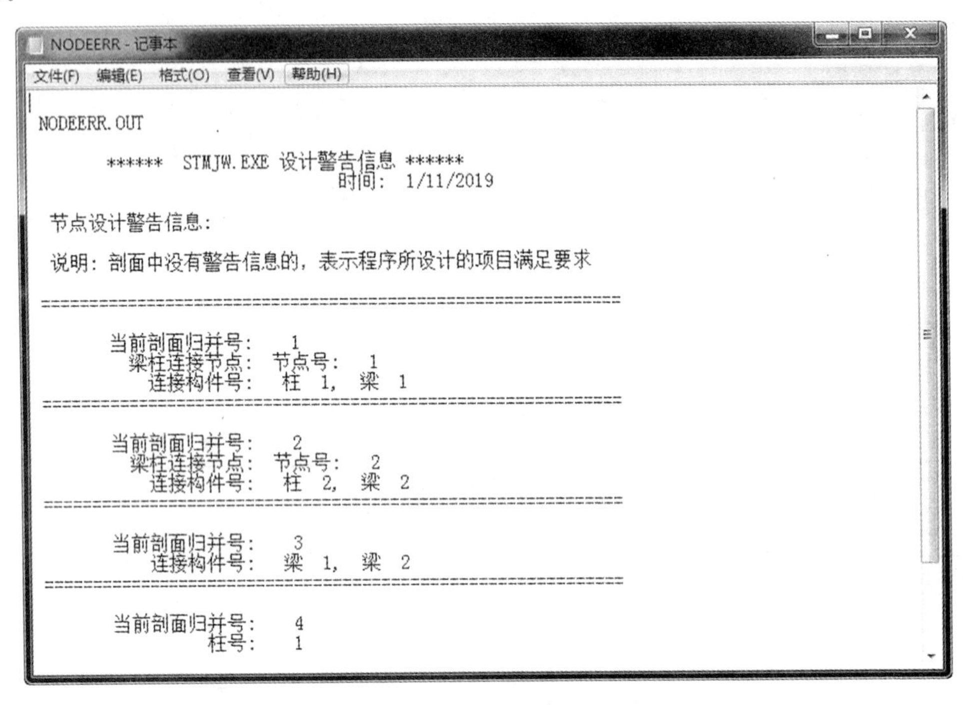
NODEERR - 记事本

文件(F)　编辑(E)　格式(O)　查看(V)　帮助(H)

NODEERR.OUT

****** STMJW.EXE 设计警告信息 ******
时间： 1/11/2019

节点设计警告信息：

说明：剖面中没有警告信息的，表示程序所设计的项目满足要求

==

当前剖面归并号： 1
梁柱连接节点： 节点号： 1
连接构件号： 柱 1, 梁 1

==

当前剖面归并号： 2
梁柱连接节点： 节点号： 2
连接构件号： 柱 2, 梁 2

==

当前剖面归并号： 3
连接构件号： 梁 1, 梁 2

==

当前剖面归并号： 4
柱号： 1

图 4－40　错误信息提示

进行节点设计后才能进行正确设计（如图 4－41）。

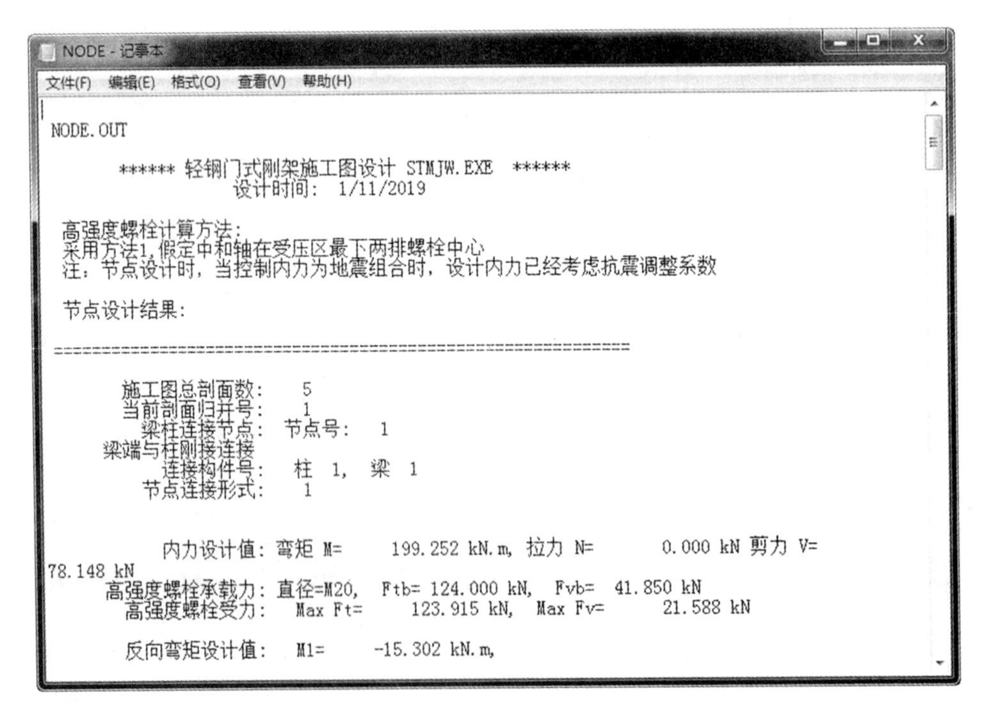
NODE - 记事本

文件(F)　编辑(E)　格式(O)　查看(V)　帮助(H)

NODE.OUT

****** 轻钢门式刚架施工图设计 STMJW.EXE ******
设计时间： 1/11/2019

高强度螺栓计算方法：
采用方法1,假定中和轴在受压区最下两排螺栓中心
注：节点设计时，当控制内力为地震组合时，设计内力已经考虑抗震调整系数

节点设计结果：

==

施工图总剖面数： 5
当前剖面归并号： 1
梁柱连接节点： 节点号： 1
梁端与柱刚接连接
连接构件号： 柱 1, 梁 1
节点连接形式： 1

内力设计值：弯矩 M= 199.252 kN.m, 拉力 N= 0.000 kN 剪力 V=
78.148 kN
高强度螺栓承载力：直径=M20, Ftb= 124.000 kN, Fvb= 41.850 kN
高强度螺栓受力： Max Ft= 123.915 kN, Max Fv= 21.588 kN

反向弯矩设计值： M1= -15.302 kN.m,

图 4－41　节点文件

节点设计完成后，即可以进行绘图工作。程序提供了三种绘图形式，即整体出图、构建绘图、节点详图。本案例采用整体绘图(如图 4－42)。

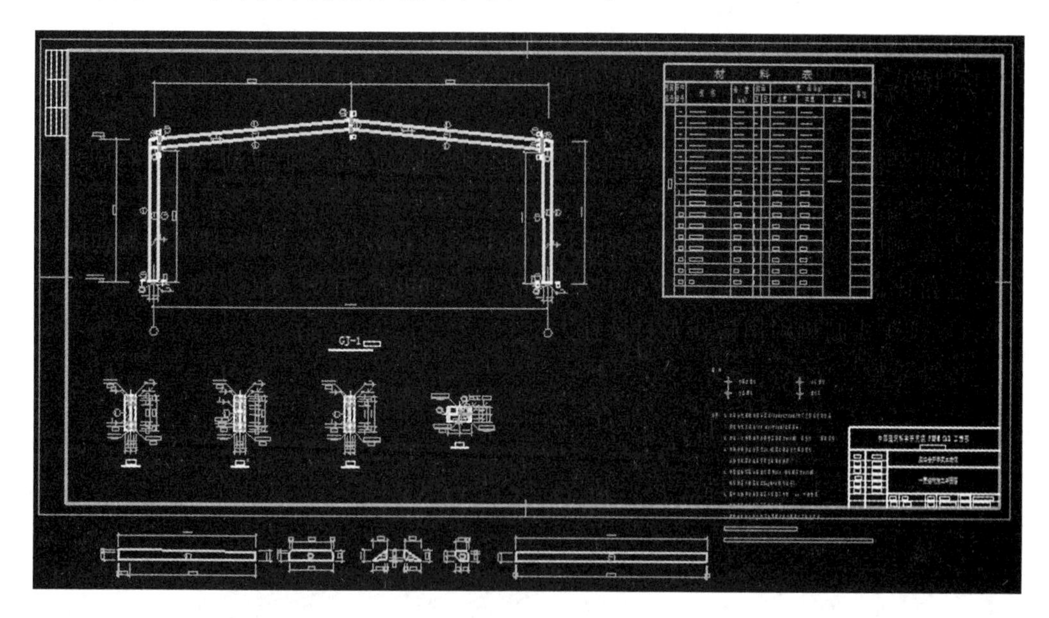

图 4－42 施工图整体绘图

至此我们已经完成了刚架主体的二维设计、计算和绘图工作。对于围护结构如檩条、墙梁、隅撑等设计，利用 STS 提供的工具箱可完成计算和绘图。选择工具箱主菜单中的“1 檩条、墙梁和施工图”可进入围护结构的设计，如图 4－43 所示。

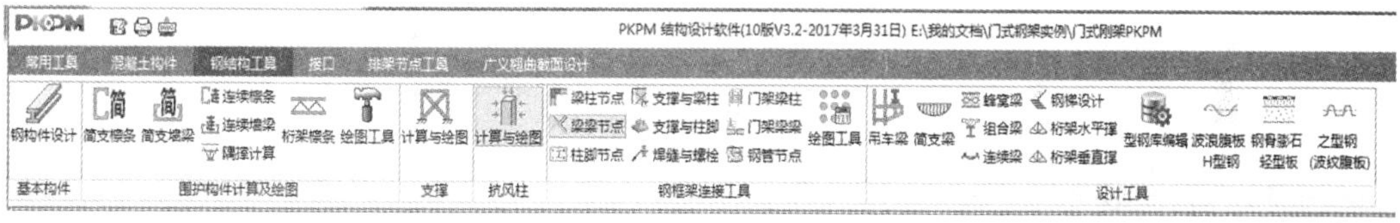

图 4－43 围护结构的设计

第5章　平台钢结构设计范例

5.1　平台钢结构简介

5.1.1　平台钢结构的应用范围及分类

平台钢结构亦称钢结构工作平台、钢平台或平台钢结构。钢平台通常是由梁、柱、柱间支撑、铺板以及钢梯、栏杆等组成(图5-1)。

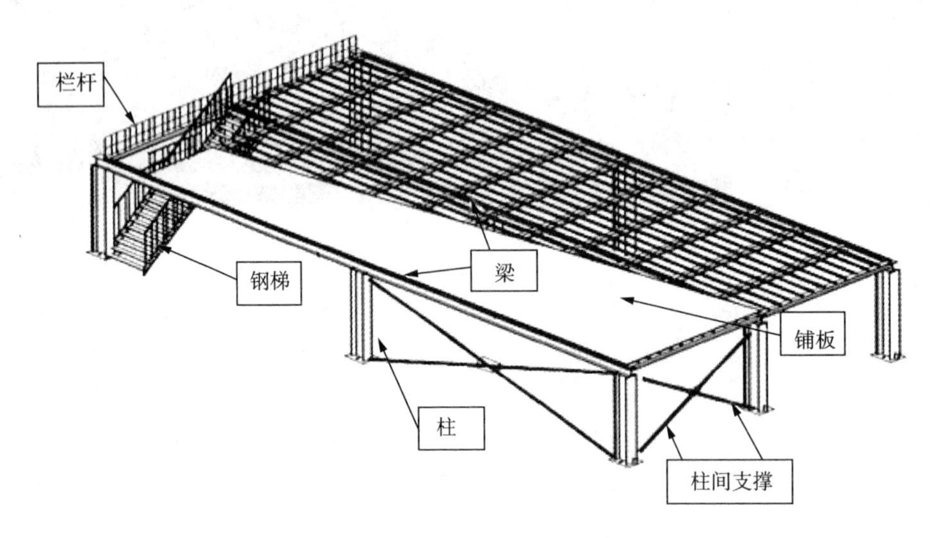

图5-1　平台钢结构的组成示意图

目前,平台钢结构广泛用于工业厂房。根据用途不同,可分为设备支撑平台、操作平台、走道和检修平台。

钢平台是全组装式结构,具有结构形式多样、设计灵活、建筑工期短、节约成本时间和劳动力等优点。钢平台又可分为室内平台和室外平台、承受静力荷载和承受动力荷载平台、生产辅助平台和重中轻型操作平台等。

5.1.2　平台钢结构的构成、传力线路和受力特点

钢平台通常是由梁、柱、柱间支撑,铺板以及辅助结构钢梯、栏杆等组成,其主体结构的主要传力路径为以下两条:

(1)竖向荷载→板→次梁→主梁→柱→基础

(2)水平荷载→板→次梁→主梁→支撑/柱→基础

受力特点主要体现在:

(1)竖向荷载为主要荷载;

(2)板有单向和双向之分,钢板常以变形控制;

（3）梁分次梁、主梁，可连续或单跨；

（4）柱两端常用铰接，为轴压杆。

5.1.3　平台钢结构的布置要求

根据钢结构设计的相关标准要求，用于工业生产的平台机构，其结构布置一般（包括平台尺寸、标高、梁格及柱网布置等）应满足下列要求：

（1）平台的设计应满足使用功能和生产工艺操作的要求，保证足够的通行和操作净空。一般通行净空高度不应小于1.8m，宽度不宜小于0.9m，局部最小宽度不应小于0.6m。

（2）满足力学性能要求。平台钢结构铺板、梁、柱等应分别满足强度、稳定性和刚度的要求；对直接承受动力荷载的平台梁或平台桁架以及它们的连接，尚应满足疲劳强度的要求。

平台梁柱布置时应考虑将固定设备荷载、大直径工业管道的吊挂和其他较大的集中荷载直接作用在平台梁、柱上，力求传力路径直接、明确。

（3）满足经济性要求。应将平台的梁、板尽量直接支承于厂房柱、大型设备或其他结构、构筑物上，同时应保证平台的侧向稳定。另外，充分利用铺板的允许跨距合理布置梁格，平台钢结构的梁、柱应优先选用轧制型钢，并力求构件尺寸统一，以方便制造、运输和安装。

5.1.4　平台梁格的布置形式

钢结构平台通常由若干梁平行或交叉排列而成梁格。根据平台梁排列方式不同，梁格布置可分为下列三种类型：

（1）单向梁格

这种梁格仅有主梁，适用于跨度较小的情况，一般采用型钢梁。

（2）双向梁格

这种梁格有主梁及一个方向的次梁，次梁由主梁支承，是最为常用的梁格形式。

（3）复式梁格

这种梁格除主梁和纵向次梁外，还有支承于纵向次梁的横向次梁。复式梁格荷载传递层次多，构造较复杂，应用较少，只适用于荷载重和主梁间距很大的情况。

5.1.5　设计方法

（1）平台铺板设计

平台铺板设计包括：平台铺板布置，确定平台铺板的形式，确定平台铺板与平台梁的连接构造形式，选择平台铺板计算单元和计算模型，计算平台铺板的自重和平台铺板的使用荷载以及板的内力，设计和验算平台铺板的承载力和刚度，以满足规范要求。

（2）平台梁设计

平台梁设计包括：平台梁格布置，确定平台梁截面形式，确定平台梁连接（主梁与次梁、梁与柱）构造，选择平台梁（主梁、次梁）的计算单元与计算模型，计算平台梁上承受的荷载及内力，设计和验算平台梁，使其满足承载力、整体稳定、局部稳定和刚度的要求。

（3）平台柱设计

平台柱设计包括：平台柱网布置，确定平台柱截面形式，确定平台柱与平台梁，平台柱与基础的连接构造，选择平台柱计算单元与计算模型，计算平台柱内力，设计和验算平台柱，使其满足承载力、整体稳定、局部稳定的要求。

(4)平台结构连接设计

平台结构连接设计包括：次梁与主梁的连接，主梁与柱连接，栏杆与钢梯构造等。

(5)平台柱和柱间支撑的设计

平台柱可采用实腹柱和格构柱两种形式，应经技术经济分析后确定，柱间支撑的设置是保证结构稳定的重要构造措施，柱头和柱脚的设计是平合柱设计的重要内容。

5.1.6 注意事项

(1)当钢板在梁和加劲肋的区格长、短边之比 $b/a \leqslant 2$ 时，应按四边简支双向板计算，当 $b/a > 2$ 时，可按单向板计算。

(2)在平台结构布置就绪后，根据平台梁的计算单元，计算模型和荷载情况可计算出梁的内力，然后根据梁的抗弯强度和整体稳定性求得其必需的截面模量 W_x，根据刚度求得其必需的载面惯性矩 I_x，再按需要的 W_x 和 I_x 从型钢表中试选合适的截面。

(3)当实腹柱截面经验算不满足要求时，可以采用纵向加劲肋加强，也可以加厚腹板，增加腹板局部稳定性。为防止腹板在施工和运输中发生变形可采用横向加劲肋加强。大型实腹式柱的端部应设置横隔，横隔间距不得大于截面较大宽度的 9 倍或 8m。

(4)柱间支撑的设置是保证结构稳定的重要构造措施，应满足构造要求。

(5)绘制施工图要严格按照现行国家、行业和地方图集要求进行，为以后工作打下良好的基础。

5.2 课程设计任务书

5.2.1 设计资料

某机床加工车间钢结构操作平台设计。

(1)某机床加工车间，厂房跨度 21m 或 24m，长度 96m。建筑安全等级为二级，设计使用年限 50 年，耐火等级二级。室内钢结构操作平台建筑标高为 4.500m，柱网布置如图 5-2 所示。

(2)楼面活荷载根据工艺要求为 2.0～7.0kN/m^2，详见表 5-1 所列，准永久值系数 $\psi_q = 0.8$。

(3)连接方式平台板与梁采用焊接(角焊缝)；次梁与主梁采用高强度螺栓连接；主梁与柱采用焊接或高强度螺栓连接，定位螺栓采用粗制螺栓。

(4)材料型钢、钢板采用 Q235－A.F；焊条采用 E43XX 型，粗制螺栓采用 Q235 钢材。

(5)平台做法设计对象为厂房内的钢操作平台，其中钢平台楼面做法如下：

① 采用花纹钢板或防滑带肋钢板；

② 钢筋混凝土预制板。

(6)柱网尺寸和可变荷载标准值见表 5-1 所列。

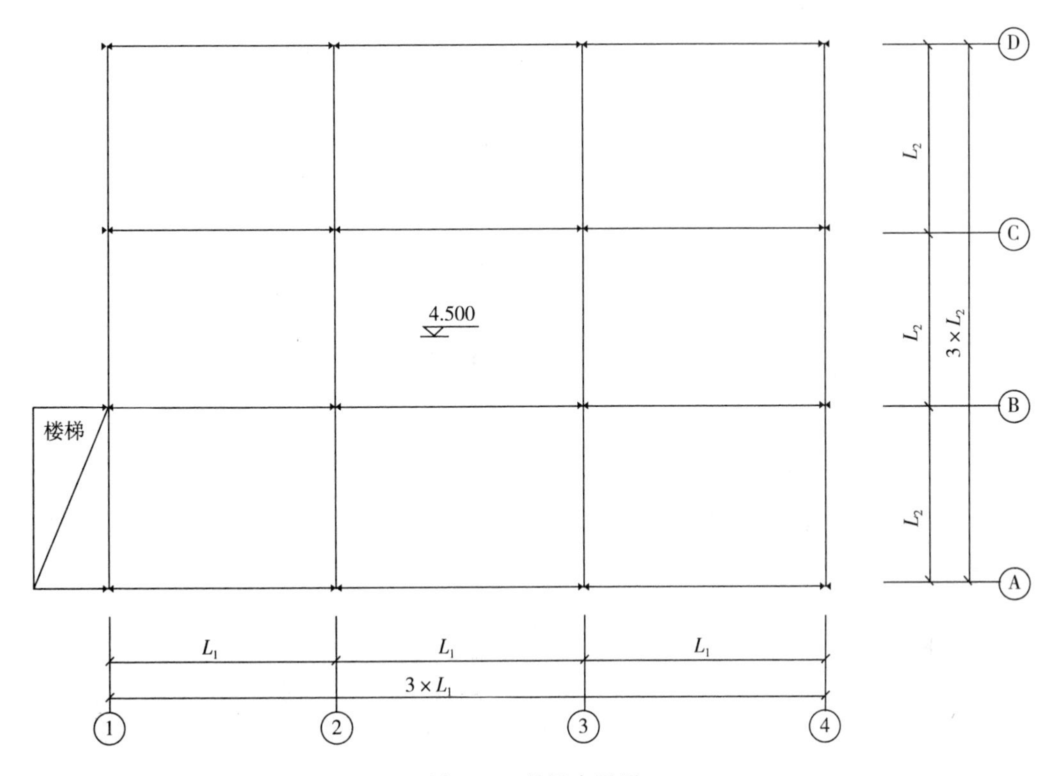

图 5-2　柱网布置图

表 5-1　各题号设计条件

柱网 $L_1\times L_2$/m	可变荷载标准值/(kN/m^2)					
	2.0	3.0	4.0	5.0	6.0	7.0
6.0×4.5	1	2	3	4	5	6
9.0×4.5	7	8	9	10	11	12
12.0×4.5	13	14	15	16	17	18
9.0×6.0	19	20	21	22	23	24
12.0×6.0	25	26	27	28	29	30
9.0×7.5	31	32	33	34	35	36
12.0×7.5	37	38	39	40	41	42

5.2.2　设计内容

(1)钢平台结构支撑系统:支撑布置及选型,在计算书上应绘制支撑布置图。

(2)楼板设计:包括楼板和加劲肋的设计或者楼板配置及合理布置。

(3)次梁设计:采用型钢。

(4)主梁设计:采用焊接组合梁。

(5)钢柱设计:采用焊接组合柱或型钢柱。

(6)次梁与主梁连接、主梁与柱上端连接、柱脚设计。

(7)平台楼梯和栏杆的选择与设计。

(8)钢平台的设计施工图:平台楼面结构布置图,平台主梁施工图(包括与次梁的连接和与柱连接),平台柱施工图(包括柱头、柱脚大样),平台楼梯施工图,材料表。

5.2.3 设计要求

1. 施工图绘制

每人绘制1号施工图一张,采用白光纸、铅笔线条完成。要求图面质量符合工程制图标准要求,线条粗细均匀、有层次,图面表达清楚、整洁。

当平台结构形式、各杆件尺寸、杆件截面以及各杆件与节点板的连接焊缝确定后,即可绘制施工图。绘制平台施工图应注意以下几个方面:

(1)通常须绘制平台结构平面布置图、柱脚锚栓平面布置图、柱头和柱脚详图、节点详图以及必要的剖面图、材料表和说明等。

(2)绘制平台结构的施工图,通常采用两种比例尺绘制,结构平面布置图和柱脚锚栓平面布置图一般用1∶100的比例尺,柱头、柱脚大样和节点详图采用1∶5～1∶10的比例尺,这样可使节点的细节表示清楚。

(3)标注尺寸,要全部注明各杆件和板件的定位尺寸和孔洞位置等。定位尺寸主要是节点中心至腹杆顶端的距离和钢平台轴线到角钢肢背的距离。由这两个尺寸即能确定杆件的位置和实际长度,杆件的实际段料长度即为杆件几何轴线长度减去两端的节点中心到腹杆顶端的距离。

(4)编制材料表,对所有零件应进行详细编号,编号应按零件的主次、上下、左右的顺序逐一进行。完全相同的零件用同一编号,当两个形状、尺寸相同只是栓孔位置成镜面对称时,可编同一号,但在材料上注明正和反。材料表包括各种零件的截面、长度、数量(正、反)和重量。材料表的用途是供配料、计算用钢指标以及选用运输和安装器具之用。

(5)施工图上还应有文字说明,说明的内容包括钢材的钢号、焊条的型号,加工精度要求、焊缝质量要求、图中未注明的焊缝和螺栓孔的尺寸以及防锈处理的要求等。凡是在施工图中没有绘上的一切要求均可在说明中表达。

2. 设计计算书

完成设计计算书1份。计算书必须条理清楚、整洁,并附有必要的简图(比例自定),最后装订成册。

3. 设计时间

设计时间为2周。

5.3 平台钢结构设计

5.3.1 设计资料

某机器加工厂房车间位于安徽省合肥市,厂房跨度24m,长度96m。设计对象为厂房内的钢操作平台,其平面尺寸为30.0m×12.0m,楼面标高4.0m;设计使用年限50年,结构安全等级二级,拟采用钢平台。

(1)钢平台楼面做法:采用花纹钢板或防滑带肋钢板。

(2)楼面活荷载标准值:根据工艺要求取为 6.0kN/m²。

(3)钢平台结构连接方法:平台板与梁采用焊接(角焊缝);次梁与主梁采用高强螺栓连接;主梁与柱的连接采用高强度螺栓或焊接连接;柱与基础采用铰接连接。

(4)材料选用:型钢、钢板采用 Q235－A.F;焊条采用 E43XX 型,粗制螺栓采用 Q235 钢材。

(5)平台柱基础混凝土强度等级 C25。

试对铺板、次梁、主梁、钢柱以及次梁与主梁、主梁与柱上端、柱脚及钢楼梯进行设计。

5.3.2　结构布置

1. 梁格布置

采用单向板布置方案,柱网尺寸为 6.0m×6.0m;主梁沿柱网纵、横横向布置,跨度为 6m;次梁沿纵向布置,跨度为 6.0m,间距为 1.5m;单块铺板的平面尺寸为 1.5m×6.0m。平台钢结构平面布置如图 5－3 所示。

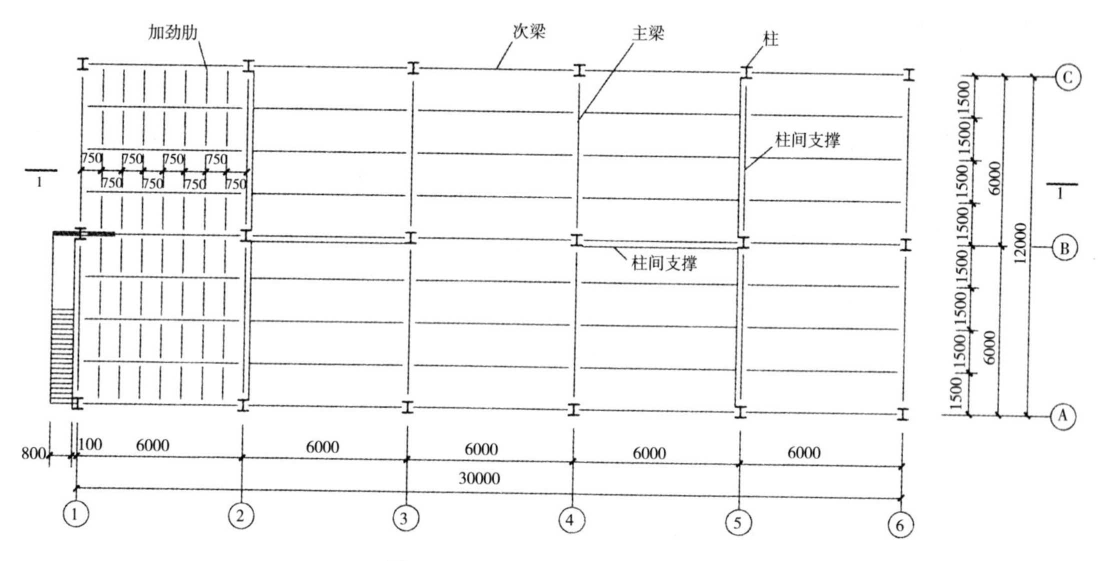

图 5－3　平台钢结构平面布置图

2. 连接方案

次梁与主梁采用高强螺栓侧面铰接连接,次梁与主梁的上翼缘平齐;主梁与柱采用侧向铰接连接;柱与基础采用铰接连接;平台板与主(次)梁采用焊接(角焊缝)连接。

3. 支撑布置

钢平台柱的两端均采用铰接连接,并设置柱间支撑,以保证结构几何不变。在轴线②、⑤和轴线 B 处分别布置纵、横向支撑,采用双角钢,如图 5－4 所示。

因无水平荷载,支撑可按构造要求选择角钢型号。

受压支撑的最大计算长度$l_0=\sqrt{(4000-280)^2+(6000-200)^2}=6890\text{mm}$,受压支撑的允许长细比$[\lambda]=200$,要求回转半径 $i\geqslant l_0/[\lambda]=6890/200=34.45\text{mm}$,选用 2∟90×8(节点板厚度 6mm,$i_y=39.5\text{mm}$,$y$ 为对称轴)。

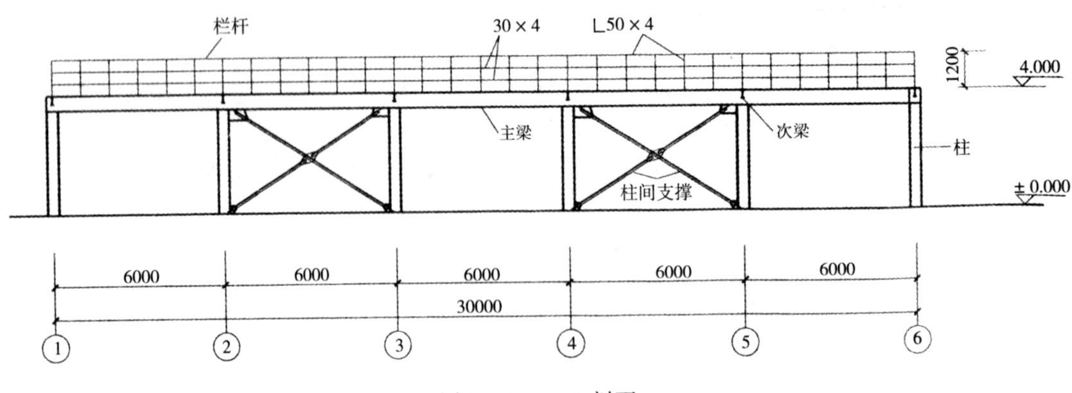

图 5-4　1—1 剖面

5.3.3　铺板设计

1. 初选铺板截面

在铺板的短跨方向设置 7 道加劲肋，间距 $l_1=750\text{mm}$。

平板厚度 $t \geqslant l_1/150 \sim l_1/120=5.0\sim 6.25\text{mm}$，取 $t=6\text{mm}$。

2. 计算简图

因铺板区格长边与短边之比 $b/a=1.5/0.75=2.0$，可作为多跨连续的双向板计算，加劲肋和次梁作为其支承边。

3. 内力计算

(1)荷载计算

6mm 厚花纹钢板：　　$78.5\times 0.006=0.47\text{kN/m}^2$

平台板永久荷载标准值：　　$g_k=0.47\text{kN/m}^2$

平台板可变荷载标准值：　　$q_k=6.0\text{kN/m}^2$

平台板的荷载基本组合值：

$$p_k=\gamma_G g_k+\gamma_Q q_k=1.2\times 0.47+1.3\times 6.0=8.36\text{kN/m}^2$$

平台板的荷载标准组合值：

$$p_k=g_k+q_k=0.47+6.0=6.47\text{kN/m}^2$$

(2)内力计算

根据 $b/a=2.0$，查表 5-2 得均布荷载作用下四边支承板的弯矩系数 $\alpha=0.102$。平台板单位宽度最大弯矩：

$$M_{\max}=\alpha p a^2=0.102\times 8.36\times 0.75^2=0.48\text{kN}\cdot\text{m/m}$$

根据 $b/a=2.0$，查表 5-2 得均布荷载作用下四边简支板的挠度系数 $\beta=0.110$；$E=2.06\times 10^5\text{N/mm}^2$。平台板的最大挠度：

$$f_{\max}=\beta\frac{p_k a^4}{Et^3}=0.110\times\frac{6.47\times 10^{-3}\times 750^4}{2.06\times 10^5\times 6^3}=0.782\text{mm}$$

表 5-2　四边简支板的计算系数 α、β

b/a	1.0	1.1	1.2	1.3	1.4	1.5	1.6	1.7	1.8	1.9	2.0
α	0.048	0.055	0.063	0.069	0.075	0.081	0.086	0.091	0.091	0.095	0.102
β	0.043	0.053	0.062	0.070	0.077	0.084	0.091	0.097	0.102	0.106	0.110

4. 截面设计

(1)强度计算

$$\sigma=\frac{M_{\max}}{\gamma W}=\frac{6M_{\max}}{\gamma t^2}=\frac{6\times 0.48\times 10^3}{1.2\times 6^2}$$

$$=66.67\mathrm{N/mm^2}<f=215\mathrm{N/mm^2}$$

满足要求。

(2)挠度计算

$$\frac{f}{a}=\frac{0.782}{750}=\frac{1}{959}<\frac{1}{150}$$

满足要求。

5. 加劲肋设计

(1)计算简图

加劲肋与铺板采用单面角焊缝，焊脚尺寸 6mm，每焊 150mm 后跳开 50mm 间隙。此连续构造满足铺板与加劲肋作为整体计算的条件。

加劲肋高度取 $h=80$mm，厚度 6mm，考虑有 $30t=180$mm 宽度的铺板作为翼缘，如图 5-5(c)所示。加劲肋的跨度为 1.5m，计算简图如图 5-5(a)所示。

(2)荷载计算铺板为四边支承板，较精确的计算可假定荷载按梯形分布，为简化计算，可安全地按均布荷载考虑，即取加劲肋的负荷宽度 750mm。

永久荷载标准值：

平台板传来永久荷载　　$0.47\times 0.75=0.3525$kN/m

加劲肋自重　　$78.5\times 0.08\times 0.006=0.03768$kN/m

$g_k=0.39$kN/m

可变荷载标准值：　　$q_k=6.0\times 0.75=4.5$kN/m

荷载的基本组合值：

$$p=\gamma_G g_k+\gamma_Q q_k=1.2\times 0.39+1.3\times 4.5=6.32\mathrm{kN/m}$$

荷载的标准组合值：

$$p_k=g_k+q_k=0.39+4.5=4.89\mathrm{kN/m}$$

(3)内力计算

跨中最大弯矩设计值

$$M_{\max}=\frac{1}{8}pl^2=\frac{1}{8}\times 6.32\times 1.5^2=1.78\mathrm{kN\cdot m}$$

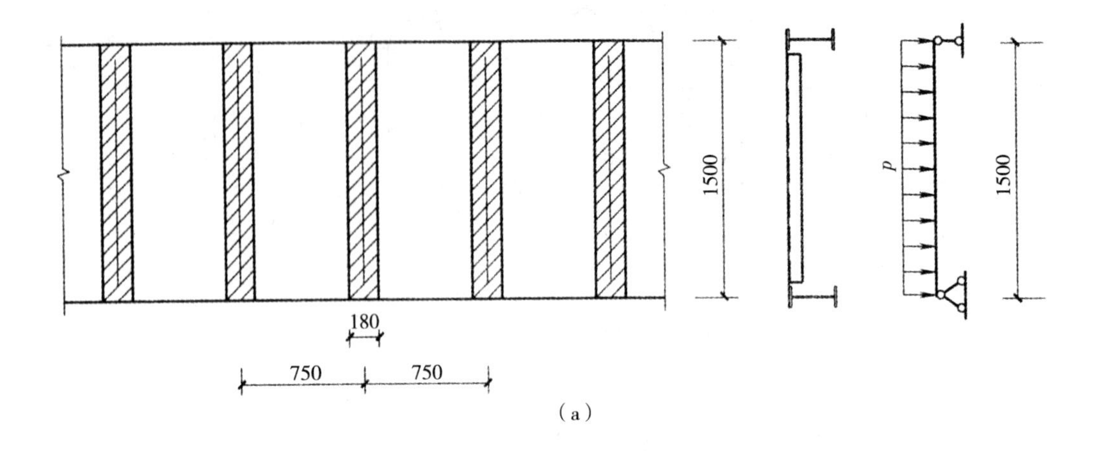

(a)

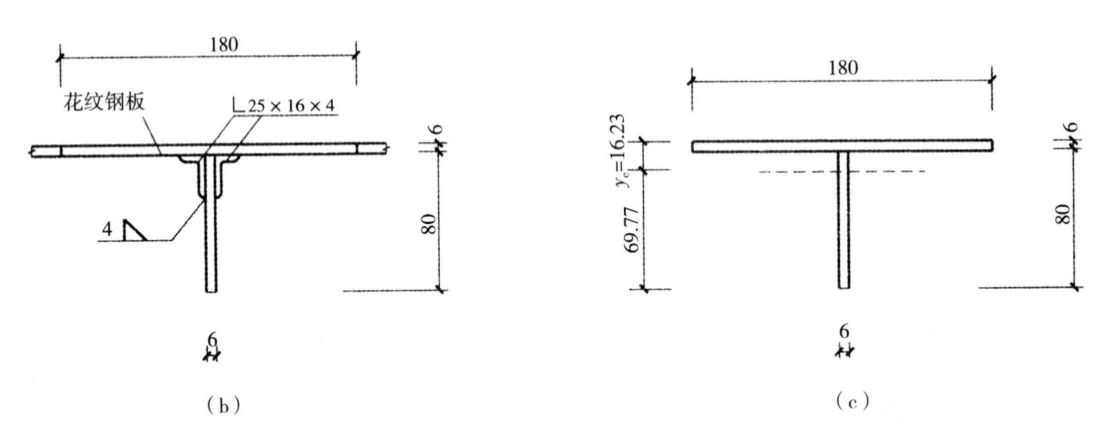

(b)　　(c)

图 5-5　加劲肋计算简图

支座处最大剪力设计值

$$V_{max}=\frac{1}{2}pl=\frac{1}{2}\times 6.32\times 1.5=4.74\text{kN}$$

(4)截面特性计算

截面形心位置

$$y_c=\frac{180\times 6\times 3+80\times 6\times (40+6)}{180\times 6+80\times 6}=16.23\text{mm}$$

截面惯性矩

$$I=\frac{1}{12}\times 180\times 6^3+180\times 6\times (16.23-3)^2+\frac{1}{12}\times 6\times 80^3+80\times 6\times (46-16.23)^2$$

$$=873677\text{mm}^4$$

支座处抗剪面积只计铺板部分,偏于安全地仍取 180mm 范围,则

$$A_v=180\times 6=1080\ \text{mm}^2$$

(5)强度计算

受拉侧应力最大截面塑性发展系数取 1.2,受弯强度:

$$\sigma=\frac{M_{\max}}{\gamma_x W_{nx}}$$

$$=\frac{1.78\times 10^6}{1.2\times 873677/(86-16.23)}=118.46\text{N/mm}^2<f_v=125\text{N/mm}^2$$,满足要求。

受剪强度:

$$\tau=\frac{V_{\max}S}{It}=1.5\frac{V_{\max}}{A_v}$$

$$=1.5\times\frac{4.74\times 10^3}{1080}=6.58\text{N/mm}^2<f_v=125\text{N/mm}^2$$,满足要求。

(6)变形计算

$$\frac{f}{l}=\frac{5p_k l^3}{384EI_x}=\frac{5\times 4.89\times 1500^3}{384\times 2.06\times 10^5\times 873677}=\frac{1}{837.5}<\frac{1}{150}$$

满足要求。

5.3.4 次梁设计

1. 计算简图

次梁与主梁铰接,按简支梁计算,跨度 $l_0=6.0$m,如图 5-6 所示。

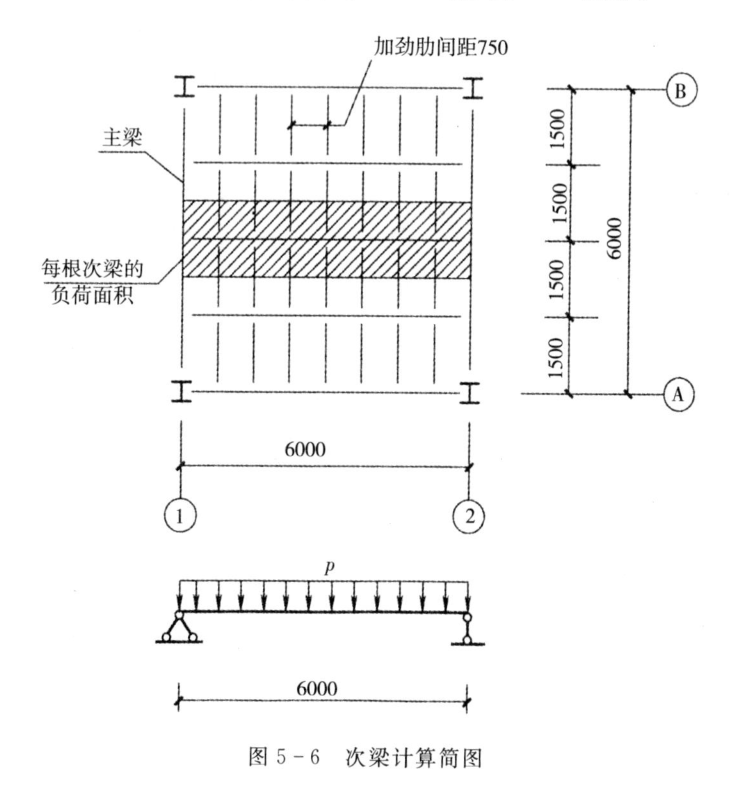

图 5-6　次梁计算简图

2. 初选次梁截面

次梁的荷载主要由铺板—加劲肋传来相隔750mm分布集中荷载，每个加劲肋传到次梁上的集中荷载设计值：$q_{BS}=6.32\times1.5/0.75=12.64\text{kN/m}$

$$q_{BSk}=4.89\times1.5/0.75=9.78\text{kN/m}$$

次梁采用轧制普通工字钢，假定铺板不起刚性楼板作用，跨中无侧向支撑，上翼缘受均布荷载，自由长度为6.0m。

假定钢号为22～40之间，查《钢结构设计标准(GB 50017－2017)》附表B.2，$\varphi_b=0.6$。

次梁跨中弯矩设计值：

$$M_{max}=\frac{1}{8}q_{BS}l^2=\frac{1}{8}\times12.64\times6.0^2=56.88\text{kN}\cdot\text{m}$$

所需的截面抵抗矩：

$$W_x\geqslant\frac{1.02M_{x,max}}{\varphi_b f}=\frac{1.02\times56.88\times10^6}{0.6\times215}=449748.8\ \text{mm}^3$$

选用I28a，$h=280\text{mm}$，$b=122\text{mm}$，$t=13.7\text{mm}$；

$W_x=508.2\times10^3\ \text{mm}^3$，$I_x=7115\times10^4\ \text{mm}^4$，自重为0.4347kN/m。

3. 内力计算

包含自重在内的次梁均布荷载基本组合值：

$$q_{BS}=12.64+1.2\times0.4374=13.16\text{kN/m}$$

均布荷载标准组合值：

$$q_{BSk}=9.78+0.4374=10.22\text{kN/m}$$

最大弯矩基本组合值：

$$M_{max}=\frac{1}{8}q_{BS}l^2=\frac{1}{8}\times13.16\times6.0^2=59.22\text{kN}\cdot\text{m}$$

最大剪力基本组合值：

$$V_{max}=\frac{1}{2}q_{BS}l=\frac{1}{2}\times13.16\times6.0=39.48\text{kN}$$

4. 截面设计

轧制型钢梁不需要验算局部稳定，正截面强度不起控制作用，连接处净截面抗剪强度见连接节点计算。截面计算内容包括承载力极限状态的整体稳定和正常使用极限状态的挠度。

(1)整体稳定性计算

由《钢结构设计标准(GB 50017－2017)》附录B表B.2可得，均布荷载作用下轧制工字钢简支梁，自由长度$l_1=6\text{m}$，上翼缘的整体稳定系数$\varphi_b=0.6$。

$$\sigma=\frac{M_{\max}}{\varphi_b W_x}$$

$$=\frac{59.22\times10^6}{0.6\times508.2\times10^3}=194.2\text{N/mm}^2<f=125\text{N/mm}^2\text{，满足要求。}$$

(2)挠度验算

$$\frac{f}{l}=\frac{5q_{\text{BSk}}l^3}{384EI_x}=\frac{5\times10.22\times6000^3}{384\times2.06\times10^5\times7115\times10^4}=\frac{1}{510}<\frac{1}{250}\text{，满足要求。}$$

5.3.5 主梁设计

1. 计算简图

主梁与柱铰接，按简支梁计算，跨度 $l_0=6.0$m，计算简图如图 5-7(a)所示。

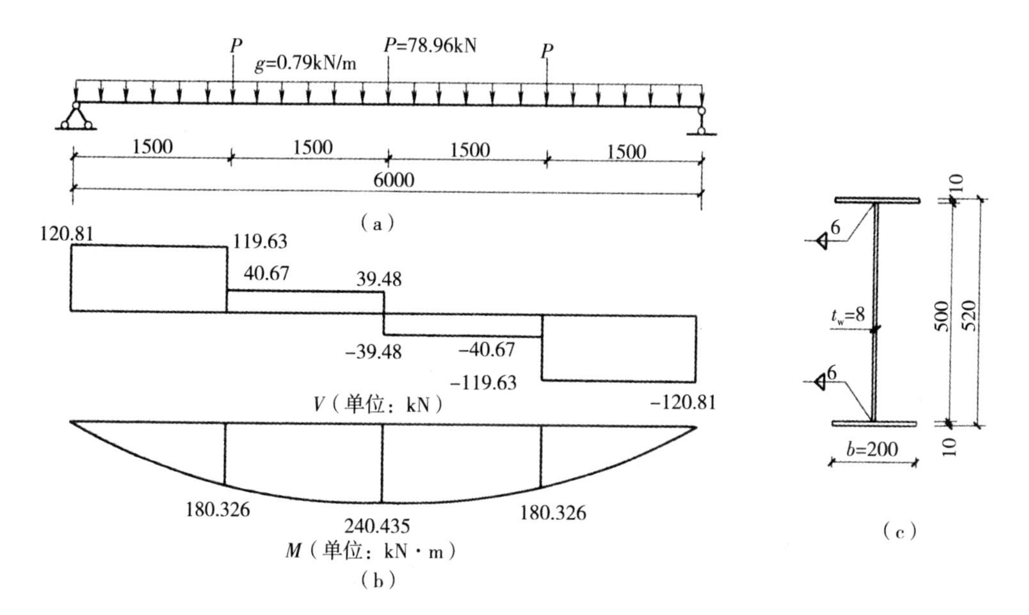

图 5-7　主梁计算简图

2. 初选主梁截面尺寸

(1)梁腹板高度 h_w 主梁承受次梁传来的集中荷载，主梁的负荷宽度为 6.0m。

次梁传来集中荷载设计组合值：　$P=13.16\times6.0=78.96$kN

次梁传来集中荷载标准组合值：　$P=10.22\times6.0=61.32$kN

主梁的弯矩设计值近似按次梁端部反力计算，系数 1.1 为考虑主梁自重后的附加系数。

$$M_x=1.1\times\left(\frac{3P}{2}\times\frac{l}{2}-P\times\frac{l}{4}\right)=1.1\times\frac{1}{2}Pl=1.1\times\frac{1}{2}\times78.96\times6.0=260.6\text{kN}\cdot\text{m}$$

则所需的截面抵抗矩为：

$$W_{nx}\geqslant M_x/f=260.6\times10^6/215=1212093\ \text{mm}^3$$

按下式确定梁的经济高度：

$$h_e=7\sqrt[3]{W_{nx}}-300=7\times\sqrt[3]{1212093}-300=446.4\text{mm}$$

或
$$h_e=3W_{nx}^{\frac{2}{5}}=3\times1212093^{\frac{2}{5}}=513.5\text{mm}$$

主梁的最小高度按刚度条件确定，由表 5－3 可见，梁的允许挠度为 $l_0/400$，其最小高度 h_{min}必须满足：

$$h_{min}\geqslant1/15=6000/15=400\text{mm}$$

取梁的腹板高度 $h_w=500\text{mm}$，满足最小高度要求，且接近经济高度。

表 5－3　均布荷载作用下简支梁的最小高度 h_{min}

允许挠度		$l/1000$	$l/750$	$l/600$	$l/500$	$l/400$	$l/300$	$l/250$	$l/200$
h_{min}	Q235 钢	$l/6$	$l/8$	$l/10$	$l/12$	$l/15$	$l/20$	$l/24$	$l/30$
	Q345 钢	$l/4.1$	$l/5.1$	$l/6.8$	$l/8.2$	$l/10.2$	$l/13.7$	$l/16.4$	$l/20.5$
	Q390 钢	$l/3.7$	$l/4.9$	$l/6.1$	$l/7.4$	$l/9.2$	$l/12.3$	$l/14.7$	$l/18.4$

注：表中数据系依均布荷载情况算得，对于其他荷载作用下的简支梁，初选截面时同样可以参考。

（2）梁腹板厚度 t_w

梁腹板厚度估算：

$$t_w=\frac{\sqrt{h_w}}{11}=\frac{\sqrt{50}}{11}=6.428\text{mm}$$

取 $t_w=8\text{mm}$，大于 6mm 的最小要求。

（3）梁翼缘尺寸 $b\times t$ 取上、下翼缘相同，截面模量计算：

$$W_x=\frac{t_wh_w^2}{6}+b_th_w$$

可得到所需的上（下）翼缘面积：

$$bt=\frac{W_x}{h_w}-\frac{t_wh_w}{6}=\frac{1212093}{500}-\frac{8\times500}{6}=1758\ \text{mm}^2$$

翼缘宽度 $b=(1/2.5\sim1/3)h=200\sim166.7\text{mm}$，取 $b=200\text{mm}$，翼缘厚度取 $t=10\text{mm}$，满足 $t\geqslant8\text{mm}$ 的要求。单个翼缘面积 $A_1=2000\times1.0=2000\text{mm}^2>1758\text{mm}^2$，满足要求。

主梁截面尺寸如图 5－7(c)所示。

（4）几何特征

主梁截面面积：　　$A=2\times200\times10+500\times8=8000\ \text{mm}^2$

主梁截面惯性矩：　　$I_{nx}=200\times529^3/12-192\times500^3/12=467.27\times10^6\ \text{mm}^4$

$$I_y=2\times10\times200^3/12+500\times8^3/12=133.55\times10^5\ \text{mm}^4$$

抗弯截面模量：

$$W_{nx}=I_{nx}/(h/2)=467.27\times10^6/(520/2)=1.80\times10^6\ \mathrm{mm}^3$$

中和轴以上部分的面积矩：

$$S=200\times10\times260+250\times8\times125=770\times10^3\ \mathrm{mm}^3$$

翼缘对截面中和轴的面积矩

$$S_1=200\times10\times260=520\times10^3\ \mathrm{mm}^3$$

3. 内力计算

取加劲肋的构造系数为 1.05，主梁自重标准值：

$$g_k=1.05\times8000\times10^{-6}\times78.5=0.66\mathrm{kN/m}$$

主梁自重设计值：

$$g=1.2g_k=1.2\times0.66=0.79\mathrm{kN/m}$$

截面最大弯矩的基本组合值：

$$M_{max}=78.96\times6/2+0.79\times6^2/8=240.44\mathrm{kN\cdot m}$$

截面最大剪力的基本组合值：

$$V_{max}=1.5P+3g=1.5\times78.96+3\times0.79=120.81\mathrm{kN}$$

主梁内力图如图 5-7(b)所示。

4. 截面设计

(1)强度计算

抗弯强度：
$$\sigma=\frac{M_{max}}{\gamma_x W_{nx}}$$

$$=\frac{240.435\times10^6}{1.05\times1.8\times10^6}=127.21\mathrm{N/mm^2}<f=125\mathrm{N/mm^2}$$，满足要求。

抗剪强度：
$$\tau=\frac{V_{max}S}{I_{nx}t_w}$$

$$=\frac{120.81\times10^3\times770\times10^3}{467.27\times10^6\times8}=24.88\mathrm{N/mm^2}<f_V=125\mathrm{N/mm^2}$$，满足要求。

(2)整体稳定计算次梁可以作为主梁的侧向支撑。主梁受压翼缘的自由长度 $l_1=1500\mathrm{mm}$，受压翼缘宽度 $b_1=200\mathrm{mm}$。$l_1/b_1=1500/200=7.5<16$，因此可不计算主梁的整体稳定性。

(3)翼缘局部稳定计算梁受压翼缘自由外伸宽度 $b_1=(200-8)/2=96\mathrm{mm}$，厚度 $t=10\mathrm{mm}$。

$$\frac{b_1}{t}=\frac{96}{10}=9.6\leqslant13\sqrt{\frac{235}{f_y}}=13$$

故受压翼缘局部稳定满足要求。

(4)腹板局部稳定验算和腹板加劲肋设计

$$h_0=h_w=500\text{mm}\quad t_w=8\text{mm}\quad 所以,h_0/t_w=500/8=62.5<80\sqrt{235/f_y}=80$$

且无局部压应力($\sigma_c=0$),仅需按构造配置横向加劲肋。

根据连接需要,在次梁位置设置横向加劲肋,间距 $a=1500$m,腹板两侧成对布置。其外伸宽度 b_s要求满足:

$$b_s\geqslant\frac{h_0}{30}+40=\frac{500}{30}+40=56.67\text{mm}\quad 取\ b_s=(200-80)/2=96\text{mm}$$

加劲肋的厚度 t_s应满足:

$$t_s\geqslant\frac{b_s}{15}=\frac{96}{15}=6.4\text{mm},\quad 取\ t_s=8\text{mm}$$

因梁受压翼缘上有密布铺板约束其扭转,腹板受弯计算时的通用高厚比 λ_b:

$$\lambda_b=\frac{2h_c/t_w}{177}\sqrt{\frac{f_y}{235}}=\frac{500/8}{177}\times1=0.353<0.85$$

因此,临界应力 $\sigma_{cr}=f=215\ \text{N/mm}^2$

$$a/h_0=1500/500=3.0>1,$$

腹板受剪计算的通用高厚比 λ_s:

$$\lambda_s=\frac{h_0/t_w}{41\sqrt{5.34+4\ (h_0/a)^2}}\sqrt{\frac{f_y}{235}}$$

$$=\frac{500/8}{41\times\sqrt{5.34+4\times(500/1500)^2}}\times1=0.634<0.80$$

因此,临界应力 $\tau_{cr}=f_v=125\ \text{N/mm}^2$

根据主梁的剪力和弯矩分布(图 5-7(b)),需对各区段分别进行局部稳定性验算。

区段 I:平均弯矩 $M_1=180.326/2=90.16\text{kN}\cdot\text{m}$

平均剪力 $V_1=120.81+119.63/2=120.22\text{kN}$

则弯曲应力和平均剪应力分别为

$$\sigma=\frac{M_1h}{I_x}=\frac{90.16\times10^6\times250}{467.27\times10^6}=48.24\text{N/mm}^2$$

$$\tau=\frac{V_1}{h_wt_w}=\frac{120.22\times10^3}{500\times8}=30.06\text{N/mm}^2$$

因局部压应力为 0,区段 I 的局部稳定:

$$\left(\frac{\sigma}{\sigma_{cr}}\right)^2+\left(\frac{\tau}{\tau_{cr}}\right)^2=\left(\frac{48.24}{215}\right)^2+\left(\frac{30.06}{125}\right)^2=0.11<1.0$$

满足要求。

区段 II：平均弯矩　$M_2=(180.326+240.435)/2=210.38\text{kN}\cdot\text{m}$

平均剪力　$V_2=(40.67+39.48)/2=40.07\text{kN}$

则弯曲应力和平均剪应力分别为

$$\sigma=\frac{M_2 h}{I_x}=\frac{210.38\times10^6\times250}{467.27\times10^6}=112.56\text{N/mm}^2$$

$$\tau=\frac{V_2}{h_w t_w}=\frac{40.07\times10^6}{500\times8}=10.02\text{N/mm}^2$$

因局部压应力为 0，区段 II 的局部稳定：

$$\left(\frac{\sigma}{\sigma_{cr}}\right)^2+\left(\frac{\tau}{\tau_{cr}}\right)^2=\left(\frac{112.56}{215}\right)^2+\left(\frac{10.02}{125}\right)^2=0.28<1.0$$

满足要求。

5. 挠度验算

简支梁在对称集中荷载（次梁传来）和均布荷载（主梁自取）作用下的跨中挠度系数分别为 19/348 和 5/348，则

$$f=\frac{19P_k l^3}{384EI_x}+\frac{5g_k l^4}{384EI_x}=\frac{19\times61.32\times10^3\times6000^3+5\times0.66\times6000^4}{384\times2.06\times10^5\times467.27\times10^6}$$

$$=6.924<l_0/400=6000/400=15\text{mm}$$

满足要求。

6. 翼缘与腹板的连接强度

采用连续直角焊缝，所需焊缝的焊脚尺寸为

$$h_f\geqslant\frac{V_{max}S_1}{I_x\times2\times0.7f_f^w}=\frac{120.81\times10^3\times520\times10^3}{467.27\times10^6\times2\times0.7\times160}=0.6\text{mm}$$

按构造要求　$h_{fmin}\geqslant1.5\sqrt{t_{max}}=1.5\times\sqrt{10}=4.74\text{mm}$

$$h_{fmin}\leqslant1.2t_{min}=1.2\times8=9.6\text{mm}$$

取 $h_f=6\text{mm}$，如图 5－7(c)所示。

5.3.6　次梁与主梁的连接节点

次梁与主梁平接，如图 5－8 所示，连接螺栓采用 8.8 级 M16 摩擦型高强度螺栓。计算连接螺栓和连接焊缝时，除了次梁端部垂直剪力外，还应考虑由于偏心所产生的附加弯矩的影响。

1. 支承加劲肋的稳定计算

一侧加劲肋宽 $b_s=96\text{mm}$，厚度 $t=8\text{mm}$，按轴心受压杆件验算腹板平面外稳定。验算时考虑与加劲肋相邻的 $15t_w=15\times8=120\text{mm}$ 范围内的腹板参与工作。

加劲肋总的有效截面特性：

$$A=200\times8+2\times120\times8=3520\ \text{mm}^2$$

$$I=8\times200^3/12+2\times120\times8^3/12=5.34\times10^6\ \mathrm{mm}^4$$

$$i=\sqrt{I/A}=\sqrt{5.34\times10^6/3520}=38.95\mathrm{mm}$$

$$\lambda=l_0/i=500/38.95=12.84$$

根据 $\lambda=12.84$，查《钢结构设计标准(GB 50017—2017)》附录 B 表 B.2，查得受压稳定系数 $\varphi=0.987$。

加劲肋承受两侧次梁的梁端剪力，　$N=2V=2\times39.48\mathrm{kN}=78.96\mathrm{kN}$

$$\sigma=\frac{N}{\varphi A}=\frac{78.96\times10^3}{0.987\times3520}=22.73\ \mathrm{N/mm^2}<f=215\ \mathrm{N/mm^2}$$

满足要求。

2. 连接螺栓计算

在次梁端部剪力作用下，连接一侧的每个高强度螺栓承受的剪力：

$$N_v=V/n=39.48/2=19.74\mathrm{kN}(\downarrow)$$

剪力　$V=39.48\mathrm{kN}$　偏心距　$e=40+10+40=90\mathrm{mm}$

偏心力矩　$M_e=Ve=39.48\times0.09=3.55\mathrm{kN\cdot m}$

单个高强度螺栓的最大拉力：

$$N_t=N_1^M=\frac{My_1}{m\sum y_i^2}=\frac{3.55\times0.05}{2\times0.05^2}=35.53\mathrm{kN}(\rightarrow)$$

单个 8.8 级 M16 摩擦型高强度螺栓的抗剪承载力

$$N_v^b=\alpha_R n_f\mu P=0.9\times2\times0.45\times80=64.8\mathrm{kN}$$

在垂直剪力和偏心弯矩共同作用下，一个高强度螺栓受力为

$$N_s=\sqrt{(N_v)^2+(N_t)^2}$$

$$=\sqrt{(19.74)^2+(35.53)^2}=40.65\mathrm{kN}<N_v^b=64.8\mathrm{kN}$$

满足要求。

3. 加劲肋与主梁的角焊缝

剪力　$V=39.48\mathrm{kN}$

偏心距　$e=96+40+10=146\mathrm{mm}$

偏心力矩　$M_e=Ve=39.48\times0.146=5.76\mathrm{kN\cdot m}$

采用 $h_f=6\mathrm{mm}$，焊缝计算长度仅考虑与主梁腹板连接部分，即 $l_w=500-20\times2=460\mathrm{mm}$，则

$$\tau_v=\frac{V}{2\times0.7\times h_f\times l_w}=\frac{39.48\times10^3}{2\times0.7\times6\times460}=10.22\ \mathrm{N/mm^2}$$

$$\sigma_M=\frac{M_e}{W_w}=\frac{5764.08\times10^3}{2\times0.7\times6\times460^2/6}=19.46\ \mathrm{N/mm^2}$$

$$\sqrt{\tau_v^2+(\sigma_M/\beta_1)^2}=\sqrt{10.22^2+(19.46/1.22)^2}$$

$$=18.94\text{N/mm}^2<f_f^w=160\text{N/mm}^2$$

4. 连接板的厚度

连接板的厚度按等强度设计。对于双板连接板，其连接板厚不宜小于梁腹板厚度的0.7倍，且不应小于 $S/12$（S 为螺栓间距），也不宜小于6mm：

$$t=t_w/2h_s=8.5\times(280-2\times13.7)/2\times180=5.96\text{mm}$$

$$0.7t_w=0.7\times8.5=5.95\text{mm}$$

$$S/12=100/12=8.33\text{mm}$$

综上，取连接板的厚度 $t=7$mm。

5. 次梁腹板的净截面验算

不考虑孔前传力，近似按下式进行验算：

$$\tau=\frac{V}{t_w h_{wn}}=\frac{39.48\times10^3}{8.5\times(280-2\times13.7-2\times18)}$$

$$=21.44\text{N/mm}^2<f_v=215\text{N/mm}^2$$

满足要求。

次梁与主梁跨内的连接节点大样如图5-8所示。

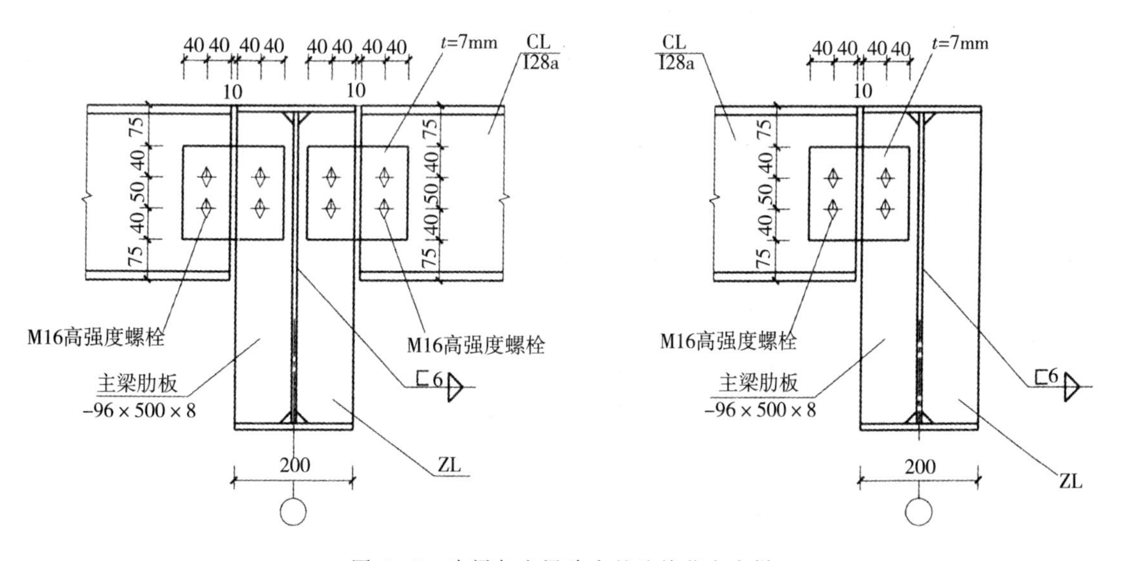

图5-8　次梁与主梁跨内的连接节点大样

5.3.7　钢柱设计

平台结构中，中柱、边柱和角柱的受力显然不同，从节约钢材出发，可以设计成不同的柱子截面。但从方便钢材订货、构件加工和现场安装的便利考虑，实际工程设计时，采用相同的截面。以最不利的中柱为依据，选择柱子截面并计算。

1. 截面尺寸初选

一根主梁传递的竖向反力设计值 $N_1=120.81\text{kN}$，一根次梁传递的竖向反力设计值 $N_2=39.48\text{kN}$。所以，中柱的轴力设计值 N：

$$N=2(N_1+N_2)=2\times(120.81+39.48)=320.58\text{kN}$$

柱子的计算简图如图 5-9(b)所示，因有柱间支撑，将其视为两端不动的铰支承，柱子高度为钢平台楼面标高（标高为 4.000m）减去主梁高度的一半，即 $H=4000-520/2=3740\text{mm}$。

因柱子高度不大，初步假定弱轴方向（y 轴）的计算长度为 $\lambda_y=70$，b 类截面，由《钢结构设计标准(GB 50017—2017)》附录 B 表 B.2，查得轴心受压构件的稳定系数 $\varphi=0.751$，则所需的面积 A：

$$A\geqslant\frac{N}{\varphi f}=\frac{320.58\times10^3}{0.751\times215}=1985.45\ \text{mm}^2$$

柱的计算长度 $l_{0x}=l_{0y}=3740\text{mm}$，截面的回转半径 $i_y=3740/70=54.43\text{mm}$，查有关表格，选择柱子截面 HW200×200×8×12，其基本几何系数：翼缘厚 $t=12\text{mm}$，腹板厚 $t_w=8\text{mm}$，回转半径 $i=86.1\text{mm}$，$i_y=49.9\text{mm}$，面积 $A=6428\text{mm}^2$，理论重量 50.5kg/m。

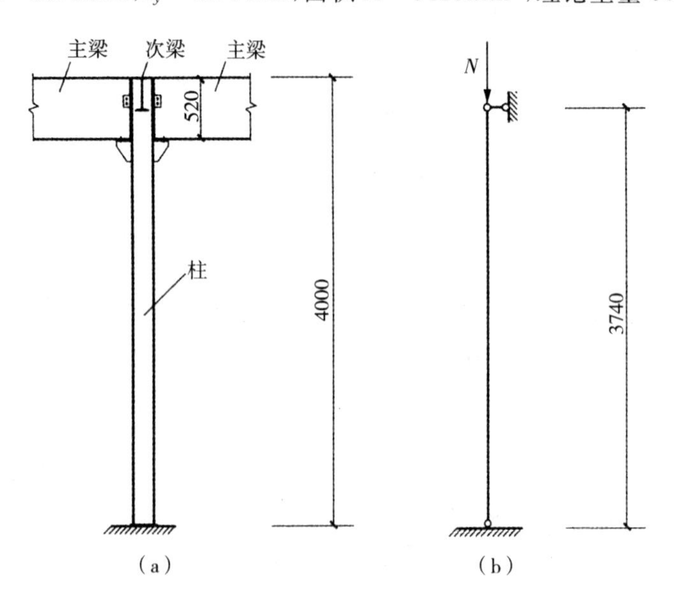

图 5-9 平台柱计算简图

2. 整体稳定计算

考虑一半柱子重量集中到中柱顶，则柱顶轴力设计值：

$$N=320.58+1.2\times0.505\times4.0/2=321.8\text{kN}$$

$$\lambda_x=l_{0x}/i_x=3740/86.1=43.44$$

$$\lambda_y=l_{0y}/i_y=3740/49.9=74.95$$

绕两主轴截面分类均属于 b 类，故按较大长细比 $\lambda_y=74.95$ 计算，由《钢结构设计标准

(GB 50017－2017)》附录 B 表 B. 2,可查得 $\lambda_y=0.72$,则

$$\frac{N}{\varphi_y A}=\frac{321.8\times10^3}{0.72\times6428}=69.5\ \text{N/mm}^2<f=215\ \text{N/mm}^2$$

满足要求。

3. 局部稳定计算

翼缘外伸宽度与其厚度的比值:

$$\frac{b_1}{t}=\frac{(200-8)/2}{12}=8<(10+0.1\lambda)\sqrt{\frac{235}{f_y}}=(10+0.1\times74.95)\times1=17.5$$

腹板高度与其厚度的比值:

$$\frac{h_w}{t_w}=\frac{200-2\times12}{8}=22<(25+0.5\lambda)\sqrt{\frac{235}{f_y}}=(25+0.5\times74.95)\times1=62.48$$

满足稳定要求。

4. 刚度计算

$$\lambda_{max}=74.95<[\lambda]=150$$

满足要求。

5.3.8 主梁与柱的连接节点

1. 主梁与柱侧的连接设计

主梁搁置在小牛腿上,小牛腿为 T 形截面,尺寸如图 5-10(d)所示。小牛腿与柱翼用角焊缝连接,主梁支座反力通过支撑面接触传递。小牛腿 2M12 普通螺栓起安装定位作用,与连接角钢连接的 2M12 普通螺栓起到防止侧倾作用。

主梁梁端局部承压计算:

腹板翼缘交界处局部承压长度:

$$l_z=135-10+2.5\times10=150\text{mm}$$

梁端集中反力设计值　$V_1=120.81\text{kN}$,

则　$\sigma_c=\dfrac{V_1}{l_z t_z}=\dfrac{120.81\times10^3}{150\times8}=100.68\ \text{N/mm}^2<f=215\ \text{N/mm}^2$

因此,主梁端部的连接可不设支撑加劲肋。

2. 牛腿与柱的连接设计

角焊缝柱脚高度 $h_f=8\text{mm}$,扣除焊缝起始处各 10mm 厚的焊缝截面,如图 5-10(e)所示。

焊缝截面几何特性计算:

抗剪计算面积

$$A_{wf}=2\times160\times8\times0.7=1792\ \text{mm}^2$$

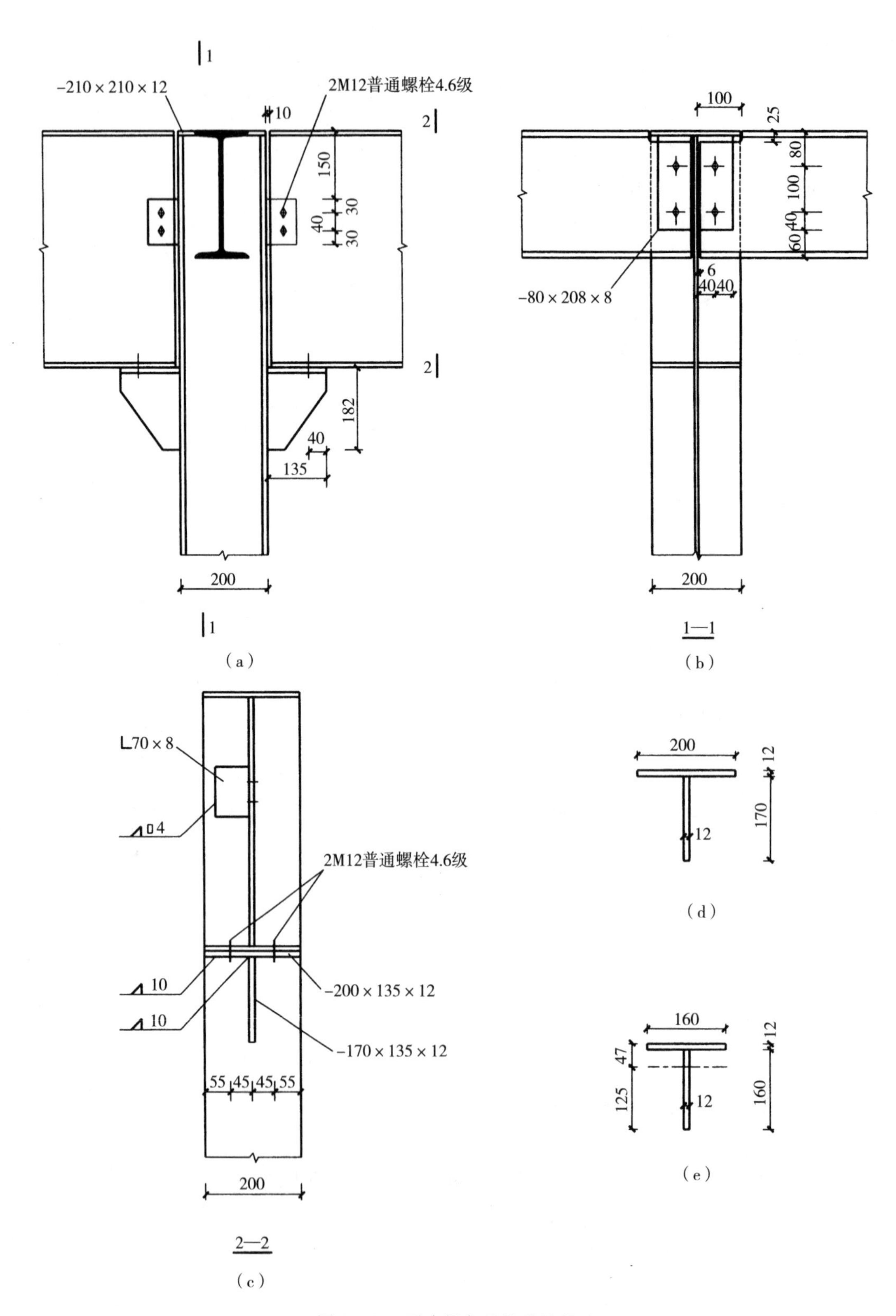

图 5-10 平台梁与柱的连接构造

截面形心位置

$$y_c=\frac{(180-12)\times12+2\times160\times(80+12)}{2\times180-12+2\times160}=47.0\text{mm}$$

焊缝群惯性矩

$$I_{wx}=[180\times47^2+168\times35^2+2\times160^3/12+2\times160\times(125-80)^2]\times8\times0.7$$

$$=10830885\text{mm}^4$$

最下端截面模量

$$W_{wx}=I_{wx}/125=10830885/125=86647.1\ \text{mm}^3$$

焊缝内力设计值：

$$V=120.81\text{kN}$$

$$M=120.81\times(0.125/2+0.01)=8.76\text{kN}\cdot\text{m}$$

焊缝截面强度计算：

$$\tau_f=\frac{120.81\times10^3}{1792}=67.42\ \text{N/mm}^2$$

$$\sigma_f=\frac{8.76\times10^6}{86647.1}=101.1\ \text{N/mm}^2$$

$$\sqrt{\left(\frac{\sigma_f}{\beta_f}\right)^2+(\tau_f)^2}=\sqrt{\left(\frac{101.1}{1.22}\right)^2+(67.42)^2}=106.83\ \text{N/mm}^2<160\ \text{N/mm}^2$$

满足要求。

因焊缝截面承载力设计值小于牛腿截面设计承载力，故不再作牛腿截面抗弯、抗剪计算。

3. *柱翼缘在牛腿翼缘拉应力作用下是否设置横向加劲肋*

《钢结构设计标准(GB 50017－2017)》第 7.4.1 条规定计算柱翼缘厚度是否满足：

$$t_{cf}\geqslant0.4\sqrt{A_{cf}f_b/f_c}\tag{5-1}$$

式中，t_{cf}、A_{cf}分别为柱翼缘板厚度和梁(本例中小牛腿)受拉翼缘面积；f_b、f_c 分别为梁(小牛腿)翼缘和柱翼缘的钢材强度设计值。

$$0.4\sqrt{A_{cf}f_b/f_c}=0.4\times\sqrt{200\times12\times215/215}=19.6>12$$

故需要设置横向加劲肋。设横向加劲肋为－80×12 钢板，布置在与小牛腿翼缘的同高处，如图 5－10(a)所示。

5.3.9 柱脚设计

平台柱的柱脚采用铰接连接的方式。

1. 底板面积

平台柱截面 HW200×200×8×12，采用方形底板，其边 $B=H=b+40\text{mm}=240\text{mm}$。初选螺栓孔直径 24mm，底板上锚栓孔洞直径 50mm，$A_0=1982\ \text{mm}^2$。

基础混凝土强度等级 C25（$f_c=11.9\ \text{N/mm}^2$），柱底的轴力

$$N=320.5+1.2\times0.505\times4.0=323.0\text{kN}$$

则 $$\sigma_c=\frac{N}{B\times H-2A_0}=\frac{323.0\times10^3}{240\times240-2\times1982}=6.02\ \text{N/mm}^2<f_c=11.9\ \text{N/mm}^2$$

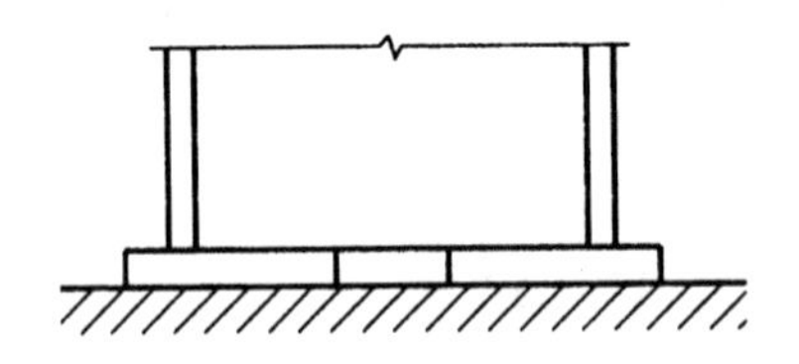

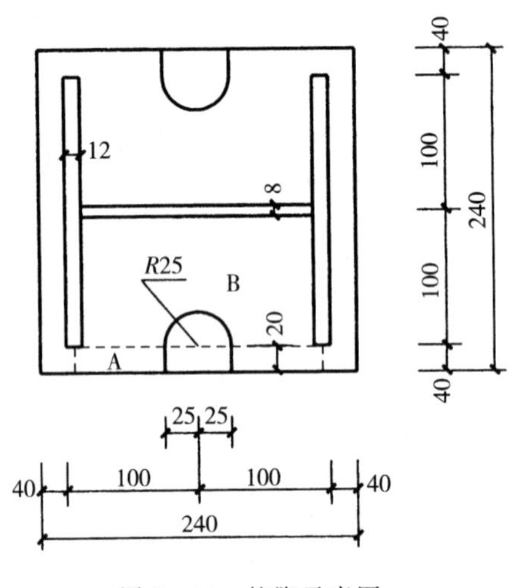

图 5-11 柱脚示意图

2. 底板厚度

A 区格，悬臂板的悬臂长度 $c=20\text{mm}$，则

$$M=0.5\sigma_c c^2=0.5\times6.02\times20^2=1204\text{N}\cdot\text{mm/mm}$$

B 区格，三边支承区隔板

$$a_1=200-2\times12=176\text{mm}\quad b_1=120-8/2=116\text{mm}$$

由 $b_1/a_1=116/176=0.66$ 查表 5-4，得 $\alpha=0.082$

$$M=\alpha\times0.5\sigma_c a_1^2=0.082\times0.5\times6.02\times176^2=7645.5\text{N}\cdot\text{mm/mm}$$

取较大区格弯矩计算板厚 t

$$t \geqslant \sqrt{\frac{6M}{f}} = \sqrt{\frac{6 \times 7645.5}{215}} = 14.6\text{mm}$$

取底板厚度 $t=16$mm。

表 5-4　三边支撑板及两相邻边支撑板均布荷载作用下的弯矩系数

b_1/a_1	0.3	0.4	0.5	0.6	0.7	0.8	0.9	1.0	1.2	≥1.4
α	0.0273	0.0439	0.0602	0.0747	0.0871	0.0972	0.1053	0.1117	0.1205	0.1258

注：1. b_1 为垂直于自由边的支撑边长度，一般为翼缘板的半宽。在两相邻支撑板的相交点到对角线的垂直距离。

2. 当 $b_1/a_1 < 0.3$ 时可安全地取 $\alpha=0.025$。

3. 锚栓直径

平台柱在所有工作条件下都始终受压，按《门式刚架轻型房屋钢结构技术规程(CECS 102:2002)》规定，选用的锚栓直径不应小于 24mm。本设计取锚栓直径 24mm。

5.3.10 楼梯设计

1. 楼梯布置

采用折梁楼梯，折梁一端支撑于 B 轴主梁，另一端支承在地面基础。每个踏步高度取 210mm，共 4000/210＝19 步，踏步宽度取 175mm，则斜梁的水平投影长度 19×175＝3325mm，斜梁的倾角 $\alpha=\arctan(4000/3325)=50.3°$。平台宽度取 2675mm，梯段宽度取 800mm。

踏步板采用 6mm 厚花纹钢板，折梁采用[16a。

$$W_x=108.3\times10^3\ \text{mm}^3, I_x=8.662\times10^6\ \text{mm}^4, g=17.23\text{kg/m}$$

2. 踏步板计算

(1)构造

踏步板下设 30×6 加劲肋，加劲肋与踏步板采用 $h_f=6$mm 双面角焊缝连接(图 5-12)。踏步板两端与斜梁焊接，按简支构件设计，跨中作用 1kN 集中荷载。

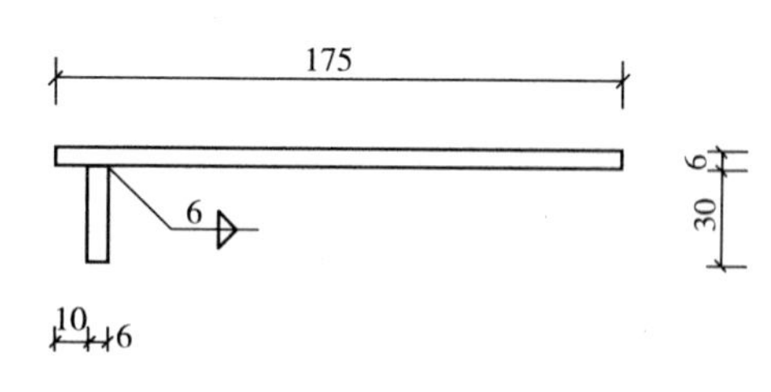

图 5-12　踏步板截面

(2)挠度计算

简化计算仅考虑加劲肋的惯性矩，并假定截面形心位于加劲肋顶部。

截面的惯性矩：

$$I=6\times30^3/12+6\times30\times(30/2)^2=54000\ \text{mm}^4$$

挠度：

$$f=\frac{Fl^3}{48\text{EI}}=\frac{1000\times800^3}{48\times2.06\times10^5\times54000}$$

$$=0.96\text{mm}<l/250=800/250=3.2\text{mm}$$

满足要求。

(3)连接计算

踏步板与梯段梁[16a 采用单面角焊缝连接。承受的剪力 $V=F/2=500\text{N}$，所需焊缝高度：

$$h_f=\frac{V}{0.7\times f_f^w\times\sum l_w}=\frac{500}{0.7\times160\times170}=0.026\text{mm}$$

按构造要求，

$$h_f=6\geqslant1.5\sqrt{t_{max}}=1.5\sqrt{6}=3.67\text{mm}，取\ h_f=6\text{mm}$$

3. 梯段梁设计

因两根梯段梁之间有踏步板连接，故梯段板的整体稳定性不必计算。梯段梁的计算内容包括承载能力极限状态的强度计算，连接计算和正常使用极限状态的挠度计算。

(1)计算简图梯段梁为折梁，水平段长度2675mm，斜段的水平投影长度3325mm，计算简图如图5-13所示，近似取水平段部分的荷载与斜段相同。

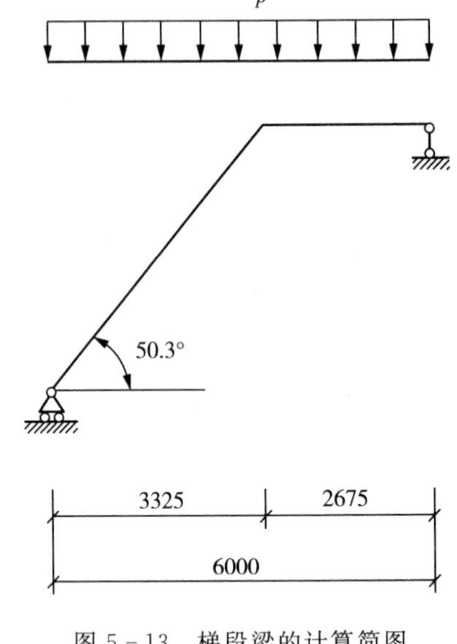

图5-13 梯段梁的计算简图

倾斜部分沿梁轴线的永久荷载标准值：

梯段梁自重 $2\times172.3\times10^{-3}=0.345\text{kN/m}$

踏步板自重 $78.5\times(0.175+0.03)\times0.006\times0.8/(0.21/\sin50.3°)=0.283\text{kN/m}$

小计 $g'_k=0.628\text{kN/m}$

折算成沿水平分布：

$$g_k=g'_k/\cos50.3°=0.628/\cos50.3°=0.983\text{kN/m}$$

可变荷载标准值：

$$q_k=0.8\times3.5\text{kN/m}=2.8\text{kN/m}$$

荷载的基本组合值：

$$p=\gamma_G g_k+\gamma_Q q_k=(1.2\times0.983+1.4\times2.8)=5.1\text{kN/m}$$

沿斜向垂直于梁轴线方向的荷载标准组合值：

$$p_k=(g_k+q_k)\cos250.3°=(0.983+2.8)\cos250.3°=1.54\text{kN/m}$$

(2)强度计算跨中弯矩设计值：

$$M_{max}=pl^2/8=5.1\times6.0^2/8=22.95\text{kN}\cdot\text{m}$$

$$\sigma=\frac{M_{\max}}{\gamma_x W_x}=\frac{22.95\times10^6}{1.05\times2\times108.3\times10^3}$$

$$=100.91\mathrm{N/mm^2}<f=125\mathrm{N/mm^2}$$

满足要求。

(3)挠度计算

近似按直斜梁计算，梯段梁总长度 $l=3325/\cos50.3°+2675=7880.3\mathrm{mm}$

$$f=\frac{5p_{\mathrm{k}}l^4}{384EI}=\frac{5\times1.54\times7880.3^4}{384\times2.06\times10^5\times2\times8.66\times10^6}$$

$$=21.67\mathrm{mm}<l/250=6480/150=43.2\mathrm{mm}$$

满足要求。

(4)梯段梁连接计算

梯段梁与平台主梁通过角钢连接，角钢选用∟ 80×6，如图 5-14 所示。

梯段梁的梁端剪力：

$$V_{\max}=(0.5\mathrm{p})l/2=0.5\times5.1\times6.0/2=7.65\mathrm{kN}$$

所需焊缝高度：

$$h_{\mathrm{f}}=\frac{V_{\max}}{0.7\times f_{\mathrm{f}}^{\mathrm{w}}\times\sum l_{\mathrm{w}}}=\frac{7650}{0.7\times160\times80}=0.85\mathrm{mm}$$

按构造要求，

$h_{\mathrm{f}}=6\mathrm{mm}\geqslant1.5\sqrt{t_{\max}}=1.5\sqrt{8}=4.24\mathrm{mm}$，取 $h_{\mathrm{f}}=6\mathrm{mm}$

梯段梁与地面预埋件采用 C 级 M16 普通螺栓连接，如图 5-15 所示。

单个螺栓的受剪承载力：

$$N_{\mathrm{v}}^{\mathrm{b}}=f_{\mathrm{v}}^{\mathrm{b}}\pi d^2/4=140\times\pi\times16^2/4=28.13\mathrm{kN}>V_{\max}=7.65\mathrm{kN}$$

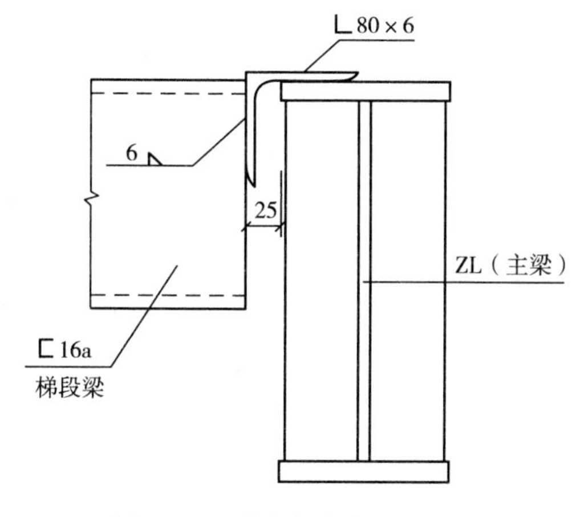

图 5-14　梯段梁与主梁的连接

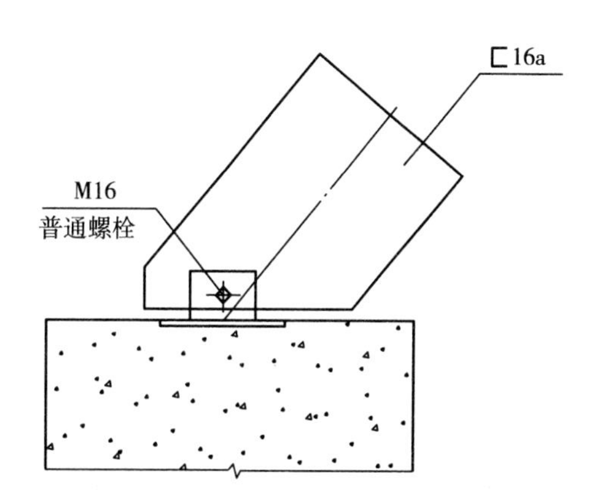

图 5-15　梯段梁与地面的连接

5.4　结构施工图绘制

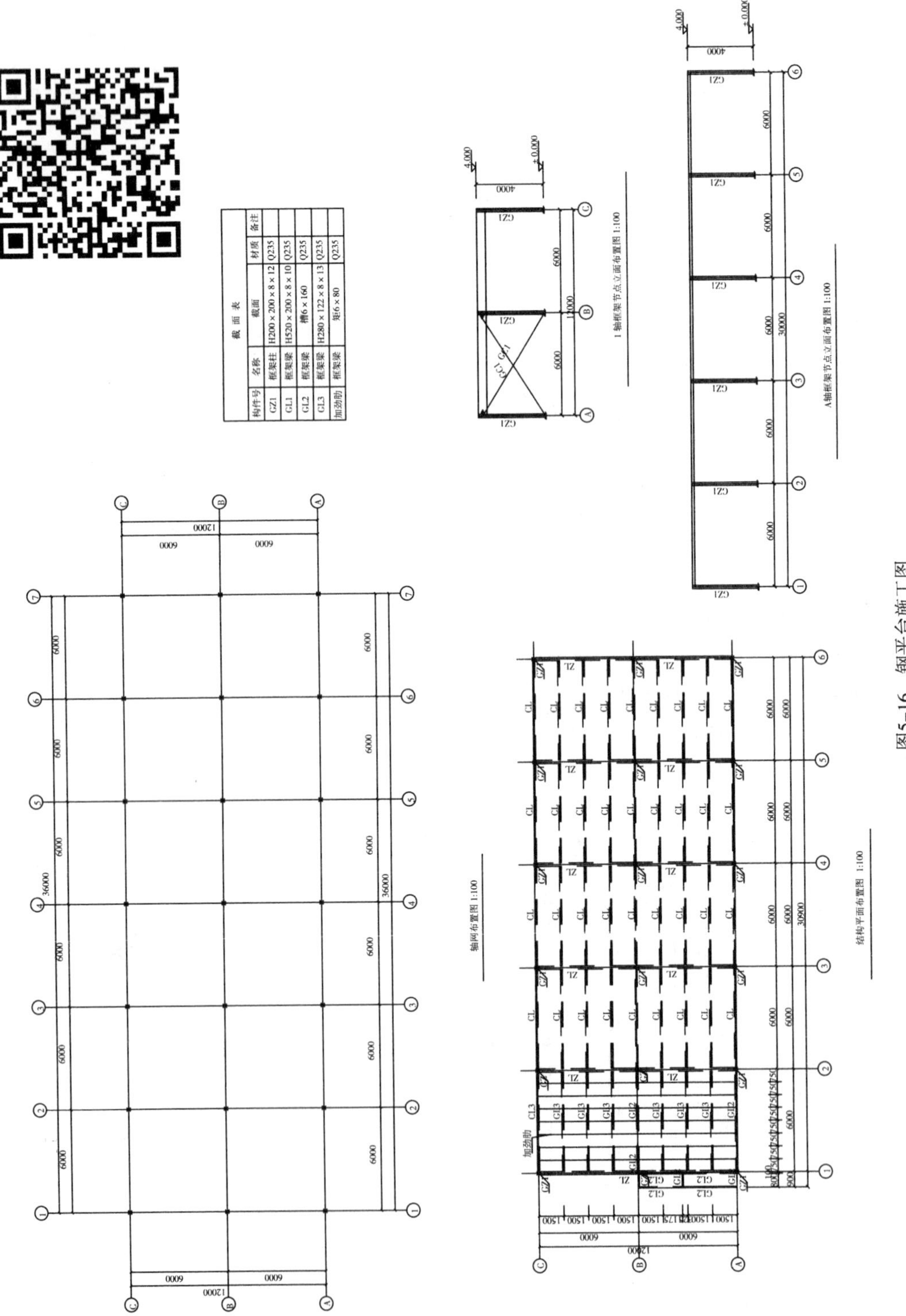

截面表				
构件号	名称	截面	材质	备注
GZ1	框架柱	H200×200×8×12	Q235	
GL1	框架梁	H520×200×8×10	Q235	
GL2	框架梁	槽6×160	Q235	
GL3	框架梁	H280×122×8×13	Q235	
加劲肋	框架梁	矩6×80	Q235	

图5-16　钢平台施工图

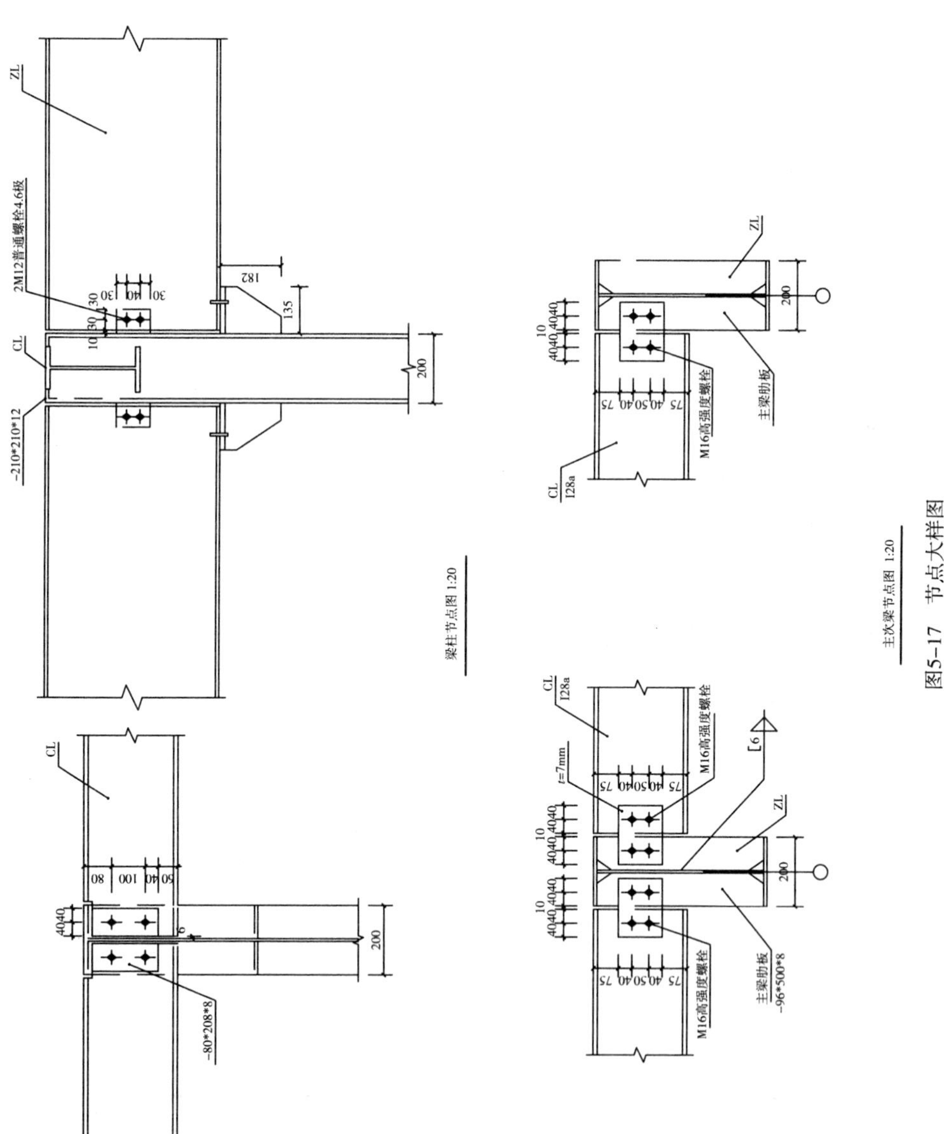
ZL
CL
2M12普通螺栓4.6级
-210*210*12
梁柱节点图 1:20
-80*208*8
I28a
M16高强度螺栓
主梁肋板
-96*500*8
t=7mm
主次梁节点图 1:20

图5-17　节点大样图

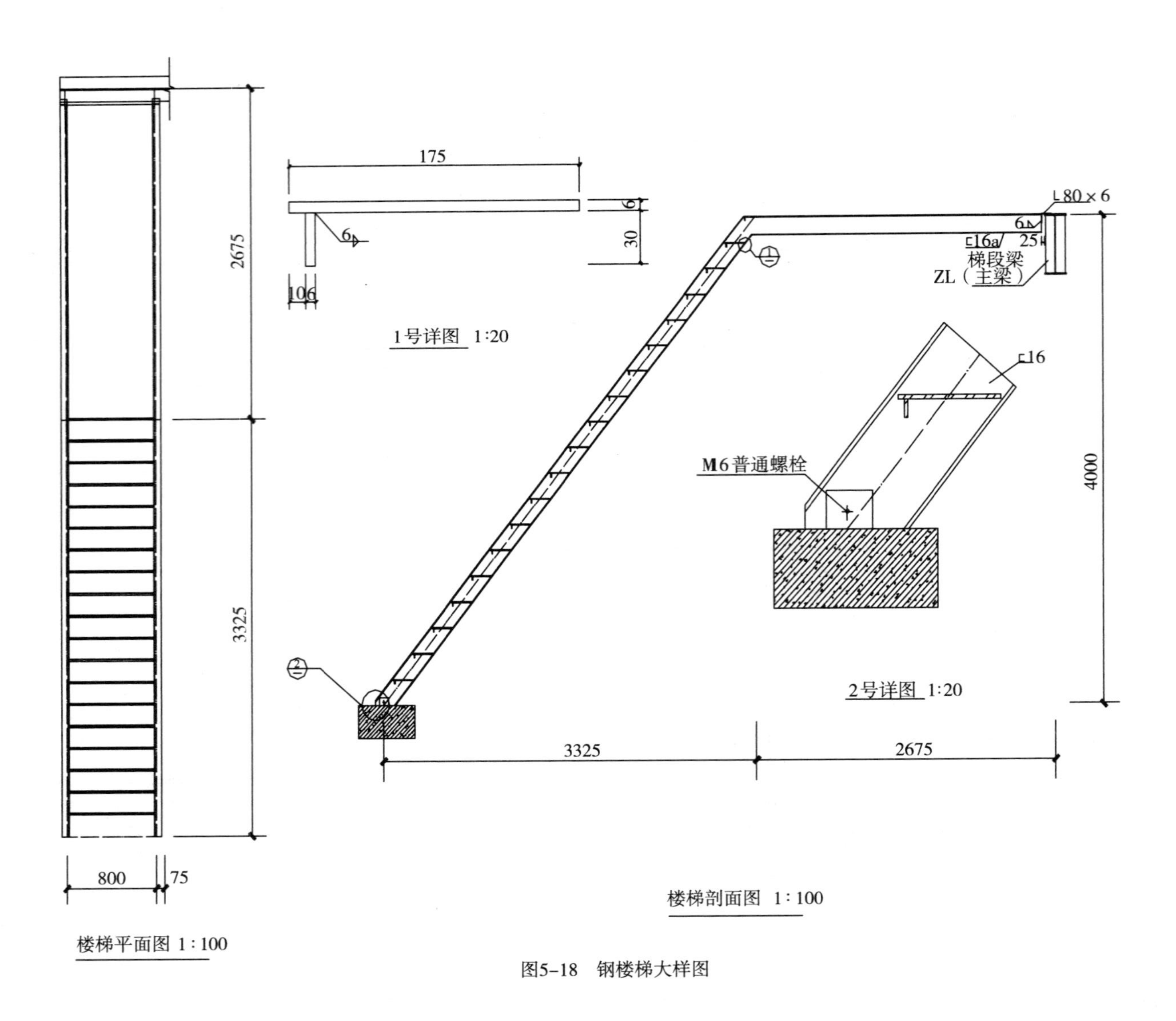

2675
3325
800
75
楼梯平面图 1:100
175
6
30
6
106
1号详图 1:20
∟80×6
6
[16a
25
梯段梁
ZL（主梁）
[16
M6普通螺栓
4000
2号详图 1:20
3325
2675
楼梯剖面图 1:100

图5-18 钢楼梯大样图

5.5 电　算

图 5 - 19　钢结构三维建模

5.5.1 结构建模

首先进入钢结构三维设计模块(图 5 - 19)。

选择“常用菜单”“正交轴网”,根据设计任务书,绘制正交轴网(图 5 - 20)。

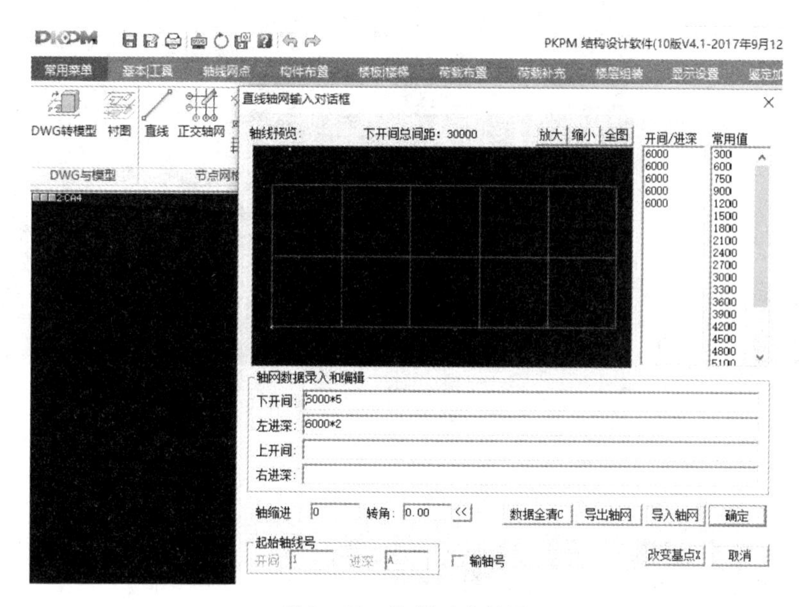

图 5 - 20　绘制正交轴网

选择“常用构件布置”,根据初步选定的尺寸,布置工字形柱子、工字形主梁(图 5 - 21)。

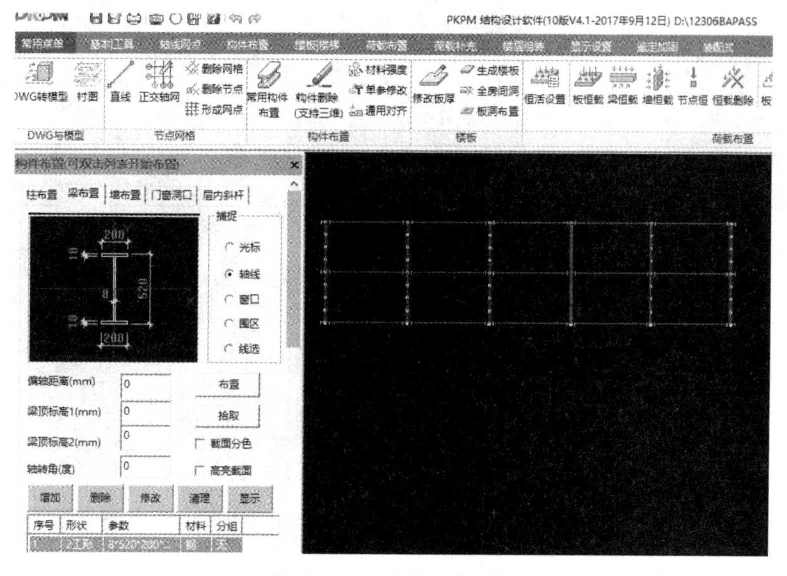

图 5 - 21　布置主梁、柱

选择“轴线网点”“平行直线”绘制次梁的定位轴线(图 5-22)。

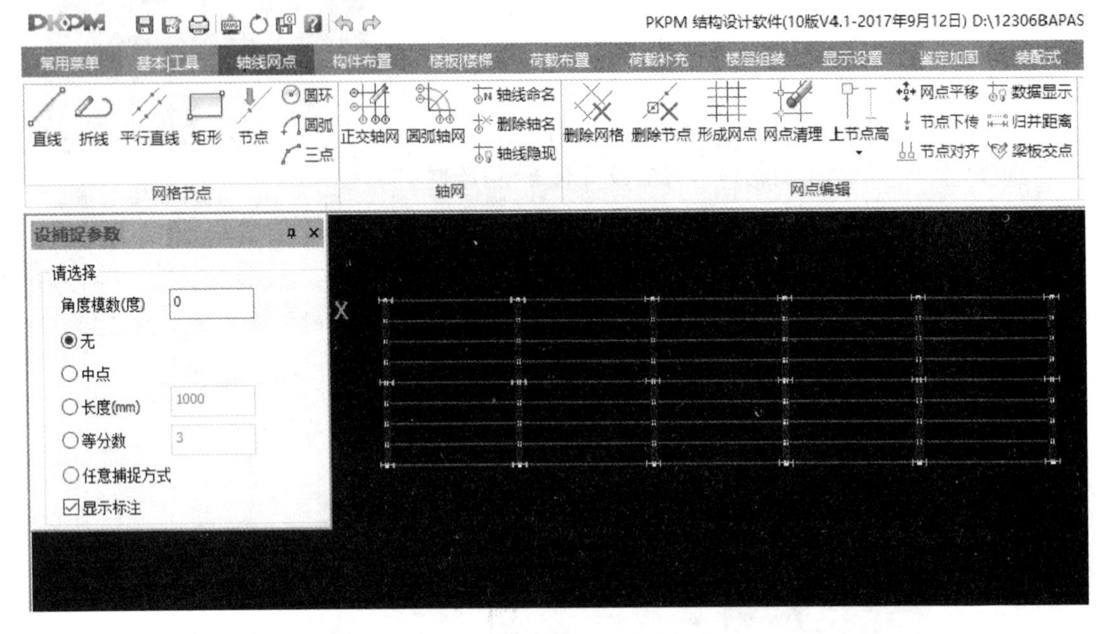

图 5-22 绘制次梁的定位轴线

选择“常用菜单”“常用构件布置”布置次梁(图 5-23)。

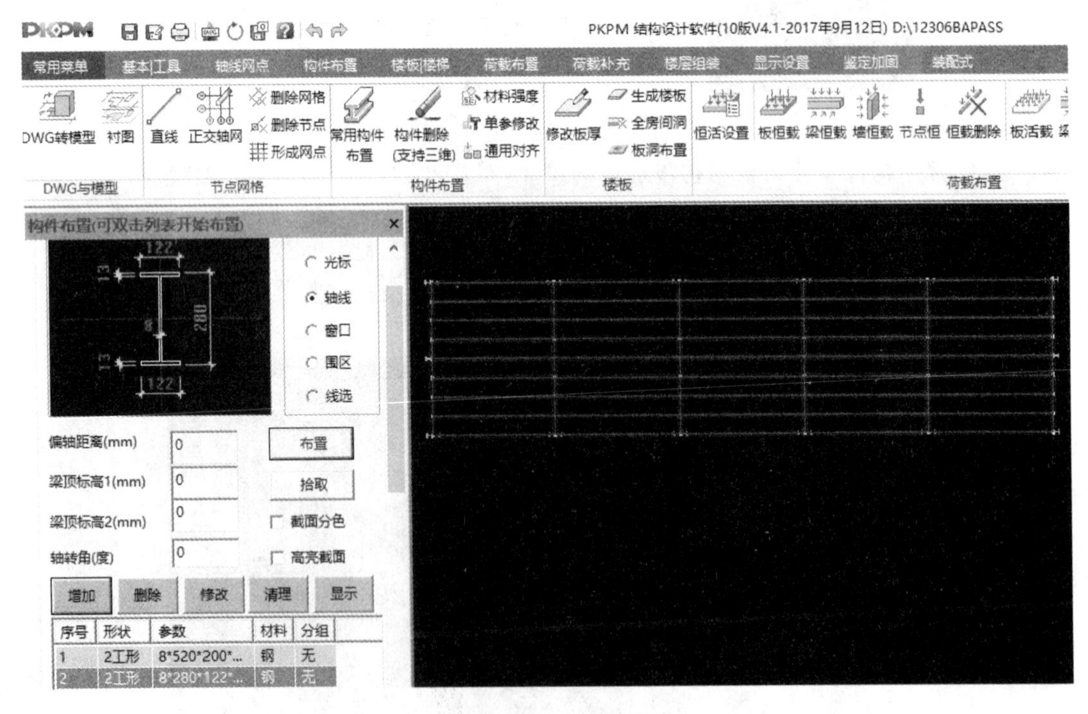

图 5-23 布置次梁

同理布置加劲肋和楼梯以及双角钢支撑,布置楼梯梁时采用定义上节点高的方法布置斜梁,三维模型如图 5-24 所示。

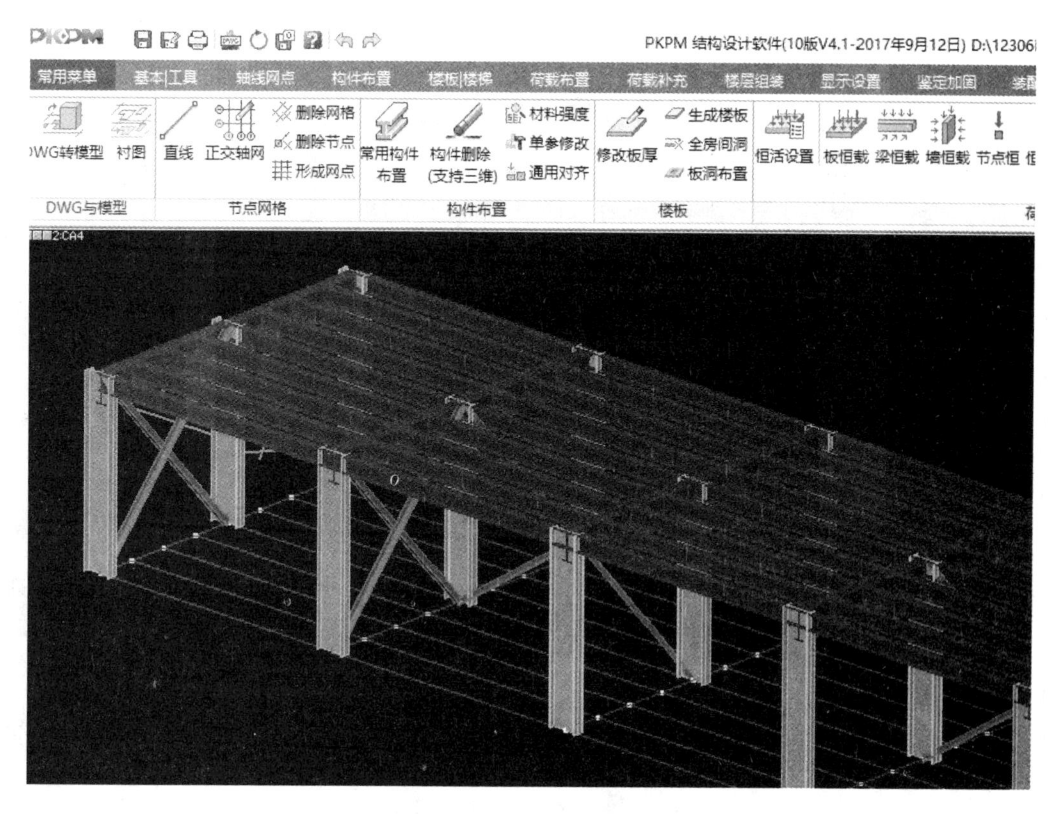

图 5-24　三维模型

然后选择“生成楼板”，定义楼板厚度为 0，把楼板自重当成板恒载作用于板上，梯段板同理。

添加板恒载如图 5-25 所示。

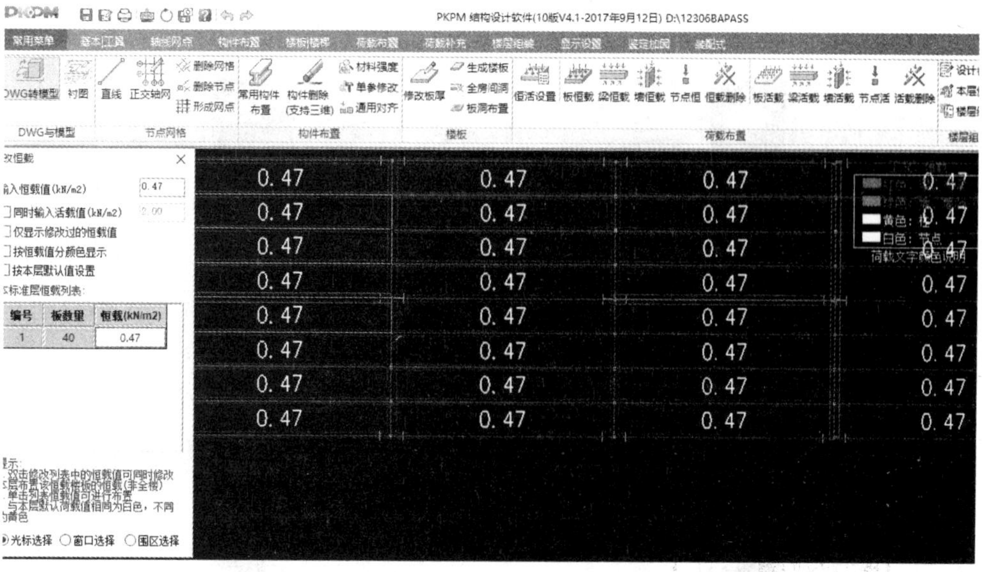

图 5-25　添加板恒载

添加板活载如图 5－26 所示。

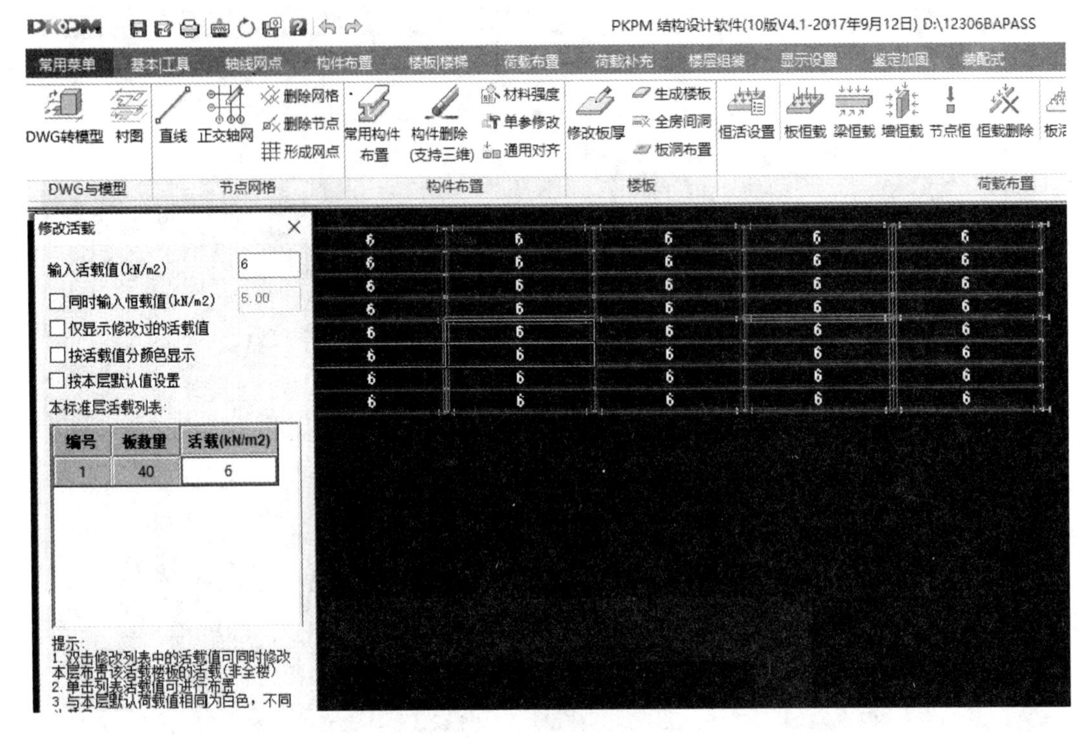

图 5－26 添加板活载

选择“本层信息”和“设计参数”，分别进行修改，再进行楼层组装(图 5－27)。

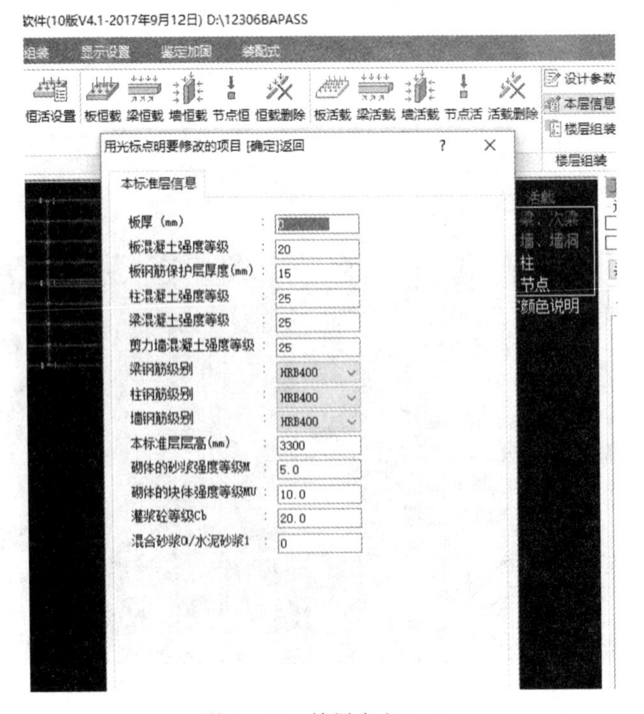

图 5－27 楼层定义(一)

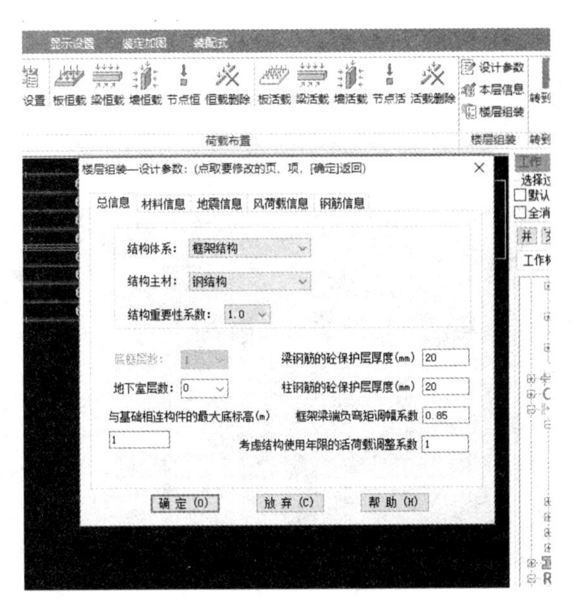

图 5－28　楼层定义(二)

5.5.2　SATWE 分析设计

根据各自任务书的要求修改参数定义(图 5－29)。

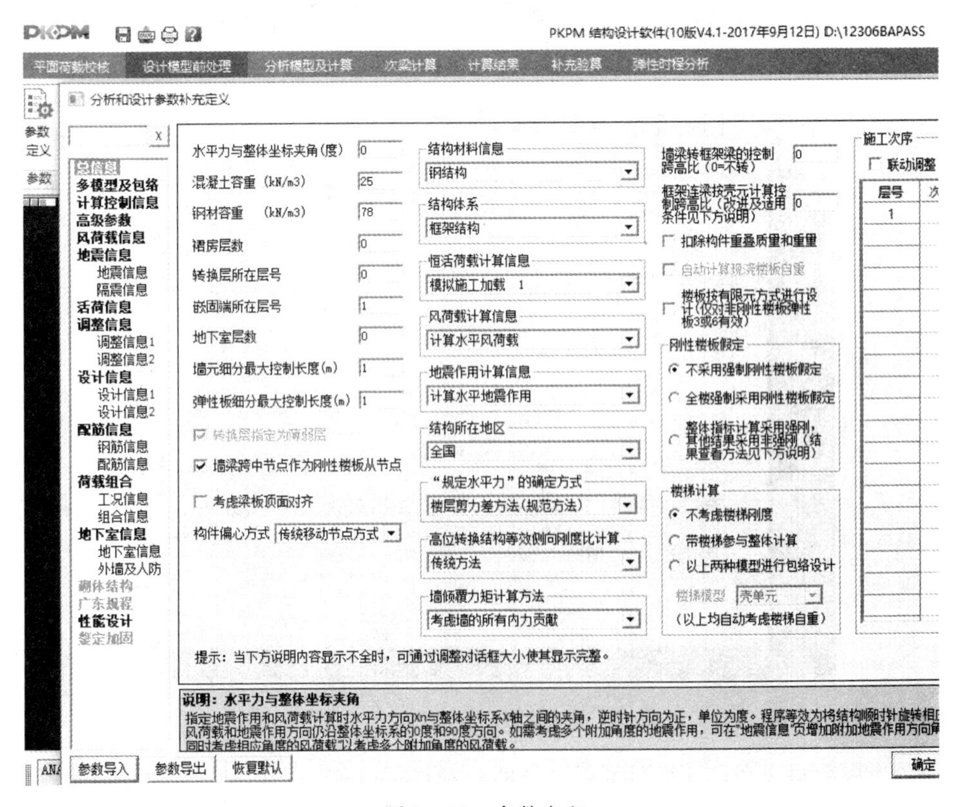

图 5－29　参数定义

再根据自己的设计，对特殊梁、特殊柱、特殊支撑进行(两端铰接)交互定义(图 5-30)。

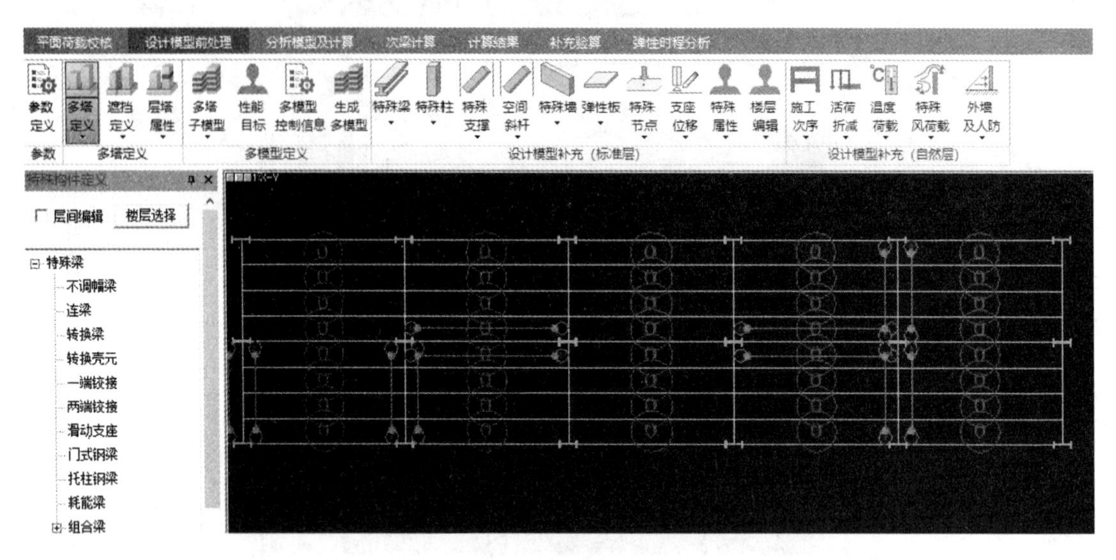

图 5-30　特殊柱交互定义

特殊柱，特殊支撑同理。

选择“生成数据”，进行数据生成(图 5-31)。

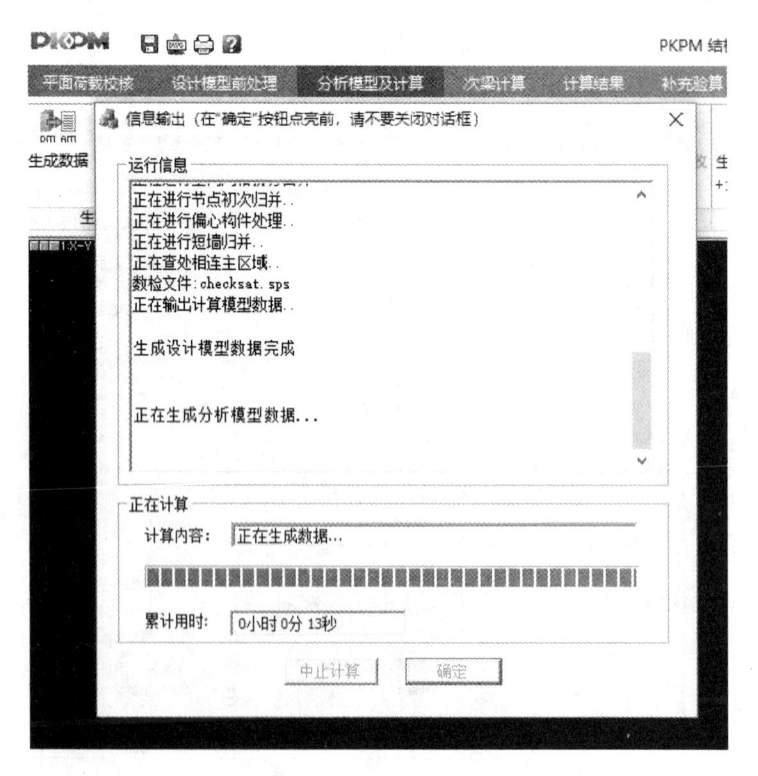

图 5-31　生成数据

选择“生成数据＋全部计算”，进行模型的自动计算(图 5-32)。

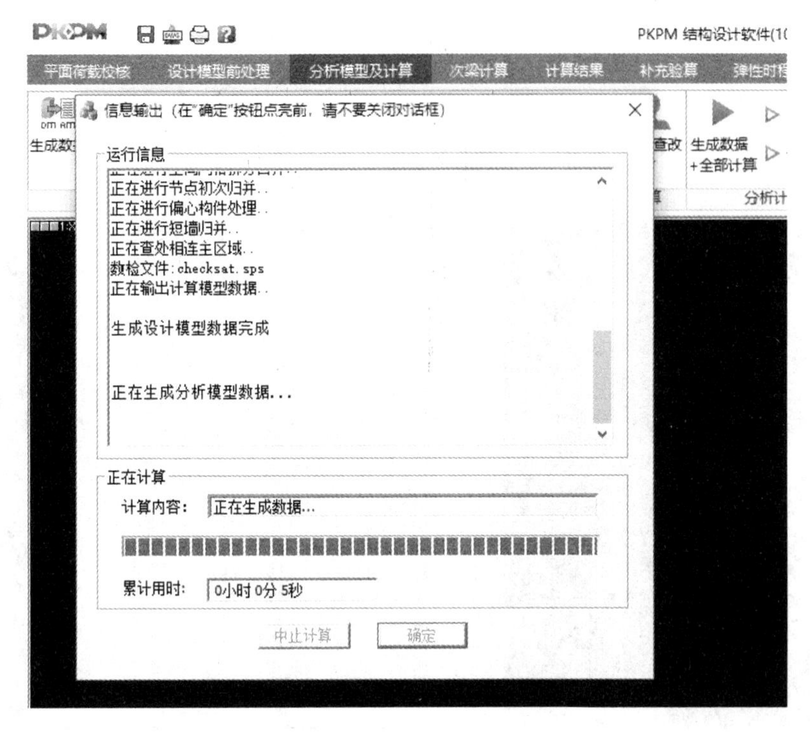

图 5-32　自动计算

选择"计算书""生成计算书",生成电算书(图 5-33)。

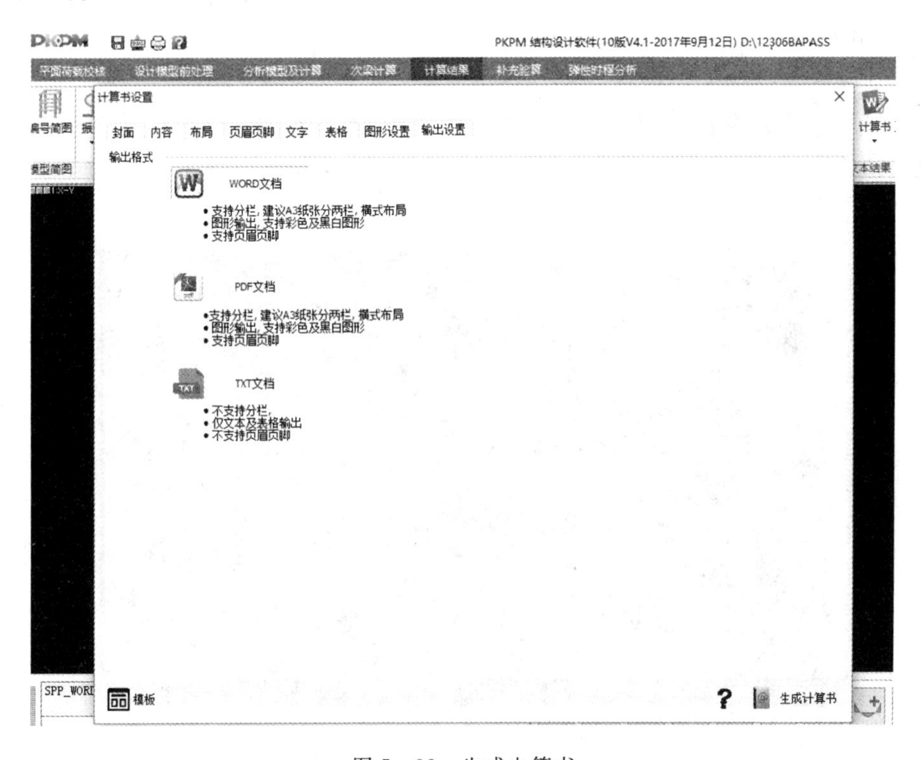

图 5-33　生成电算书

点击“文本查看”,检查计算结果(图 5-34)。

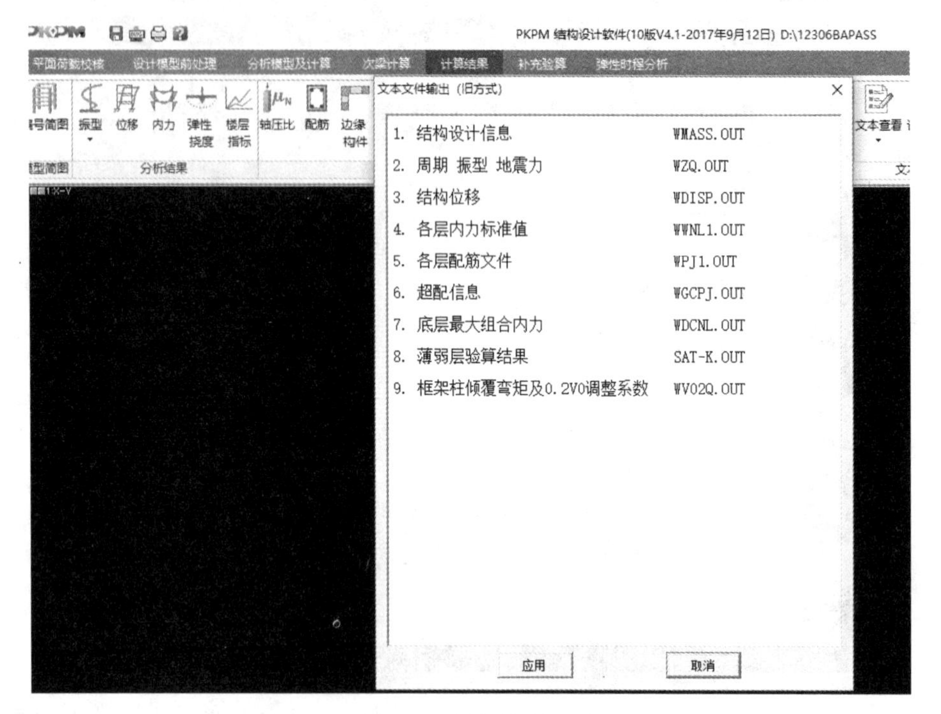

图 5-34 计算结果查看

5.5.3 钢结构施工图

根据各自任务书的要求不同,修改连接参数。

选择“自动设计+生成连接”。

按照各自本身的设计修改连接。

绘制节点图,点击“选择节点”“节点详图”(图 5-35)。

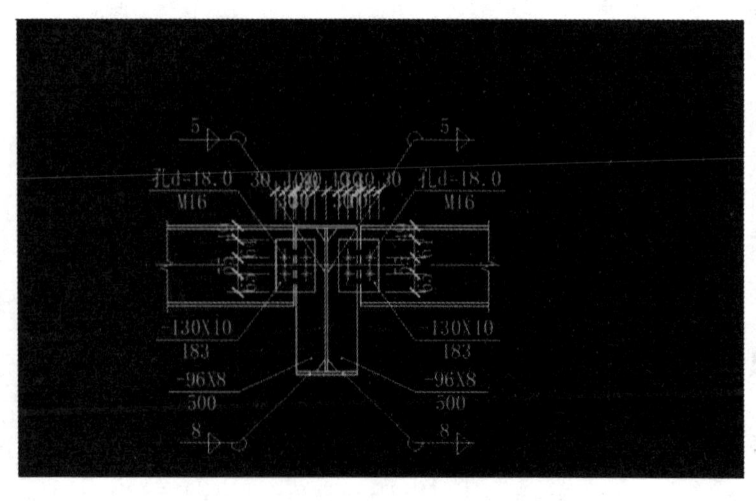

图 5-35 生成节点详图

第 6 章 网架设计范例

6.1 课程设计任务书

6.1.1 设计资料

某高校的风雨操场,纵横向跨度均为 40m,建筑物高度为 11.5m。采用钢筋混凝土柱,柱间距为 6m,柱截面尺寸为 0.6m×0.8m,柱顶有钢筋混凝土连梁,梁截面为 0.3m×0.6m,梁和柱的混凝土强度等级均为 C30。该风雨操场的屋盖采用网架结构,屋面采用轻钢屋面材料,网架结构采用多点支撑在混凝土梁上。

设计荷载取值:屋面恒载(包括屋面板、大厅屋顶的灯及其他悬挂物)为 1.0kN/m^2;基本雪压为 0.5kN/m^2;基本风压为 0.4kN/m^2,地面类型为 C 类,风振系数为 1.25,该地区抗震设防烈度为 7 度,设计地震分组为第一组,Ⅱ类场地,地震力加速度 0.1g。

6.1.2 设计内容

1. 屋盖的选型

(1)根据课程设计的要求,选择具体的设计题目,结合已给的设计基本资料,确定屋盖采用平板网架结构形式,确定网架球节点的种类,螺栓球还是焊接球。通常跨度较小的网架宜选用螺栓球网架。

平板网架的主要形式有:两向正交正放网架、两向正交斜放网架、两向斜交斜放网架、三向网架、正放四角锥网架、斜放四角锥网架、棋盘形四角锥网架、三角锥网架等。不同的网架形式有其自身特点和适用条件,根据具体使用情况和设计基本资料来选用合适的形式。

(2)网架主要尺寸(网格尺寸和高度)的确定。

网格尺寸和高度都与网架的最小跨度有关,应按照《空间网格结构技术规程(JGJ 7—2010)》的要求来确定,设计时可参考表 6-1 选择。

表 6-1 网架的上弦网格数和跨高比

<table>
<tr><th rowspan="2">网架形式</th><th colspan="2">钢筋混凝土屋面板</th><th colspan="2">钢檩条屋面体系</th></tr>
<tr><th>网格数</th><th>跨高比</th><th>网格数</th><th>跨高比</th></tr>
<tr><td>两向正交正放网架、正放四角锥网架、正放抽空四角锥网架</td><td>$(2\sim4)+0.2l_2$</td><td rowspan="2">10～14</td><td rowspan="2">$(6\sim8)+0.07l_2$</td><td rowspan="2">$(13\sim17)0.03l_2$</td></tr>
<tr><td>两向正交斜放网架、棋盘形四角锥网架、斜放四角锥网架、星形四角锥网架</td><td>$(6\sim8)+0.08l_2$</td></tr>
</table>

注:l_2 为网架短向跨度,单位为 m。

(3)网架的材质根据工作条件确定,网架的杆件常用无缝钢管或高频焊管,材料为Q235钢,螺栓球用45号钢,高强螺栓要用40Cr式20MnTiB。

2. 荷载计算及荷载组合

设计荷载取值参考《建筑结构荷载规范(GB 50009－2012)》、《空间网格结构技术规程(JGJ 7－2010)》计算。

(1)永久荷载:包括屋面材料、檩条、屋架支撑、吊顶和网架自重等。

(2)可变荷载:包括活载、雪载、风载、地震作用。

(3)荷载组合,找出最不利的荷载组合。

3. 杆件轴力

网架杆件的轴力可采用手工计算方法,根据网架的形式、网格数,查平板网架计算图表,运用其计算出杆件内力。网架杆件的轴力用电算方法计算。

4. 杆件截面设计

根据计算出的杆件内力和材料强度选择合适的截面尺寸。按《空间网格结构技术规程(JGJ 7－2010)》确定杆件的计算长度(同时要确定网架节点球是焊接还是螺栓连接),验算杆件的稳定性。

5. 节点设计

节点设计可参考《空间网格结构技术规程(JGJ 7－2010)》《钢网架螺栓球节点用高强螺栓(GB/T 16939－2016)》《钢网架焊接空心球节点(JG/T 11－2009)》《钢网架螺栓球节点(JG/T 10－2009)》。

节点设计可以结合绘制施工图进行,在计算书中说明几个典型节点的设计过程,如上弦节点、下弦节点和支座节点等。

6. 施工图的绘制

网架详图是表达所有单体构件(按构件编号)的详细图。网架施工图主要内容和绘制要点叙述如下:

(1)主要图面应绘制网架上弦、下弦、腹杆的平面图(根据网架的对称性,在一张图上表示出来),以及重要安装节点或特殊零件的大样图。

(2)应对杆件、螺栓球进行详细编号,编号按主次、上下、左右顺序逐一进行编制。相同的构件采用同一编号。

(3)材料表应包括各零件的编号、截面、规格、长度、数量和重量等,如:网架杆件明细表、网架球节点材料表、高强螺栓、封板、锥头套筒、销钉明细表等。材料表的作用一方面可归纳各零件以便备料和计算用钢量,另一方面也可供配备起重运输设备时参考。

(4)文字说明应包括钢号、附加条件、焊条型号、焊接方法和质量要求,以及图中未标注的一些不易用图表达的内容等。

(5)绘图时应注意图面布置布局合理,分布均称,比例得当,表达清楚准确。绘完图后,应认真检查。

6.1.3 设计要求

(1)提供计算报告1份,网架施工图图纸1张;

(2)设计周期为2周。

6.2　网架设计

6.2.1　工程概况

某高校的风雨操场，纵横向跨度均为 40m，建筑物高度为 11.5m。采用钢筋混凝柱，柱间距为 6m，柱截面尺寸为 0.6m×0.8m，柱顶有钢筋混凝土连梁，梁截面为 0.3m×0.6m，梁和柱的混凝土强度等级均为 C30。该风雨操场的屋盖采用网架结构，屋面采用轻钢屋面材料，网架结构采用多点支撑在混凝土梁上。

设计荷载取值：屋面恒载（包括屋面板、大厅屋顶的灯及其他悬挂物）为 $1.0kN/m^2$；基本雪压为 $0.5kN/m^2$；基本风压为 $0.4kN/m^2$，地面类型为 C 类，风振系数为 1.25，该地区抗震设防烈度为 7 度，设计地震分组为第一组，Ⅱ类场地，地震力加速度 0.1g。

6.2.2　结构选型

由于该风雨操场要求大开间，并且大厅内不能设柱，必须采用 40m 跨度的屋盖结构，而网架正好能满足要求，故决定采用平板网架作为屋盖承重结构。

屋盖的平面尺寸为 40m×40m，是标准的正方形平面，考虑受力性能和经济合理性，采用斜放四角锥网架、螺栓球节点。

6.2.3　确定网架的几何尺寸和边界条件

1. 网架的几何尺寸

根据网格的上弦网格尺寸和网架高度规则，网格数为：

$$(6 \sim 8) + 0.07L_2 = (6 \sim 8) + 0.07 \times 40 = (8.8 \sim 10.8)$$

其中 L_2 为网架短向跨度。故网格数取 8，所以网格的边长 $s=5.0$m。

网架跨高比为：

$$(13 \sim 17) - 0.03L_2 = (13 \sim 17) - 0.03 \times 40 = (11.8 \sim 15.8)$$

网架高度为：

$$40/(11.8 \sim 15.8) = (3.39 \sim 2.53)\text{m}$$

故取网架高度为 3m。

2. 平面图和剖面图

根据网格的边长与网架的跨度，本网架设定为 8×8 的网格。由于该网架有 4 个对称轴，所以只计算网架的 1/8 部分即可。网架的节点编号如图 6 - 1 所示，网架剖面图如图 6 - 2 所示。

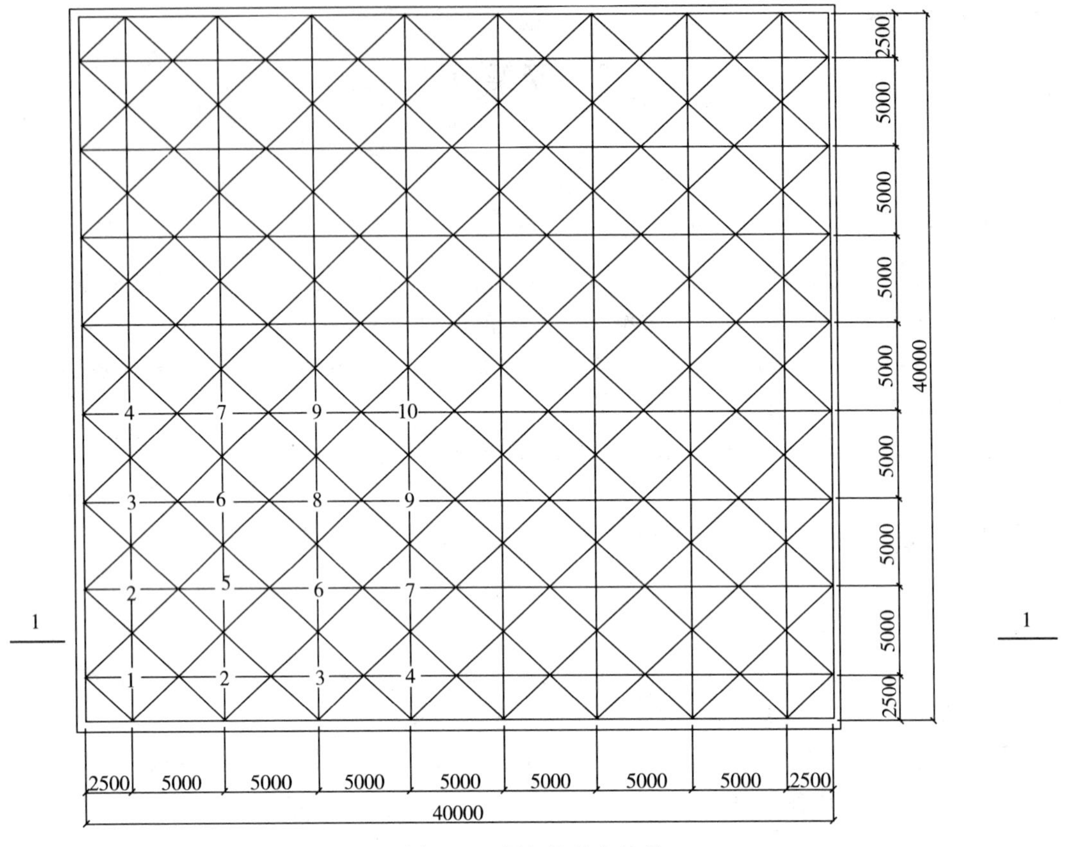

图 6－1　网架的节点编号

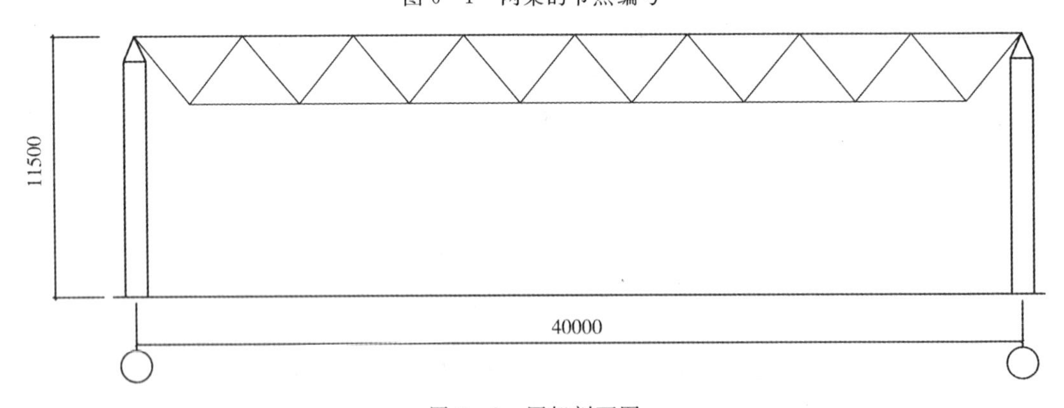

图 6－2　网架剖面图

3. 支座约束条件的确定

本屋盖是一个小跨度的平板网架，支承于钢筋混凝土梁上，采用上弦支承。可假设周边支座均为竖向简支，四个角支座为水平约束，保证结构的几何不变，以便释放温度应力，减小网架对钢筋混凝土梁的水平推力。

6.2.4　荷载计算及荷载组合

1. 荷载类型及标准值

根据设计任务书，本工程实例网架结构所受的荷载或作用有：

(1)考虑到大厅屋顶及其他的悬挂物，其竖向均布永久荷载为 $g_1=1.0\text{kN/m}^2$。

(2)均匀分布的可变荷载 $q_e=0.5\text{kN/m}^2$，基本雪压为 $q_s=0.5\text{kN/m}^2$。

(3)基本风压为 $\omega_0=0.4\text{kN/m}^2$，地面类型为 C 类，屋面迎风面体形系数为 −0.6，背风面体形系数为 −0.5，风振系数为 1.25，所以负风压的设计值(垂直于屋面)为

迎风面　　$\omega_1=-1.4\times1.25\times0.6\times0.4=-0.42\text{kN/m}^2$

背风面　　$\omega_2=-1.4\times1.25\times0.5\times0.4=-0.35\text{kN/m}^2$

式中，ω_1 和 ω_2 均小于永久荷载，所以永久荷载与风载共同作用下不会使杆件的内力变号，故风荷载产生的内力影响可不考虑。

(4)网架自重

根据双层网架的经验公式，网架自重估算值为 $g=\zeta\sqrt{q_w}L_2/200$。g 为网架自重，单位 kN/m^2；ζ 为系数，当杆件采用钢管时取 1.0，当杆件采用型钢时取 1.2；L_2 为网架最小跨度；q_w 为除网架自重以外的屋面荷载或楼面荷载标准值。

本设计杆件采用 Q235B 无缝钢管，则

$$g=\zeta\sqrt{q_w}L_2/200=1\times\sqrt{1.0+0.5}\times40/200=0.24\ \text{kN/m}^2$$

(5)由于结构跨度小且支承于梁上，不必考虑温度应力的影响。

(6)本工程所处地区抗震设防烈度为 7 度，因此根据《空间网格结构技术规程(JGJ 7—2010)》可以不进行抗震验算。

2. 荷载效应组合

根据《建筑结构荷载规范(GB 50009—2012)》按下列方式进行荷载效应组合(屋面活载和雪载取较大值，组合时只考虑活载而不考虑雪载)：

工况 1：1.2 恒载＋1.4 活载

恒载：　$1.2(g_1+g_2)=1.2(1.0+0.24)=1.488\text{kN/m}^2$

＋活载　$1.4\times q_e=1.4\times0.5=0.7\ \text{kN/m}^2$

$$q=1.488+0.7=2.188\text{kN/m}^2$$

工况 2：1.35 恒载＋1.4×0.7 活载

恒载：　$1.35(g_1+g_2)=1.35(1.0+0.24)=1.647\text{kN/m}^2$

＋活载　$1.4\times0.7\times q_e=1.4\times0.7\times0.5=0.49\ \text{kN/m}^2$

$$q=1.647+0.49=2.137\text{kN/m}^2$$

工况 1 是由可变荷载效应控制的组合，工况 2 是由永久荷载效应控制的组合。最不利的一组荷载效应组合为工况 1 下的组合，其组合值为 2.188kN/m^2。

因此设计时屋面均布荷载取 2.20kN/m^2。

6.2.5　内力计算

1. 求各点截面的弯矩系数

各点截面处的弯矩系数可由《网架结构设计手册》查取，各点截面处的弯矩系数见表 6-2 所列。

表 6-2 弯矩系数表

节点号	弯矩系数 M_i	节点号	弯矩系数 M_i
1	0.49	6	2.79
2	0.97	7	3.09
3	1.22	8	3.72
4	1.33	9	4.16
5	2.13	10	4.66

2. 各点截面的实际弯矩计算

由于弯矩方程是按等式右端 $2\lambda_x(P_1+4P_2)=-1$ 算出的，故实际弯矩值应乘以 $2\lambda_x(P_1+4P_2)$，即 $M'_i=2\lambda_x(P_1+4P_2)M_i$，其中 $2\lambda_x$ 为 x 方向下弦杆节点之间的长度，P_1 为下弦杆节点上的竖向荷载，P_2 为上弦节点上竖向荷载的二分之一。

当 $$P_1=0,P_2=\frac{1}{2}ql^2 \quad (l\text{ 为上弦长度})$$

$$l=2\lambda_x\cos 45°=5\times 0.707\approx 3.54\text{m}$$

所以， $$P_2=\frac{1}{2}\times 2.20\times 3.54^2=13.78\ \text{kN/m}^2$$

$$2\lambda_x(P_1+4P_2)=5\times(0+4\times 13.78)=275.6\ \text{kN/m}^2$$

$$M'_1=275.6\times 0.4=110.24\ \text{kN/m}^2$$

$$M'_2=275.6\times 0.97=267.33\ \text{kN/m}^2$$

类似的 $$M'_3=336.23\ \text{kN/m}^2$$

$$M'_4=366.55\ \text{kN/m}^2$$

$$M'_5=587.03\ \text{kN/m}^2$$

$$M'_6=768.92\ \text{kN/m}^2$$

$$M'_7=851.60\ \text{kN/m}^2$$

$$M'_8=1025.23\ \text{kN/m}^2$$

$$M'_9=1146.50\ \text{kN/m}^2$$

$$M'_{10}=1284.30\ \text{kN/m}^2$$

3. 求各点截面的剪力

$$Q_{10-10}=\frac{M'_{10}-M'_{10}}{2\lambda_x}=\frac{1}{5}(M'_{10}-M'_{10}) \tag{6-1}$$

$$Q_{10-9}=\frac{M'_{10}-M'_9}{2\lambda_x}=\frac{1}{5}(M'_{10}-M'_9)=0.2\times(1284.3-1146.5)=27.56\text{kN}$$

同理，$Q_{9-7}=58.98\text{kN}$　$Q_{7-4}=97.01\text{kN}$　$Q_{9-8}=24.25\text{kN}$　$Q_{8-6}=51.26\text{kN}$

$Q_{6-3}=86.54\text{kN}$　$Q_{7-6}=16.54\text{kN}$　$Q_{6-5}=36.38\text{kN}$　$Q_{5-2}=63.94\text{kN}$

$$Q_{4-3}=6.06\text{kN}\quad Q_{3-2}=13.78\text{kN}\quad Q_{2-1}=26.46\text{kN}\quad Q_{9-9}=0\text{kN}$$

$$Q_{7-7}=0\text{kN}\quad Q_{4-4}=0\text{kN}$$

4. 杆件内力计算

(1)下弦杆内力

$$N_{10-10}=\frac{M'_{10}+M'_{10}}{2h}=\frac{1284.3\times 2}{2\times 3}=428.1\text{kN}$$

$$N_{10-9}=\frac{1}{6}(M'_{10}+M'_{9})=\frac{1}{6}\times(1284.3+1146.5)=405.13\text{kN}$$

$$N_{9-9}=\frac{1}{6}(M'_{9}+M'_{9})=\frac{1}{6}\times(1146.5\times 2)=382.17\text{kN}$$

同理可求出下弦杆 $N_{7-4}\sim N_{4-4}$ 内力,如图 6-4 所示。

(2)上弦杆内力

求上弦杆内力时,计算简图如图 6-3 所示。

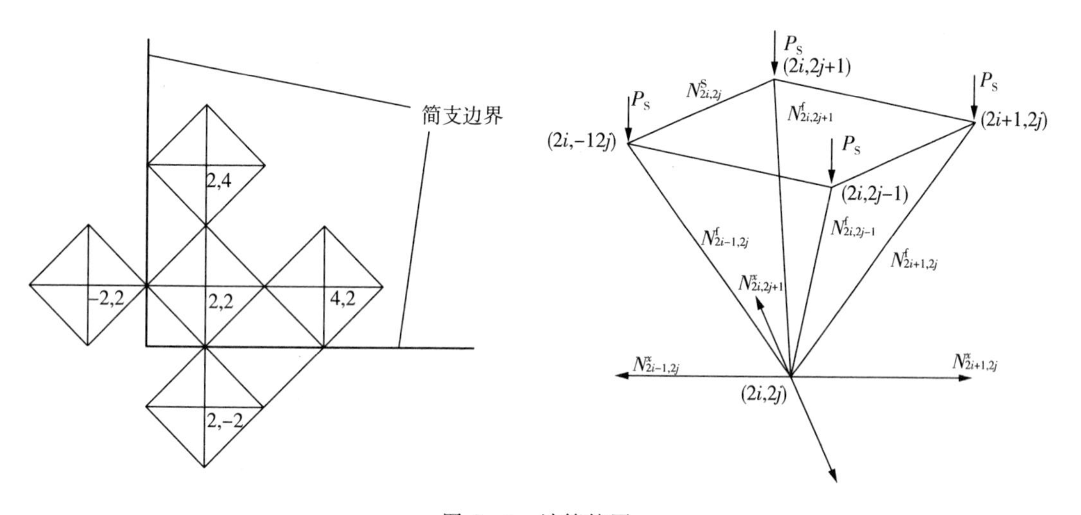

图 6-3　计算简图

$$N^{s}_{2i,2j}=-\frac{1}{\sqrt{2}h}(M_{2i,2j}-P_{s}\lambda) \tag{6-2}$$

式中,$N^{s}_{2i,2j}$表示以下弦节点$(2i,2j)$顶的四根上弦杆的内力(四根上弦杆内力均相等,见上图)。

$$N^{s}_{10}=-\frac{1}{\sqrt{2}h}(M'_{10}-P_{2}\lambda)=-\frac{1}{\sqrt{2}\times 3}\times\left(1284.3-13.78\times 5\times\frac{1}{2}\right)=-294.59$$

同理,可求出上弦杆 $N^{s}_{9}-N^{s}_{1}$ 内力,如图 6-4 所示。

(3)腹杆内力

下弦节点$(2i,2j)$所连接的 4 根腹杆内力为(图 6-3)

$$N^{f}_{2i-1,2j}=-(P_{s}-\frac{M_{2i,2j}-M_{2(i-1),2j}}{2\lambda})/\sin\gamma \tag{6-3}$$

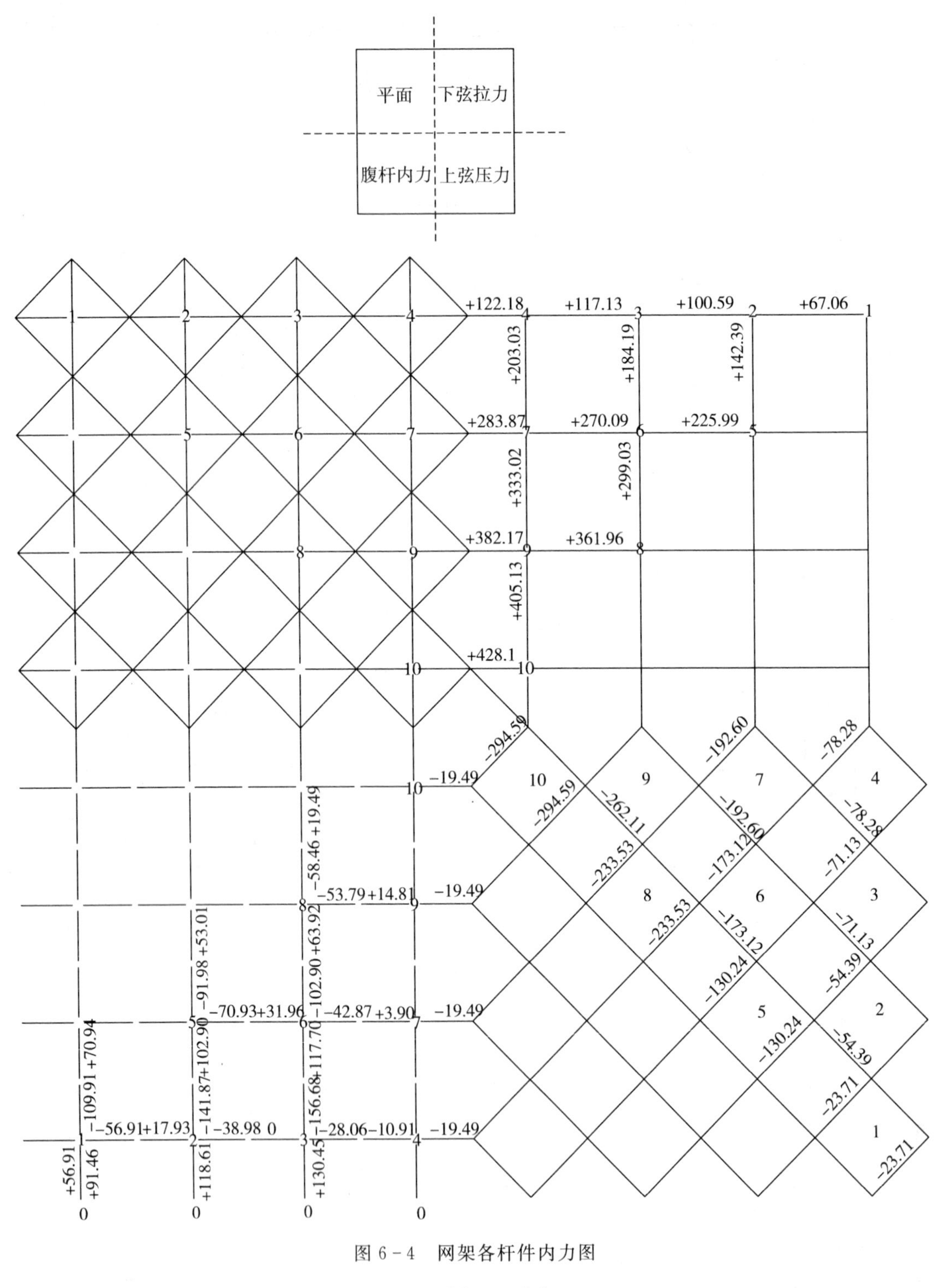

图 6－4　网架各杆件内力图

$$N^{\mathrm{f}}_{2i+1,2j}=-\left(P_{\mathrm{s}}-\frac{M_{2i,2j}-M_{2(i+1),2j}}{2\lambda}\right)/\sin\gamma \tag{6-4}$$

$$N^{\mathrm{f}}_{2i,2j-1}=-\left(P_{\mathrm{s}}-\frac{M_{2i,2j}-M_{2i,2(j-1)}}{2\lambda}\right)/\sin\gamma \tag{6-5}$$

$$N^{f}_{2i,2j+1}=-(P_{s}-\frac{M_{2i,2j}-M_{2i,2(j+1)}}{2\lambda})/\sin\gamma \quad (6-6)$$

式中，γ 为腹杆与同一垂直平面内下弦杆的交角。

$$N^{f}_{10右}=-\left(\frac{P_{2}-\frac{M_{10}-M_{10}}{2\lambda}}{\sin\gamma}\right)=-\frac{13.78-0}{\sin 45^{\circ}}=-19.49\text{kN}$$

$$N^{f}_{10下}=-\left(\frac{P_{2}-\frac{M_{10}-M_{9}}{2\lambda}}{\sin 45^{\circ}}\right)=19.49\text{kN}$$

$$N^{f}_{9上}=-\left(\frac{P_{2}-\frac{M_{9}-M_{10}}{2\lambda}}{\sin 45^{\circ}}\right)=-\left(\frac{13.78-\frac{1146.5-1284.3}{5}}{\sin 45^{\circ}}\right)=-58.46\text{kN}$$

其余腹杆内力如图 6－4 所示。

5. 反力校核

对整个网架可以进行反力校核，即支座反力的总和等于作用在网架上的全部节点荷载。

支座反力的总和：

$$\sum R=8\times(56.91+91.46+118.61+130.45)=3179.44\text{kN}$$

网架上的全部节点荷载：

$$\sum P=(8\times8+7\times7)\times3.54^{2}\times2.2=3115.35\text{kN}$$

误差：

$$e=\frac{3179.44-3115.35}{3179.44}=2.02\%$$

满足要求。

6.2.6 杆件截面选择

整个屋盖网架结构全部由杆单元组成，各单元间均为铰接，根据设计条件，采用螺栓球节点网架，高强度螺栓连接，杆件采用 Q235B 无缝钢管。

1. 上弦杆

上弦杆计算长度：

$$l_{0}=l=\sqrt{2.5^{2}+2.5^{2}}=3.54\text{m}$$

以 10 为中心节点的 4 根上弦杆(图 6－1)截面选择：

因上弦杆均为压杆，设 $\lambda=80$，查 Q235B 无缝钢管的稳定系数表，可得 $\varphi=0.783$(无缝钢管属于 a 类)，则需要的杆件截面积为：

$$A=\frac{N}{\varphi f}=\frac{294.59\times10^{3}}{0.783\times215}=1749.92\ \text{mm}^{2}$$

根据计算面积查无缝钢管规格表，选用 $\phi152\times4.5$，则

$$A=2085\text{mm}^2, i=52.2\text{mm}$$

按所选钢管进行验算：

$$\lambda=\frac{l_0}{i}=\frac{3.54\times10^3}{52.2}=67.82<[\lambda]=180$$

查表 $\varphi=0.85$，则

$$\frac{N}{\varphi A}=\frac{294.59\times10^3}{0.85\times2085}=166.22\text{N/mm}^2<215\text{N/mm}^2$$

故所选截面合适。

其他上弦杆截面选择见表 6－3 所列。

2. 下弦杆

下弦杆计算长度：

$$l_0=l=5\text{m}$$

下弦杆 10－9 截面选择：

因下弦杆均为拉杆，可根据强度选择截面，$N_{10-9}=405.13\text{kN}$ 所需面积为：

$$A_n=\frac{405.13\times10^3}{215}=1884.33\ \text{mm}^2$$

选用 $\phi133\times5.0$ 的无缝钢管，查无缝钢管规格表得：$A=2011\ \text{mm}^2$，$i=45.3\text{mm}$。

$$\sigma=\frac{N}{A}=\frac{405.13\times10^3}{2011}=201.46\text{N/mm}^2<f=215\text{N/mm}^2$$

$$\lambda=\frac{l_0}{i}=\frac{5\times10^2}{4.53}=110.38<[\lambda]=400$$

故所选截面合适。

其他下弦杆截面选择见表 6－4 所列。

3. 腹杆

腹杆计算长度：

$$l_0=l=\sqrt{2.5^2+3^2}=3.91\text{m}$$

腹杆 4－7 截面选择：

因腹杆 4－7 为压杆，设 $\lambda=80$，查 Q235B 无缝钢管的稳定系数表，可得 $\varphi=0.783$（无缝钢管属于 a 类），则需要的杆件截面积为：

$$A=\frac{156.68\times10^3}{0.783\times215}=930.71\ \text{mm}^2$$

查无缝钢管规格表，选用 $\phi102\times4.5$，则

$$A=1378\ \text{mm}^2, i=3.45\text{mm}$$

按所选钢管进行验算：

$$\lambda=\frac{l_0}{i}=\frac{3.91\times10^2}{3.45}=113.33<[\lambda]=180$$

查表 $\varphi=0.54$，则

$$\frac{N}{\varphi A}=\frac{156.68\times10^3}{0.54\times1378}=210.56\text{N/mm}^2<215\text{N/mm}^2$$

故所选截面合适。

其他腹杆截面选择见表 6-5 所列。

6.2.7　节点设计

1. 高强度螺栓的计算与选用

高强度螺栓采用 40Cr 钢，故以 10 为中心的上弦杆 10 所接高强螺栓的截面面积为：

$$A_{\text{eff}}\geqslant\frac{N_t^b}{\varphi f_t^b}=\frac{294.59\times10^3}{0.93\times430}=736.66\ \text{mm}^2$$

所以选 M36 高强螺栓，其有效截面面积为 817 mm²。

其他杆件所用的连接螺栓规格见表 6-6 所列。

2. 上弦节点

取以 10 和 9 为中心节点的上弦杆与相交的节点进行计算。该节点有 6 根杆件在此相交：4 根上弦杆、腹杆 10—9 和腹杆 9—10。杆件所接高强螺栓查表 6-5，分别为 M36、M33、M20、M20。上弦杆与腹杆不在同一平面内，而上弦杆和腹杆各自之间夹角均为 90°，所以节点球直径由上弦杆确定。

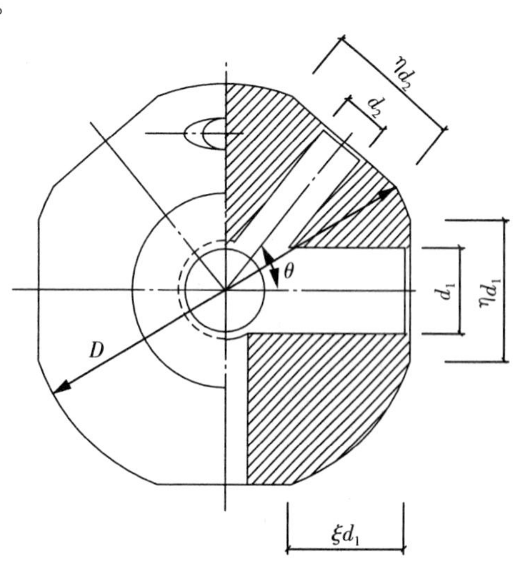

图 6-5　螺栓球节点

为保证伸入螺栓球的相邻螺栓不相碰，如图 6-5 所示，钢球的直径须满足：

$$D\geqslant\sqrt{\left(\frac{d_2}{\sin\theta}+d_1\text{ctg}\theta+2\varepsilon d_1\right)^2+\eta^2d_1^2}$$

$$=\sqrt{\left(\frac{36}{\sin90^\circ}+36\text{ctg}\,90^\circ+2\times1.1\times36\right)^2+1.8^2\times36^2}$$

$$=132.17\text{mm}$$

同时须满足套筒接触面的要求：

$$D\geqslant\sqrt{\left(\frac{\eta d_2}{\sin\theta}+\varepsilon d_1\text{ctg}\theta\right)+\eta^2d_1^2}=\sqrt{\left(\frac{1.8\times36}{\sin90^\circ}+0\right)^2+1.8^2\times36^2}=91.64\text{mm}$$

因此节点球直径取 140mm，其他上弦节点球直径见施工图。

表 6-3 上弦杆截面选择表

杆件编号	内力(-kN)	计算长度 l_0(m)	截面规格	面积 (mm^2)	回转半径 (mm)	长细比 λ	容许长细比[λ]	稳定系数 φ	计算应力 $N/\varphi A$(N/mm^2)
以 10 为节点的 4 根上弦杆	294.59	3.54	ϕ152×4.5	2085	52.2	67.82	180	0.850	166.22
以 9 为节点的 4 根上弦杆	262.11	3.54	ϕ152×4.5	2085	52.2	67.82	180	0.850	147.90
以 8 为节点的 4 根上弦杆	233.53	3.54	ϕ152×4.5	2085	52.2	67.82	180	0.850	132.77
以 7 为节点的 4 根上弦杆	192.6	3.54	ϕ133×4	1621	45.6	77.63	180	0.800	148.52
以 6 为节点的 4 根上弦杆	173.12	3.54	ϕ133×4	1621	45.6	77.63	180	0.800	133.50
以 5 为节点的 4 根上弦杆	130.24	3.54	ϕ102×4	1232	34.7	180.00	180	0.620	170.51
以 4 为节点的 4 根上弦杆	78.28	3.54	ϕ89×3.5	940	30.3	116.83	180	0.515	161.70
以 3 为节点的 4 根上弦杆	71.13	3.54	ϕ89×3.5	940	30.3	116.83	180	0.515	146.93
以 2 为节点的 4 根上弦杆	54.89	3.54	ϕ83×3.5	874	28.1	125.98	180	0.457	137.42
以 1 为节点的 4 根上弦杆	23.71	3.54	ϕ63.5×3	570	21.4	165.42	180	0.284	146.40

表 6-4 下弦杆截面选择表

杆件编号	内力(kN)	计算长度 l_0(m)	截面规格	面积(mm^2)	回转半径(mm)	长细比 λ	容许长细比[λ]	计算应力 N/A(N/mm^2)
10-10	428.1	5	ϕ146×5	2215	49.9	100.20	400	193.27
10-9	405.13	5	ϕ133×5	2011	45.3	110.38	400	201.46
9-7	333.02	5	ϕ140×4.5	1916	47.9	104.38	400	173.81
9-9	382.17	5	ϕ140×4.5	1916	47.9	104.38	400	199.46
7-7	283.87	5	ϕ89×6	1565	29.4	170.07	400	181.39
7-4	203.03	5	ϕ89×4	1068	30.1	166.11	400	190.10
4-4	122.18	5	ϕ68×3.5	709	22.8	219.30	400	172.33

（续表）

杆件编号	内力(kN)	计算长度 l_0(m)	截面规格	面积(mm^2)	回转半径(mm)	长细比 λ	容许长细比[λ]	计算应力 N/A(N/mm^2)
9—8	361.96	5	ϕ140×4.5	1916	47.9	104.38	400	188.91
8—6	299.03	5	ϕ89×6	1565	29.4	170.07	400	191.07
7—6	270.09	5	ϕ89×6	1565	29.4	170.07	400	172.58
6—5	225.99	5	ϕ89×4	1068	30.1	166.11	400	211.60
6—3	184.19	5	ϕ89×4	1068	30.1	166.11	400	172.46
4—3	117.13	5	ϕ68×3.5	709	22.8	219.30	400	165.20
3—2	100.59	5	ϕ60×3.5	621	20.0	250.00	400	161.98
2—1	67.06	5	ϕ60×3.5	621	20.0	250.00	400	107.99
5—2	142.39	5	ϕ68×3.5	709	22.8	219.30	400	200.83

表 6-5　腹杆截面选择表

杆件编号	内力(kN)	计算长度 l_0(m)	截面规格	面积(mm^2)	回转半径(mm)	长细比 λ	容许长细比[λ]	稳定系数 φ	计算应力 $N/\varphi A$(N/mm^2)
4—7	−156.68	3.91	ϕ102×4.5	1378	34.5	113.33	180	0.540	210.56
7—4	117.70	3.91	ϕ68×3	613	23.0	170.00	400		192.01
7—9	−102.90	3.91	ϕ76×3	1006	32.4	120.68	180	0.490	208.75
9—7	63.92	3.91	ϕ60×3.5	621	20.0	195.50	400		102.93
9—10	−58.46	3.91	ϕ83×3	874	28.1	139.15	180	0.385	173.73
10—9	19.49	3.91	ϕ60×3.5	621	20.0	195.50	400		31.38
10—10	−19.49	3.91	ϕ68×3	613	23.0	170.00	180	0.270	117.76
4—0	130.45	3.91	ϕ63.5×4	748	21.1	185.31	400		174.40

（续表）

杆件编号	内力(kN)	计算长度 l_0(m)	截面规格	面积(mm^2)	回转半径(mm)	长细比 λ	容许长细比 [λ]	稳定系数 φ	计算应力 $N/\varphi A$(N/mm^2)
3−6	−141.87	3.91	ϕ121×4	1470	41.4	0.68	0.545	0.452	213.52
6−3	102.90	3.91	ϕ68×3	613	23.0	170.00	400		167.86
6−8	−91.98	3.91	ϕ89×3.5	940	33.0	118.48	180	0.503	194.53
8−6	53.01	3.91	ϕ60×3.5	621	20.0	195.50	400		85.36
8−9	−53.79	3.91	ϕ83×3	874	28.1	139.15	180	0.385	159.86
9−8	14.81	3.91	ϕ60×3.5	621	20.0	195.50	400		23.85
9−9	−19.49	3.91	ϕ68×3	613	23.0	170.00	180	0.270	117.76
3−0	118.16	3.91	ϕ68×3	613	23.0	170.00	400		192.76
2−5	−109.91	3.91	ϕ102×3.5	1083	34.8	112.36	180	0.543	186.90
5−2	70.94	3.91	ϕ60×3.5	621	20.0	195.50	400		114.24
5−6	−70.93	3.91	ϕ89×3.5	940	30.3	129.04	180	0.436	173.07
6−5	31.96	3.91	ϕ60×3.5	621	20.0	195.50	400		51.47
6−7	−42.87	3.91	ϕ76×3	688	25.8	151.55	180	0.333	187.12
7−6	3.90	3.91	ϕ60×3.5	621	20.0	195.50	400		6.28
7−7	−19.49	3.91	ϕ68×3	613	23.0	170.00	180	0.270	117.76
2−0	91.46	3.91	ϕ60×3.5	621	20.0	195.50	400		147.28
1−2	−56.91	3.91	ϕ83×3	874	28.1	139.15	180	0.385	169.13
2−1	17.93	3.91	ϕ60×3.5	621	20.0	195.50	400		28.87
2−3	−38.98	3.91	ϕ76×3	688	25.8	151.55	180	0.333	170.14
3−2	0.00	3.91	ϕ60×3.5	621	20.0	195.50	400		0.00
3−4	−28.06	3.91	ϕ68×3	613	23.0	170.00	180	0.270	169.54

（续表）

杆件编号	内力(kN)	计算长度 l_0(m)	截面规格	面积(mm^2)	回转半径 (mm)	长细比 λ	容许长细比 $[\lambda]$	稳定系数 φ	计算应力 $N/\varphi A$(N/mm^2)
4—3	−10.91	3.91	ϕ68×3	613	23.0	170.00	180	0.270	65.92
4—4	−19.49	3.91	ϕ68×3	613	23.0	170.00	180	0.270	117.76
1—0	59.91	3.91	ϕ60×3.5	621	20.0	195.50	400		96.47

表 6-6　高强螺栓选择表

名称	杆件编号	螺栓
下弦	10—10、10—9	M42
	9—7、9—9、9—8、8—6	M39
	7—7、7—6、6—5	M33
	7—4、6—3	M27
	5—2、4—4、4—3、3—2	M24
	2—1	M20
腹杆	4—7	M27
	7—4、7—9、6—3、4—0、3—6、3—0、2—5	M24
	6—8、5—6、5—2、2—0、9—10、9—7、8—9、8—6、1—2、1—0、6—7、2—3、10—10、10—9、9—9、9—8、7—7、7—6、6—5、4—4、4—3、3—4、3—2、2—1	M20
上弦	以 10 为节点的 4 根上弦杆	M36
	以 9 和 8 为节点的 8 根上弦杆	M33
	以 7 为节点的 4 根上弦杆	M30
	以 5 和 6 为节点的 8 根上弦杆	M27
	以 4、3 和 2 为节点的 12 根上弦杆、以 1 为节点的 4 根上弦杆	M20

3. 下弦节点

取 10 号下弦节点进行计算，有两根下弦杆 10－10、两根下弦杆 10－9、两根腹杆 10－10 和两根腹杆 10－9 在此相交。杆件所接高强螺栓查表 6-6，分别为 M42、M42、M20、M20。上弦杆与腹杆不在同一平面内，而下弦杆和腹杆各自之间夹角均为 90°，下弦杆与腹杆之间夹角为 45°，所以节点球直径由两相邻下弦杆、腹杆与其相邻的下弦杆确定。

为保证伸入螺栓球的两相邻螺栓不相碰，钢球直径须满足：

$$D \geqslant \sqrt{\left(\frac{d_2}{\sin\theta}+d_1\,\mathrm{ctg}\theta+2\varepsilon d_1\right)^2+\eta^2 d_1^2}$$

$$=\sqrt{\left(\frac{42}{\sin 90^\circ}+42\mathrm{ctg}\ 90^\circ+2\times 1.1\times 42\right)^2+1.8^2\times 42^2}=154.20\mathrm{mm}$$

$$D\geqslant\sqrt{\left(\frac{d_2}{\sin\theta}+d_1\,\mathrm{ctg}\theta\right)^2+\eta^2\ d_1^2}=\sqrt{\left(\frac{20}{\sin 45^\circ}+42\mathrm{ctg}\ 45^\circ\right)^2+1.8^2\times 42^2}=103.22\mathrm{mm}$$

同时须满足套筒接触面的要求：

$$D \geqslant \sqrt{\left(\frac{\eta d_2}{\sin\theta}+\varepsilon\, d_1\,\mathrm{ctg}\theta\right)^2+\eta^2\ d_1^2}$$

$$=\sqrt{\left(\frac{1.8\times 42}{\sin 90^\circ}+0\right)^2+1.8^2\times 42^2}=106.91\mathrm{mm}$$

$$D \geqslant \sqrt{\left(\frac{\eta d_2}{\sin\theta}+\varepsilon\, d_1\,\mathrm{ctg}\theta\right)^2+\eta^2\ d_1^2}$$

$$=\sqrt{\left(\frac{1.8\times 20}{\sin 45^\circ}+1.1\times 42\right)^2+1.8^2\times 42^2}=123.06\mathrm{mm}$$

因此节点球的直径取 170mm，其他下弦节点球直径见施工图。

4. 支座节点

根据结构跨度和支反力大小，本设计可采用平板压力支座。

(1)支座底板的设计与计算

根据计算结果知，网架上弦周边支座最大支反力为 130.45×0.707＝92.23kN，钢筋混凝土梁等级为 C30，f_c＝14.3 N/mm²，取锚栓直径 d＝24mm，锚栓孔径 d_0＝40mm，支座底板总面积为：

$$A\geqslant\frac{R}{f_c}+A_0=\frac{92.23\times 10^3}{14.3}+4\times\frac{3.14\times 40^2}{4}=11473.65\ \mathrm{mm}^2$$

考虑构造要求，底板面积为：

$$A=300\times 300=90000\ \mathrm{mm}^2>11473.65\ \mathrm{mm}^2$$

作用在底板单位面积上的压力为：

$$q=\frac{R}{A-A_0}=\frac{92.23\times 10^3}{90000-\dfrac{3.14\times 40^2}{4}\times 4}=1.09\mathrm{N/mm}^2$$

十字节点板将底板分为四块相同的两边支承板，因 $b_1/a_1=0.5$，查两邻边支承平板弯矩系数表得 $\beta=0.058$，底板上的最大弯矩为：

$$M_{\max}=\beta q a_1^2=0.058\times1.09\times212^2=2841.36\text{N}\cdot\text{mm}$$

底板采用 Q235 钢，$f=215\text{N/mm}^2$，根据抗弯强度要求，底板厚度须满足：

$$t\geqslant\sqrt{\frac{6M_{\max}}{f}}=\sqrt{\frac{6\times2841.36}{215}}=8.9\text{mm}$$

为使柱顶压力均匀，支座底板不宜太薄，其厚度一般不小于 16～20mm，取 $t=20\text{mm}$。

(2)十字节点板及其连接焊缝的计算

一般取十字节点板的厚度为 0.7 倍底板厚度，$0.7\times16=11.2\text{mm}$，因此取 12mm，取该焊缝的焊脚尺寸为 $h_f=9\text{mm}$，为保证支座底板与节点板的水平横向角焊缝的连续，将纵向节点板角上截去一块腰长为 10mm 的等腰三角形块，则支座底板与节点板的水平焊缝(共 6 条)总长度为：

$$\sum l_w=2\times300+4\times\left(\frac{300}{2}-\frac{12}{2}-10\right)-6\times2\times9=1028\text{mm}$$

$$\frac{R}{0.7h_f l_w\beta_f}=\frac{92.22\times10^3}{0.7\times9\times1028\times1.22}=11.67\text{N/mm}^2<f_f^w=160\text{N/mm}^2$$

十字节点板之间的竖向角焊缝承受弯矩与剪力的共同作用。取支座的总高度为 300mm(包括过渡板厚 14mm)，由球节点设计，支座节点球最大直径为 100mm。取角焊缝的焊脚尺寸 $h_f=9\text{mm}$，则每条竖向角焊缝的最小计算长度为：

$$l_w=300-14-16-100/2-10-2\times9=192\text{mm}$$

每两条角焊缝受的剪力为：

$$V=\frac{R}{4}=\frac{92.22}{4}=23.06\text{kN}$$

剪力作用点到竖向角焊缝的距离 c 取加劲板与支座底板水平角焊缝形心到竖向角焊缝的距离，即：

$$c=(300/2-12/2-10)/2+10=77\text{mm}$$

弯矩则为：

$$M=Vc=23.06\times77=1775.62\text{kN}\cdot\text{mm}$$

由焊缝验算公式有：

$$\sqrt{\left(\frac{V}{2\times0.7h_f l_w}\right)^2+\left(\frac{6M}{2\times0.7h_f l_w^2\beta_f}\right)^2}=\sqrt{\left(\frac{23060}{2\times0.7\times9\times192}\right)^2+\left(\frac{6\times1775.62\times10^3}{2\times0.7\times9\times192^2\times1.22}\right)^2}$$

$$=21.36\text{N/mm}^2<f_f^w=160\text{N/mm}^2$$

满足要求。

6.3　结构施工图绘制

平面网架施工图如图 6－6 所示，材料表见表 6－7、6－8 所列，支座大样图如图 6－7 所示。

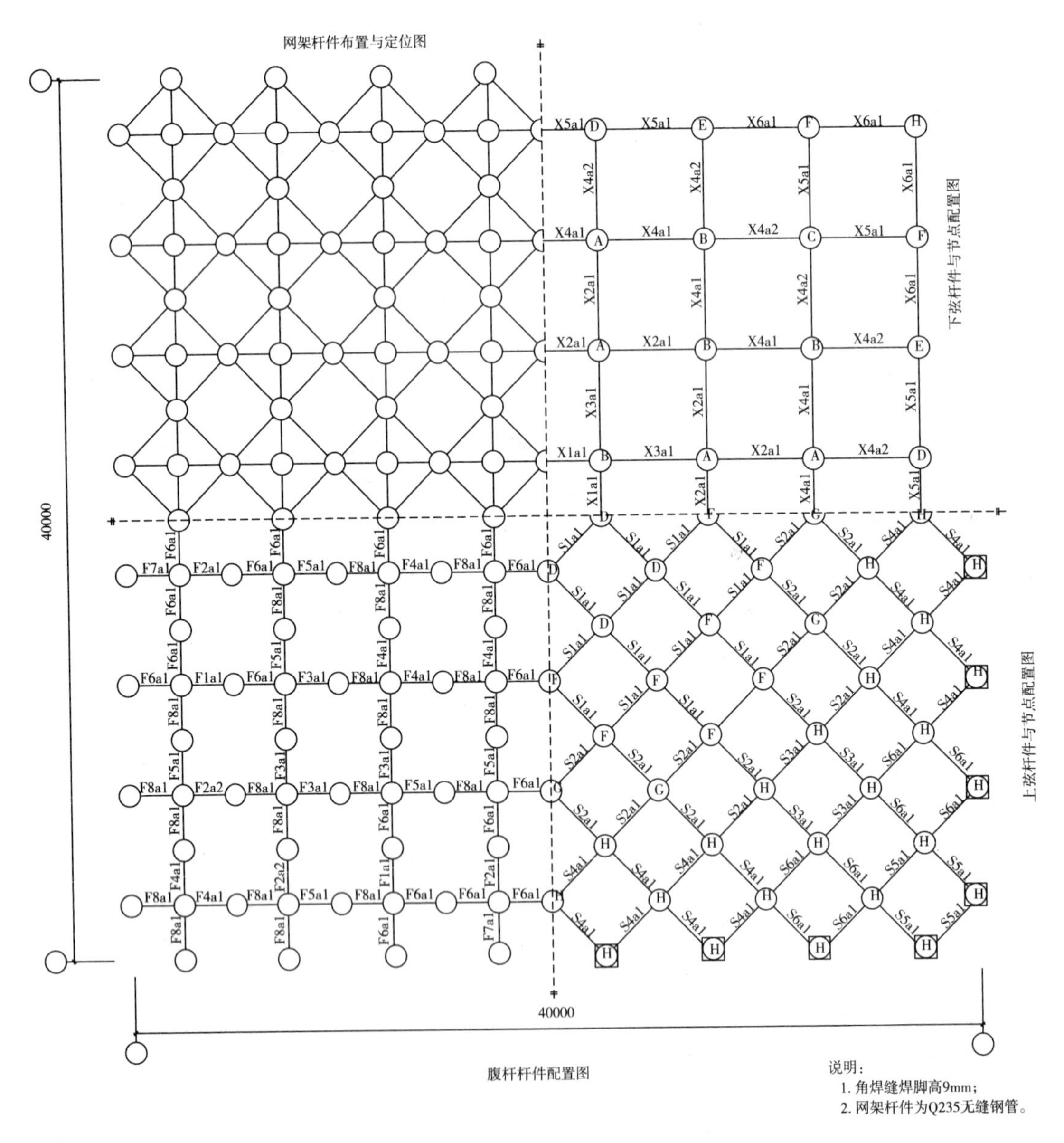

图 6－6　平面网架施工图

表 6 - 7　网架杆件材料表

杆件位置	杆件编号	规格	理论长度(mm)	数量	高强螺栓
上弦	s1a1	ϕ152×4.5	4	64	M36,M33
	s2a1	ϕ133×4.0	4	64	M30,M27
	s3a1	ϕ102×4.0	4	1	M27
	s4a1	ϕ89×3.5	4	64	2M18
	s5a1	ϕ63.5×3.0	4	16	M12
	s6a1	ϕ83×3.5	4	32	M18
下弦	x1a1	ϕ146×5	5	8	M42
	x2a1	ϕ140×4.5	5	24	2M39
	x3a1	ϕ133×5	5	8	M42
	x4a1	ϕ89×6	5	24	2M33,M39
	x4a2	ϕ89×4	5	24	M33,M27
	x5a1	ϕ68×3.5	5	24	3M24
	x6a1	ϕ60×3.5	5	16	M24,M18
腹杆	f1a1	ϕ121×4	4	8	M24
	f2a1	ϕ102×4.5	4	8	M27
	f2a2	ϕ102×3.5	4	8	M24
	f3a1	ϕ89×3.5	4	16	2M20
	f4a1	ϕ83×3	4	24	3M16
	f5a1	ϕ76×3	4	24	M24,2M14
	f6a1	ϕ68×3	4	72	M27,2M24,6M12
	f7a1	ϕ63.5×4	4	8	M24
	f8a1	ϕ60×3.5	4	8	M24

表 6 - 8　网架球节点材料表

代号	规格	数量
A	180.0000	16.0000
B	170.0000	16.0000
C	150.0000	4.0000
D	140.0000	22.0000
E	130.0000	8.0000
F	120.0000	38.0000
G	110.0000	14.0000
H	100.0000	98.0000

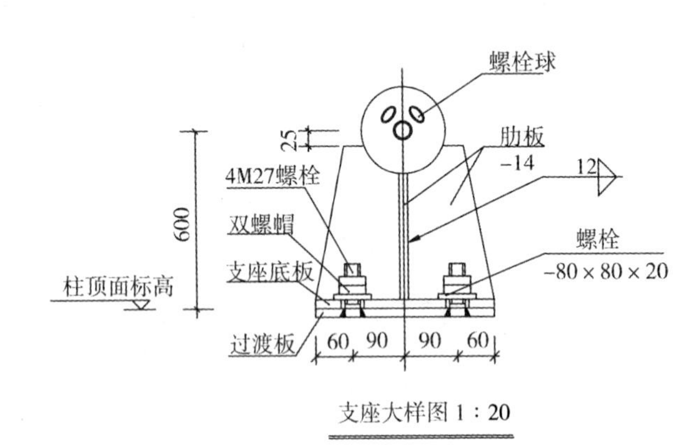
螺栓球
肋板
-14
25
600
4M27螺栓
12
双螺帽
螺栓
支座底板
-80×80×20
柱顶面标高
过渡板
60 90 90 60
支座大样图 1：20

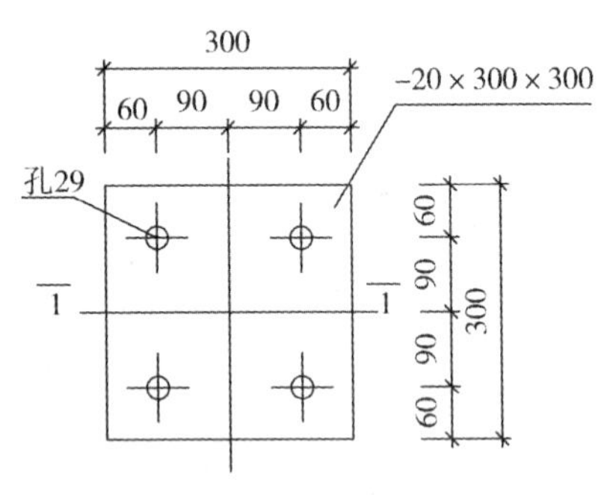
300
60 90 90 60
-20×300×300
孔29
1
1
60
90
90
60
300
支座过渡板 1：20

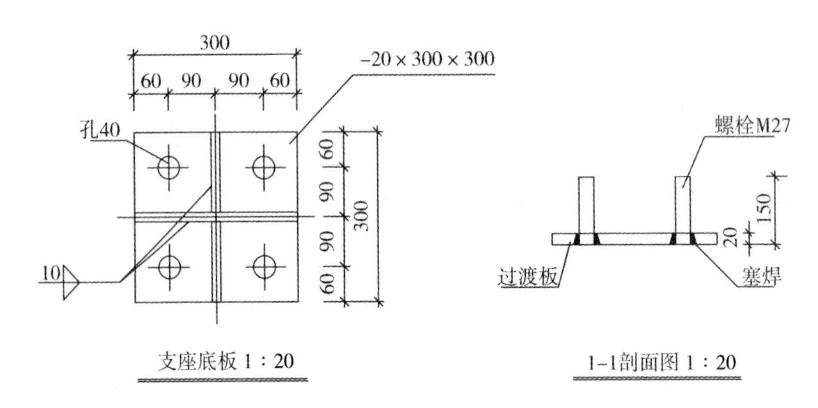
300
60 90 90 60
-20×300×300
孔40
60
90
90
60
300
10
支座底板 1：20
螺栓M27
150
20
过渡板
塞焊
1-1剖面图 1：20

图 6-7 支座大样图

6.4 电　算

实际工程中，网架设计一般采用专业设计软件进行电算。专业网架设计软件不仅能进行杆件内力、支座反力计算，杆件的截面选择，螺栓球节点的设计，高强螺栓的选择等设计，还能出完整的网架施工图、材料表。本次平面网架课程设计采用浙江大学开发的 MST 软件进行计算。具体操作过程如下：

(1)进入 MST 网架网壳设计菜单，建立结构模型

① 进入 MST 界面，选择模型—标准网格菜单，如图 6-8 所示。

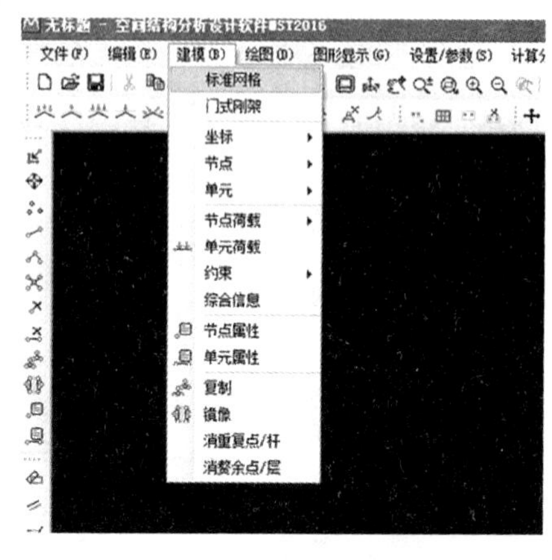

图 6-8　MST 软件界面

② 输入网架设计参数

选择矩形平板网架，再点击进入下一步，选择斜放四角锥网架再点击高级，编写网格尺寸，填写完整，确认后，回之前的菜单，再选择下一步，选择上弦支撑及约束条件为其他，再点击完成。

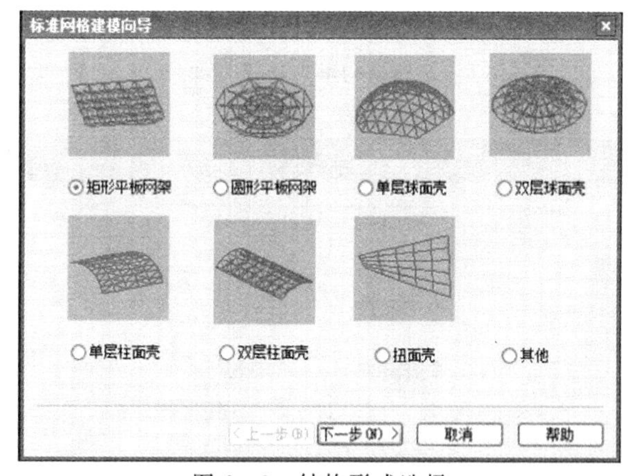

图 6-9　结构形式选择

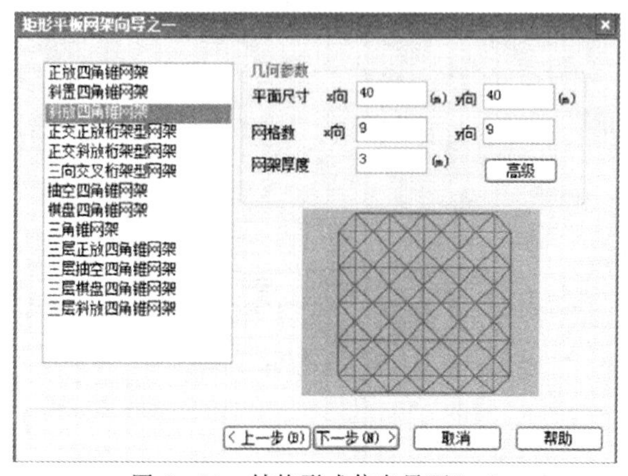

图 6-10　结构形式信息界面(一)

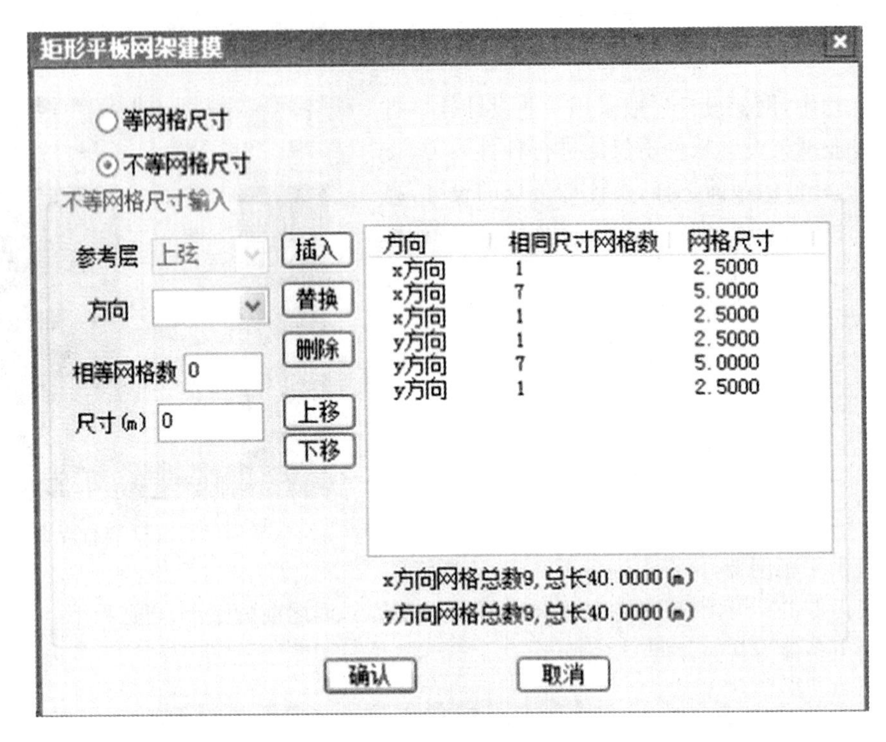

图 6-11　结构形式信息界面(二)

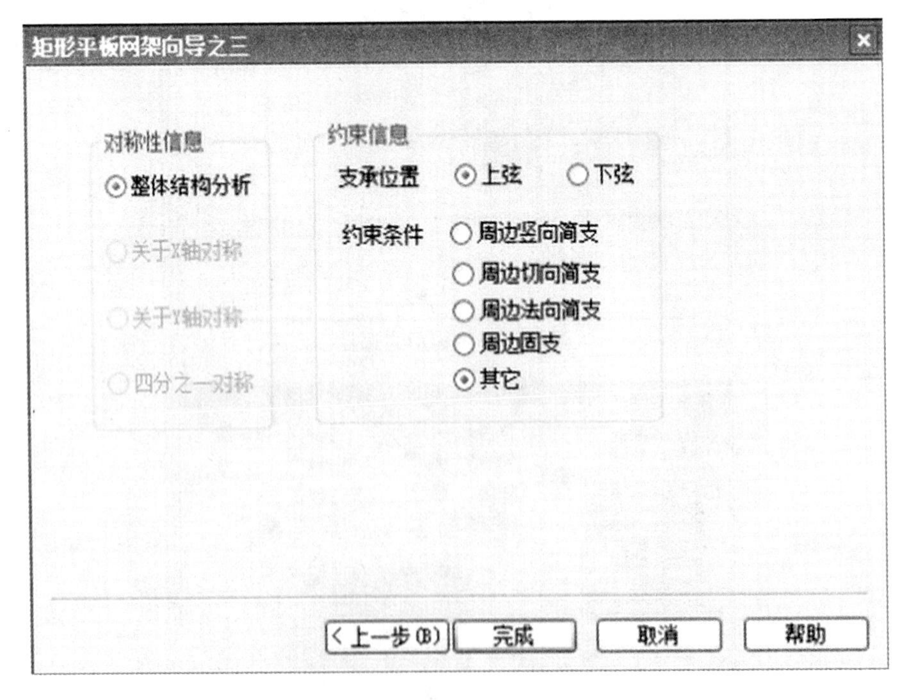

图 6-12　结构形式信息界面(三)

(2)定义边界

点击模型中的约束—固定约束，定义上弦周边支撑，所有边界均为 Z 向刚性约束。完成后显示支座边界如图6-13所示。

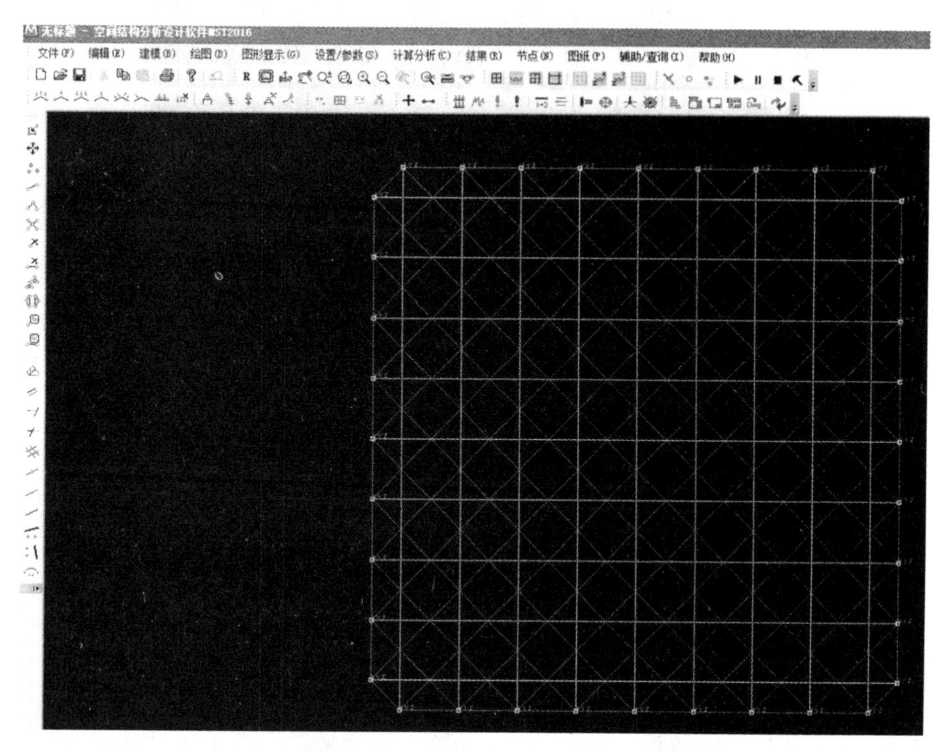

图6-13　支座边界

(3)施加荷载

点击荷载，将恒载、活载、风载分别输为0.3kN/m²、0.5kN/m²、0.5kN/m²，均以均布荷载方式导到网架上弦，再将恒载0.70kN/m²加在网架下弦(恒载总值为1.0kN/m²)。

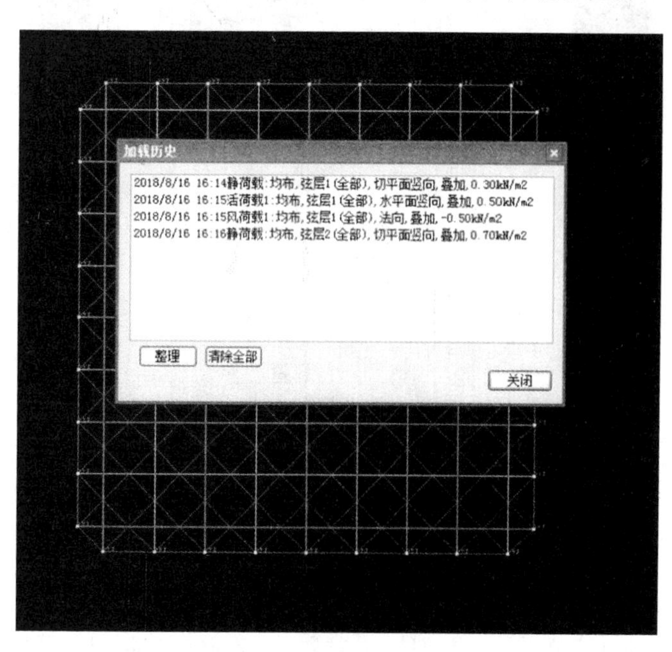

图6-14　荷载(一)

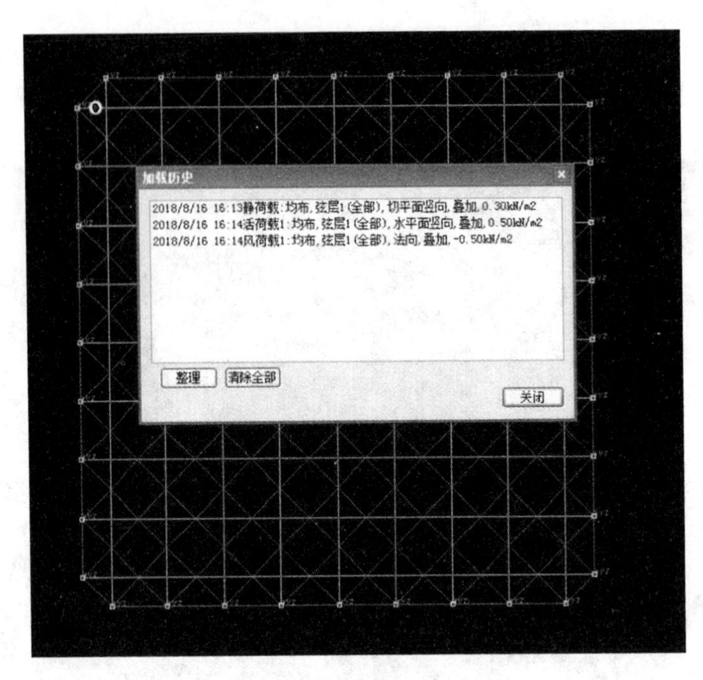

图 6-15　荷载(二)

(4)内力分析

运行“计算分析”中的“数据检查”—“工况组合”—“网架应力设计”,如图 6-16 所示。

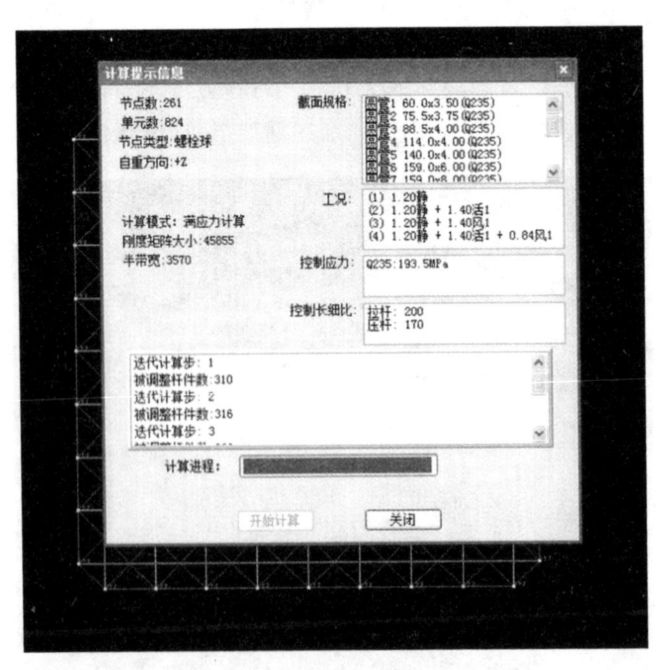

图 6-16　内力分析

(5)节点和杆件计算

内力分析之后,运行“节点”菜单中的“高强螺栓、套筒设计信息”,再“设定”定义最小螺栓,设计依据及材料库。计算完成以后,再回“节点”菜单中的“球节点设计”。

(6)定义基准孔方向

运行“节点”菜单中的“定义螺栓球基准孔方向”。

因软件默认基准孔方向均为 Z 正向,故上弦节点基准孔方向无须改变,只需改变下弦节点。

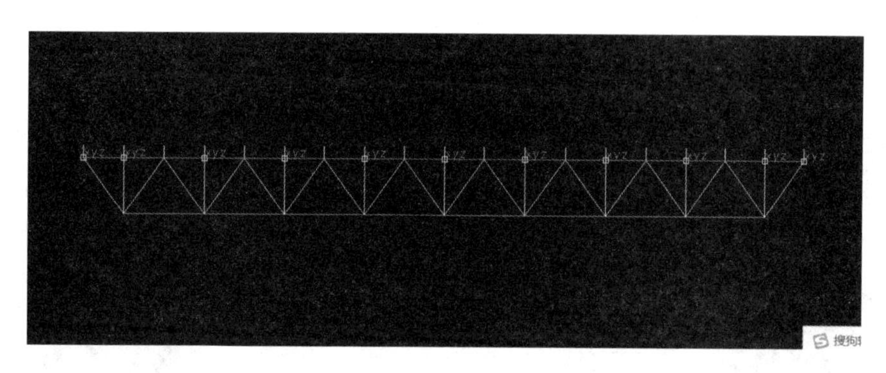

图 6 - 17　螺栓球基准孔方向图

(7)支座节点设计

运行“辅助查询”菜单中的“支座节点设计”中的“支座节点分类”。将所有的支座节点均定义为类型 1,节点分类号定为 1,如图 6 - 18 所示。

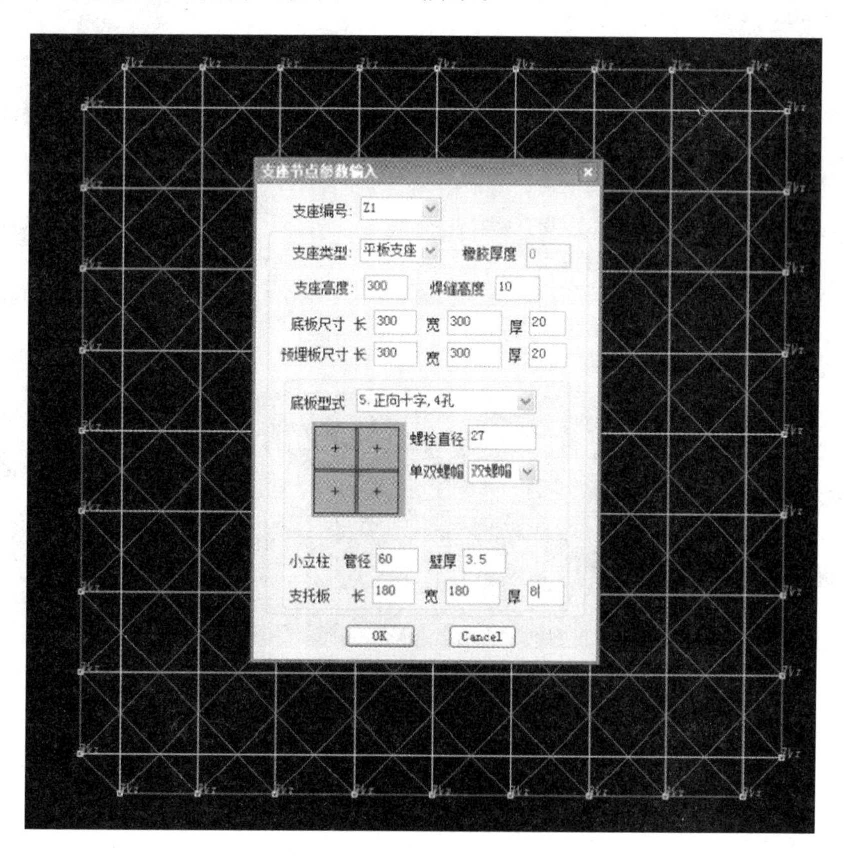

图 6 - 18　支座节点设计

(8)绘制施工图

分别运行“图纸”中的“绘图综合信息”选择出图方式及剖面图，再点击确认，回“图纸”中的“布图”—“图纸生成”—“生成 dwg 文件”，如图 6－19 所示，“生成的网架 dwg. 施工图”，如图 6－20 至图 6－23 所示，生成的网架材料表，见表 6－9 至表 6－11 所列。

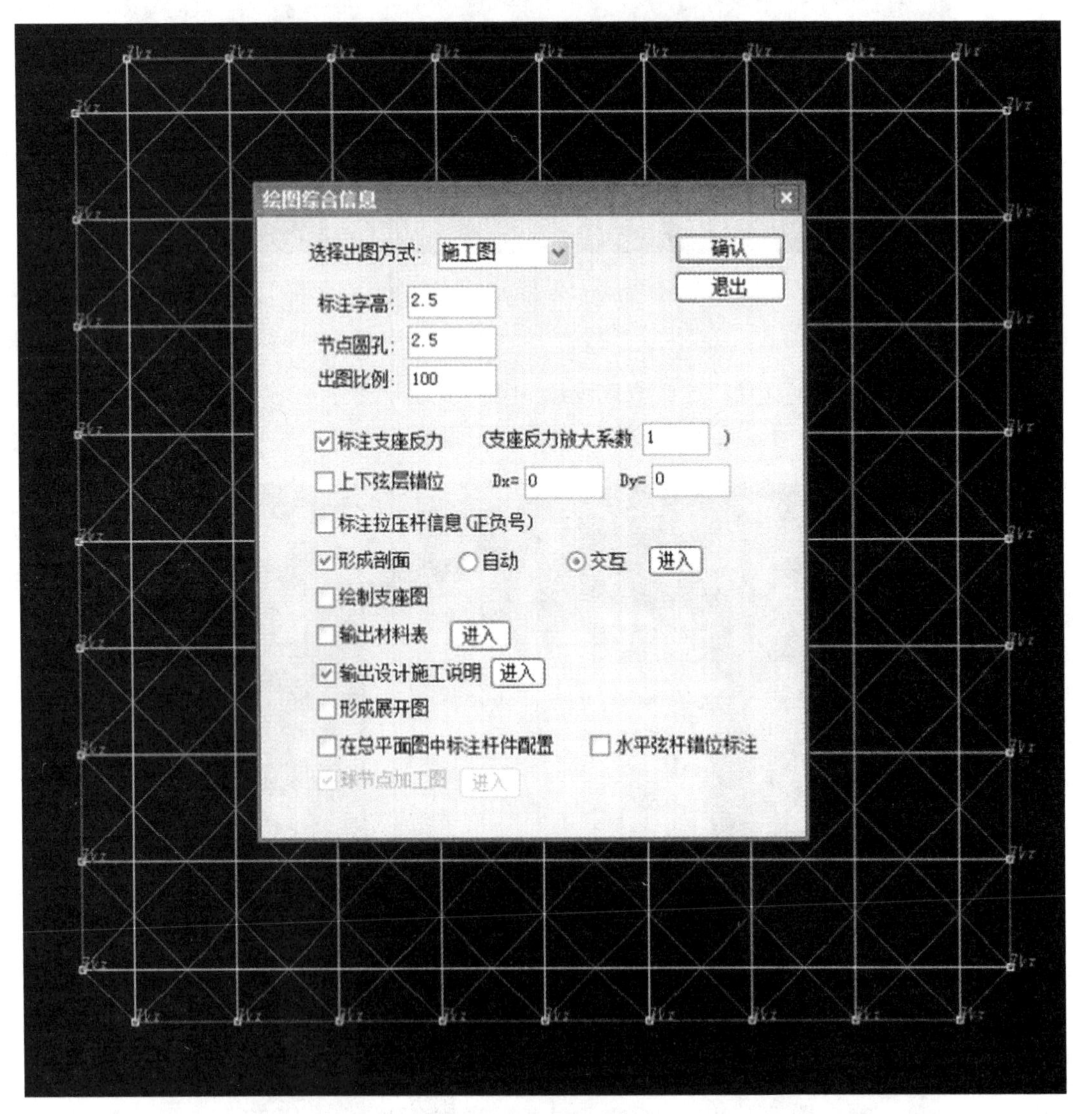

图 6－19 绘制施工图

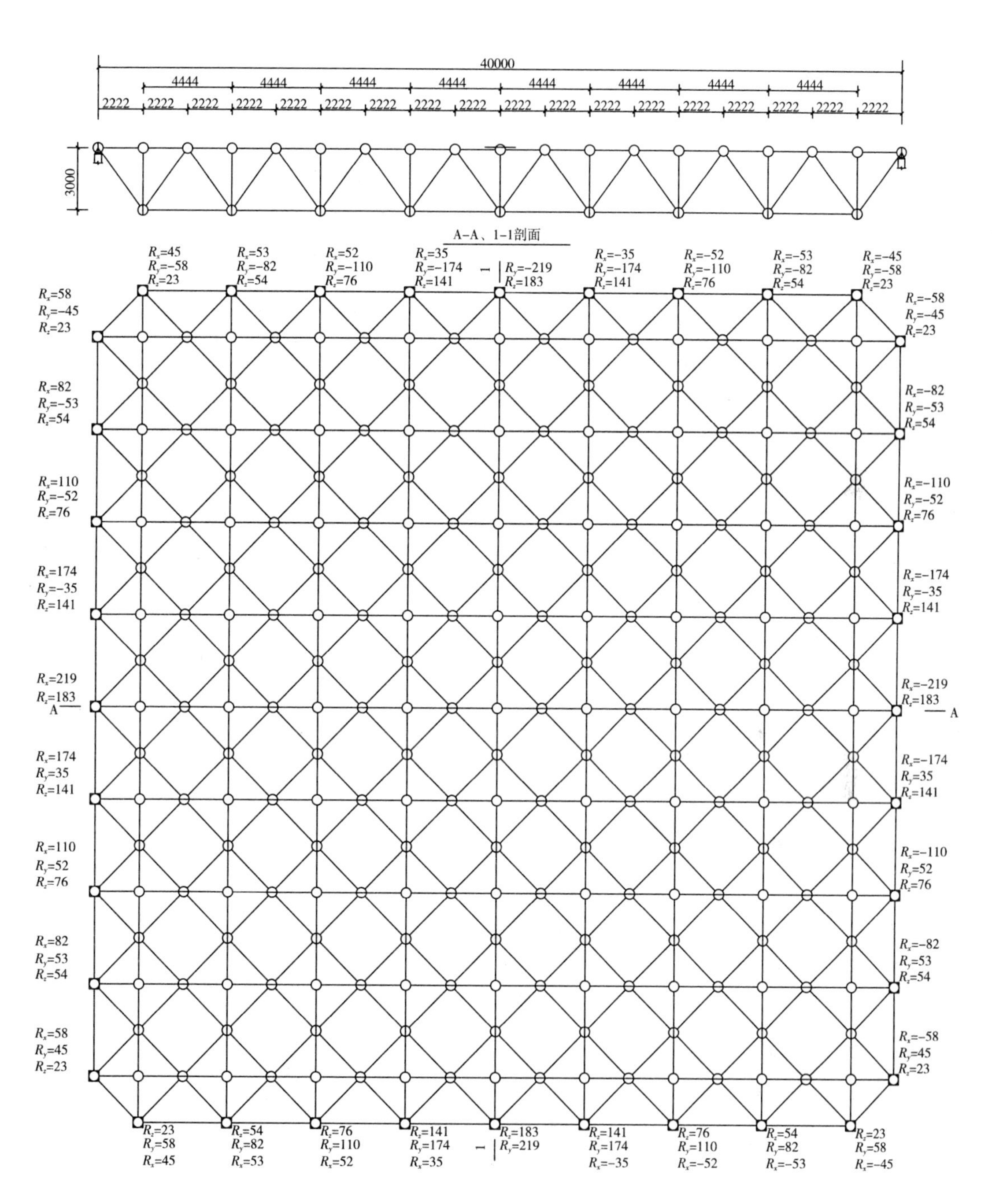

图 6－20　网架结构平面图

图 6－21 上弦平面布置图

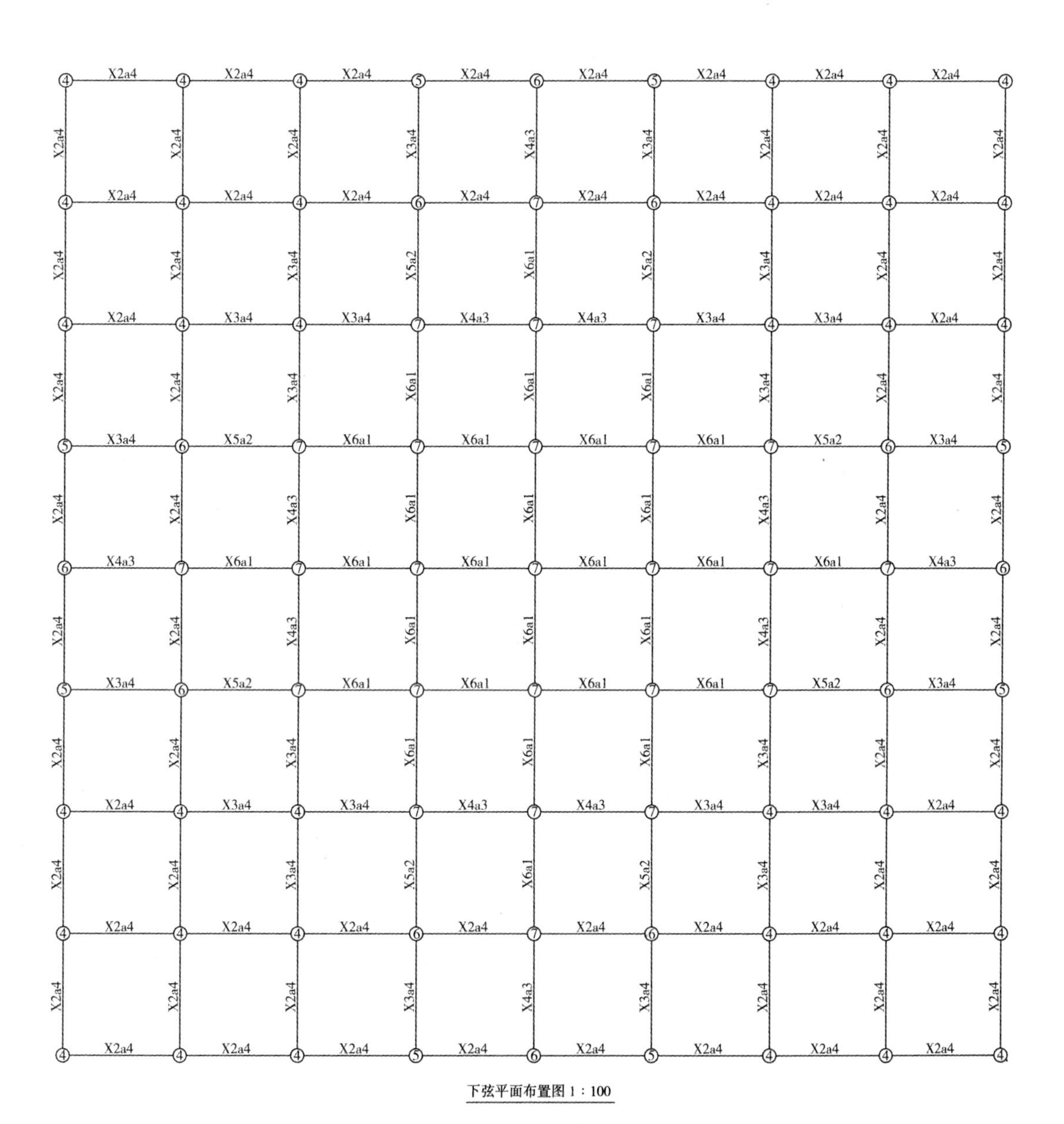

图 6-22　下弦平面布置图

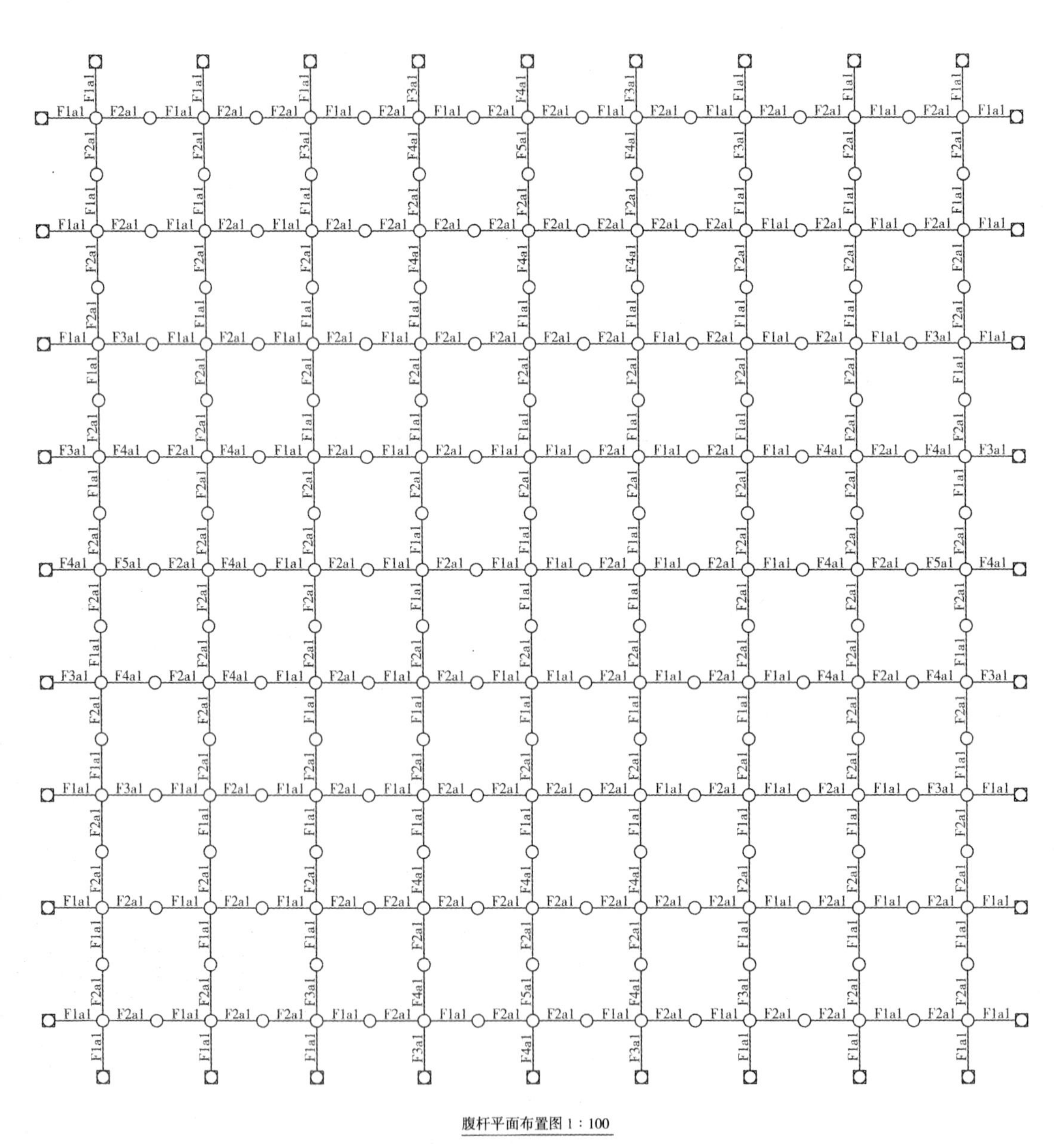

图 6－23 腹杆平面布置图

表 6-9　网架材料表

杆件编号	规格	长度(mm)	数量(个)	杆重(kg)	高强螺栓
F1a1	ϕ60×3.50	3733	124	2272	2M20
S1a2	ϕ60×3.50	3143	196	3023	2M20
F2a1	ϕ75.5×3.75	3733	156	3889	2M27
S2a2	ϕ75.5×3.75	3143	68	1427	2M27
S2a3	ϕ75.5×3.75	4444	8	237	2M27
X2a4	ϕ75.5×3.75	4444	72	2137	2M27
F2a1	ϕ88.5×4.00	3733	16	501	2M27
S3a2	ϕ88.5×4.00	3143	44	1160	2M27
S3a3	ϕ88.5×4.00	4444	24	895	2M27
X3a4	ϕ88.5×4.00	4444	24	895	2M27
F4a1	ϕ114×4.00	3733	24	978	2M30
S4a2	ϕ114×4.00	3143	16	549	2M30
X4a3	ϕ114×4.00	4444	12	582	2M30
F5a1	ϕ140×4.00	3733	4	202	2M36
X5a2	ϕ140×4.00	4444	8	480	2M36
X6a1	ϕ159×6.00	4444	28	2835	2M48
总计			824	22062	

表 6-10　高强螺栓材料

杆件编号	杆件背面	高强螺栓	数量	重量(kg)
1	ϕ60×3.50	M20	640	160
2	ϕ75.5×3.75	M27	608	353
3	ϕ88.5×4.00	M27	216	125
4	ϕ114×4.00	M30	104	83
5	ϕ140×4.00	M36	24	34
6	ϕ159×6.00	M48	56	176
总　计			1648	931

表 6-11　网架球节点材料表

编号	规格	图示	数量	重量(kg)
1	BS110	①	48	264
2	BS120	②	76	543
3	BS130	③	52	473
4	BS140	④	40	454
5	BS150	⑤	8	112
6	BS180	⑥	12	289
7	BS200	⑦	25	827
总　计			261	2962

第7章 人行天桥设计范例

7.1 人行天桥简介

7.1.1 人行天桥发展介绍

随着人口及交通工具的不断增多，交通拥堵及安全问题日益严重，这已成为我国当前的一大热点问题。人行天桥作为城市交通的重要一环，对解决此类问题起着至关重要的作用。因此，我们积极开展人行天桥的研究，对于改善城市交通状况具有重要的意义。

人行天桥（又名过街天桥，步道桥）是城市道路工程中的重要组成部分，是在交通密集的地区，为解决路人过街，满足人车分流，方便建筑物之间联系而建设的过街桥梁。我国的人行天桥建设始于20世纪70年代，多为钢筋混凝土结构，以满足行人过街通行的需求。

当现代城市逐渐发展成超大城市时，在交通繁忙的城区路口，建立越来越多的人行天桥已经成为解决行人过街安全、缓解交通拥堵的有效途径。随着我国高铁四纵四横骨干网的建成，未来高铁发展将以大都市区、市郊通勤铁路和城市群城际铁路为主。因此，中小型客运站房的建设数量将越来越多，钢结构人行天桥作为主要的跨线设施类型将被大量采用。北京市1982年建成的西单天桥为21m的简支箱梁结构，动物园桥和隆福寺桥均采用悬臂简支结构，崇文门桥首次采用空腹桁架钢梁形式等，如图7-1所示。

图7-1 崇文门桥

7.1.2 钢箱梁桥

钢箱梁在我国的发展起源于20世纪60年代，且多用于铁路桥梁。1968年，原宝鸡桥梁工厂制成1孔跨度为32m的整孔焊接箱形梁，采用16Mnq钢、质量约37t，架设在南同蒲线与陇海线的联络线潼河桥上。1982年在陕西安康建成了跨径为176m的箱形截面栓焊结构铁路斜腿刚架桥，目前仍是该种桥型铁路桥的世界纪录保持者。1984年，在广东建成了采用正交异性桥面板栓焊结构的钢箱梁桥。

20世纪90年代，我国才开始大规模使用正交异性钢桥面板箱梁，但发展速度非常快，20年间取得了辉煌成就，令世界瞩目。我国于2011年底建成通车的崇启大桥(主桥102m+4×185m+102m=944m)是目前国内已建成的最大跨度的正交异性桥面板钢箱连续梁桥。

图7-2 崇启大桥

钢箱梁桥主要具有下列优点：

(1)质量轻、节省钢材。钢箱梁能有效地发挥钢板的承载能力，不存在冗余构件、比钢桁梁桥节约钢材20%左右，跨径越大越节约。由于上部结构的自重减轻，桥梁下部结构的造价也会相应地减小。

(2)抗弯和抗扭刚度大。钢箱梁采用闭口截面，在材料数量相同时，可较其他截面形式提供更大的抗弯和抗扭刚度，特别适用于曲线桥和承受较大偏心荷载的直线桥。

(3)安装迅速，便于养护。箱形梁可以在工厂制成大型安装单元，从而减少工地连接螺栓数量。在施工时便于纵向拖拉或用顶推法架设。箱形梁结构简单，油漆方便，且由于内部为闭合空间，更容易抗锈蚀。

(4)适于做成连续梁。这是因为其截面形式能提供几乎相等的承受正、负弯矩的能力。

(5)有利于提高架设效率。随着大型架设机械的开发和节段架设工法的进步，箱梁适合应用于大段架设或者顶推，有利于提高架设效率、缩短工期。

(6)梁高小、适合于立交桥和建筑高度受到限制的桥梁等。采用较小的梁高可以有效地缩短引桥或引道的长度，降低整体工程造价。

(7)箱梁内部可作为桥梁维修管理通道，不需脚手架即可进行内部检查、涂装、修补等作业。同时，箱梁内部可作为电缆、水管、气管等附属设施的通道。

(8)如果箱梁内部密封,可切断外部水气等腐蚀介质,有利于防腐蚀,延长涂装寿命。

(9)横隔板和加劲结构等都在箱内,外形简洁、美观。

人行钢箱梁桥因其曲线造型美观、截面设计经济合理目前应用极为广泛。

7.2 钢箱梁桥结构设计

7.2.1 结构组成

钢箱梁一般由顶板、底板、腹板、横隔板、纵隔板及加劲肋等通过焊接或栓接的方式连接而成,其中顶板为由盖板和纵向加劲肋构成的正交异性桥面板。图 7-3 为港珠澳大桥 110m 连续钢箱梁构造图。

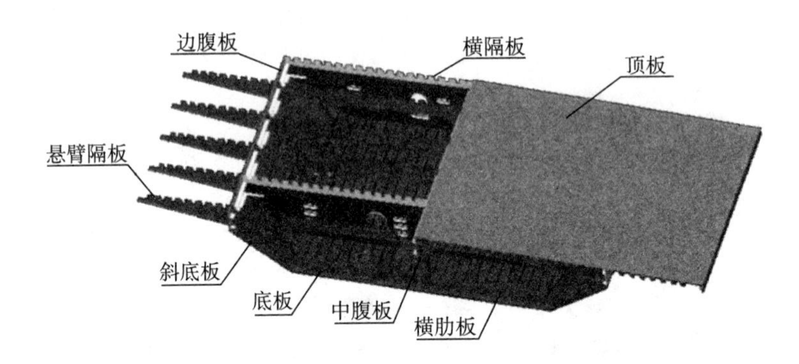

图 7-3 港珠澳大桥 110m 连续钢箱梁构造图

钢箱梁是由带纵横肋的上、下翼缘和腹板组成的“薄壁”钢箱结构,主要断面形式有单箱、双箱或多箱及梯形断面箱梁,如图 7-4 所示。

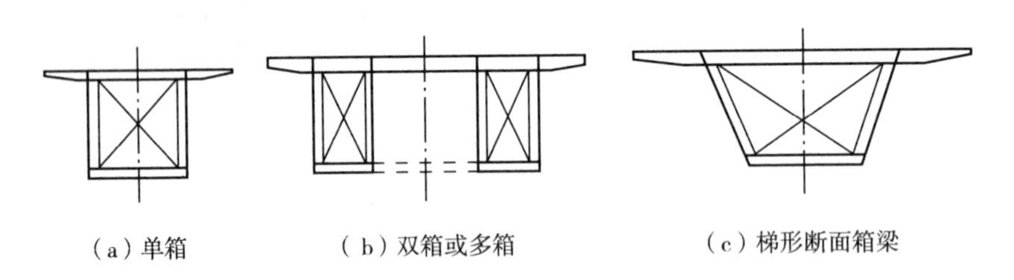

图 7-4 典型钢箱梁截面

钢箱梁有三个受力体系,分别为:

(1)第一体系:钢桥面板和纵向加劲肋作为主梁的上翼缘与主梁一同构成主要承重构件——主梁体系。

(2)第二体系:由纵肋、横肋和桥面板组成的桥面系结构,其中桥面板被看作纵肋和横肋的共同上翼缘。

(3)第三体系:仅指桥面板,它被视为支承在纵肋和横肋上的各向同性的连续板——盖板体系。

7.2.2　建筑及结构设计

1. 建筑设计

根据《城市人行天桥与人行地道技术规范(CJJ 69—95)》规定:

(1)天桥净宽

① 天桥的净宽,应根据设计年限内高峰小时人流量及设计通行能力计算。

② 天桥桥面净宽不宜小于 3m。

③ 天桥每端梯道或坡道的净宽之和应大于桥面(地道)的净宽 1.2 倍以上,梯(坡)道的最小净宽为 1.8m。

(2)净高

① 天桥桥下为机动车道时,最小净高为 4.5m,行驶电车时,最小净高为 5.0m。

② 跨铁路的天桥,其桥下净高应符合国标《标准轨距铁路建筑限界》的规定。

③ 天桥桥下为非机动车道时,最小净高为 3.5m,如有从道路两侧的建筑物内驶出的普通汽车需经桥下非机动车道通行时,其最小净高为 4.0m。

④ 天桥、梯道或坡道下面为人行道时,净高为 2.5m,最小净高为 2.3m。

⑤ 考虑维修或改建道路可能提高路面标高时,其净高应适当提高。

2. 结构设计

(1)一般规定

① 结构在制造、运输、安装和使用过程中,应具有规定的强度、刚度、稳定性和耐久性。

② 应从设计和施工工艺上减小结构的附加应力和局部应力。

③ 结构形式应便于制造、运输、安装、施工和养护。

④ 上部结构,由人群荷载计算的最大竖向挠度,不应超过下列允许值:

梁板式主梁跨中　　$L/600$

梁板式主梁悬臂端　　$L_1/300$

桁架、拱　　$L_1/800$

其中 L 为计算跨径,L_1 为悬臂长度。

⑤ 天桥主梁结构应设置预拱度,其值采用结构重力和人群荷载所产生的竖向挠度,并应做成圆滑曲线。当结构重力和人群荷载产生的向下挠度不超过跨度的 1/1600 时,可不设预拱度。

(2)正交异性钢桥面板相关要求

① 正交异性钢桥面板最小厚度应符合下列规定:行车道部分的钢桥面板,顶板板厚不应小于 14mm,加筋肋的最小板厚不应小于 8mm;人行道部分的钢桥面板,顶板板厚不应小于 10mm。

② 纵向加筋肋应满足下列要求:宜等间距布置;不等间距布置时,最大间距不宜超过最小间距的 1.2 倍。应连续通过横向加劲肋或横隔板,加筋肋与顶板焊缝的过焊孔宜采用堆焊填实,焊缝应平顺。

③ 横向加劲肋应满足:对于闭口纵向加劲肋,横向加劲肋或横隔板的间距不宜大于 4m。

(3)翼缘板相关要求

① 箱梁悬臂部分不设加劲肋时,受压翼缘的伸出肢宽不宜大于其宽度的 12 倍,受拉翼缘的伸出肢宽不宜大于其厚度的 16 倍。

② 翼缘板应按下列规定设置纵向加劲肋:腹板间距大于翼缘板厚度的 80 倍或翼缘悬

臂宽度大于翼缘板厚度的16倍时，应设置纵向加劲肋；受压翼缘加劲肋间距不宜大于翼缘板厚度的40倍，应力很小的和由构造控制设计的情况下可以放宽到80倍；受拉翼缘加劲肋间距应小于翼缘板厚度的80倍；受压翼缘悬臂部分的板端外缘加劲肋应为刚性加劲肋。

③ 纵、横向加劲肋宜按刚性加劲肋设计。

(4)横隔板相关要求

① 支点处横隔板应符合下列规定：支点处必须设置横隔板，形心宜通过支座反力的合力作用点；横隔板支座处应成设置竖向加劲肋；横隔板与底板的焊缝应完全熔透；人孔宜设置在支座范围以外的部分。

② 非支点处横隔板应符合下列规定：横隔板应有足够的刚度和强度；横隔板与顶底板和腹板可采用角焊缝连接。

7.2.3 荷载与荷载效应组合

1. 天桥设计荷载分类应符合表7-1的规定

表7-1 天桥设计荷载分类

<table>
<tr><th>编号</th><th colspan="2">荷载分类</th><th>荷载名称</th></tr>
<tr><td>1</td><td colspan="2" rowspan="5">永久荷载
(恒载)</td><td>结构重力</td></tr>
<tr><td>2</td><td>预加应力</td></tr>
<tr><td>3</td><td>混凝土收缩及徐变影响力</td></tr>
<tr><td>4</td><td>基础变位影响力</td></tr>
<tr><td>5</td><td>水的浮力</td></tr>
<tr><td>6</td><td rowspan="3">可变荷载</td><td>基本可变荷载(活载)</td><td>人群</td></tr>
<tr><td>7</td><td rowspan="2">其他可变荷载</td><td rowspan="2">风力、雪重力、温度影响力</td></tr>
<tr><td>8</td></tr>
<tr><td>9</td><td colspan="2" rowspan="2">偶然荷载</td><td>地震力</td></tr>
<tr><td>10</td><td>汽车撞击力</td></tr>
</table>

注：如构件主要为承受某种其他可变荷载而设置，则计算该构件时，所承荷载作为基本可变荷载。

2. 天桥设计荷载组合

(1)组合基本可变荷载与永久荷载的一种或几种相组合。

(2)组合基本可变荷载与永久荷载的一种或几种与其他可变荷载的一种或几种相组合。

(3)组合基本可变荷载与永久荷载的一种或几种与偶然荷载中的汽车撞击力相组合。

(4)组合天桥施工阶段的验算应根据可能出现的施工荷载(如结构重力、脚手架、材料机具、人群、风力等)进行组合。

构件在吊装时构件重力应乘以动力系数或并可视构件具体情况做适当增减。

(5)组合结构重力人群荷载预应力中的一种或几种与地震力相组合。

7.2.4 钢梁验算

1. 强度验算

(1)弯曲应力：

$$M/W \leqslant [\sigma_w] \tag{7-1}$$

M——验算截面的计算弯矩；

W——构件计算截面对主轴的抵抗矩；

$[\sigma_w]$——钢材的许容应力。

(2)剪应力：

$$\tau=\frac{VS}{It_w}<[\tau] \tag{7-2}$$

式中　V——计算截面的计算剪力；

S——中性轴以上的毛截面对中性轴的面积矩；

I——毛截面惯性矩；

t_w——腹板厚度。

(3)换算应力：

$$\sqrt{\sigma^2+3\tau^2}\leqslant 1.1[\sigma] \tag{7-3}$$

(4)总体稳定性验算：

$$M/W_0\leqslant\varphi_2[\sigma] \tag{7-4}$$

式中　M——构件中部1/3长度范围内最大计算弯矩；

W_0——毛截面抵抗矩；

φ_2——构件只在一个主平面受弯时的纵向弯曲系数，对箱型截面取1.0。

2. 刚度验算

$$f<L/600 \tag{7-5}$$

式中　f——活荷载作用下跨中竖向挠度；

L——计算跨径。

倾覆稳定验算：稳定系数$k>1.3$，钢梁腹板最小厚度大于等于0.012m，对于受压顶板，钢梁纵向加劲肋间距不大于顶板厚的40倍。

底板的纵向加劲肋及腹板的竖向、水平向加劲肋应按现行规范要求设置，钢箱内设置横隔板，以保证度板稳定及钢箱的整体性，中横隔板间距为3～4m，在支承处及外力集中处设置成对的竖向加劲肋，支承加劲肋按压杆设计。

7.3　课程设计任务书

7.3.1　设计资料

本工程拟建一座城市人行天桥，场地大小为60m×30m，其平面布置图如图7-5所示。

(1)基础采用桩基础，位于岩石地基上，地基承载力满足。

(2)天桥主体结构设计基准期为100年，设计使用年限为50年，设计安全等级为一级。

(3)建筑物建在合肥地区。

(4)桥梁结构形式选择钢箱梁桥；柱墩选择钢管混凝土柱。

(5)地震动峰值加速度等于0.10g，地震基本烈度为Ⅶ度。

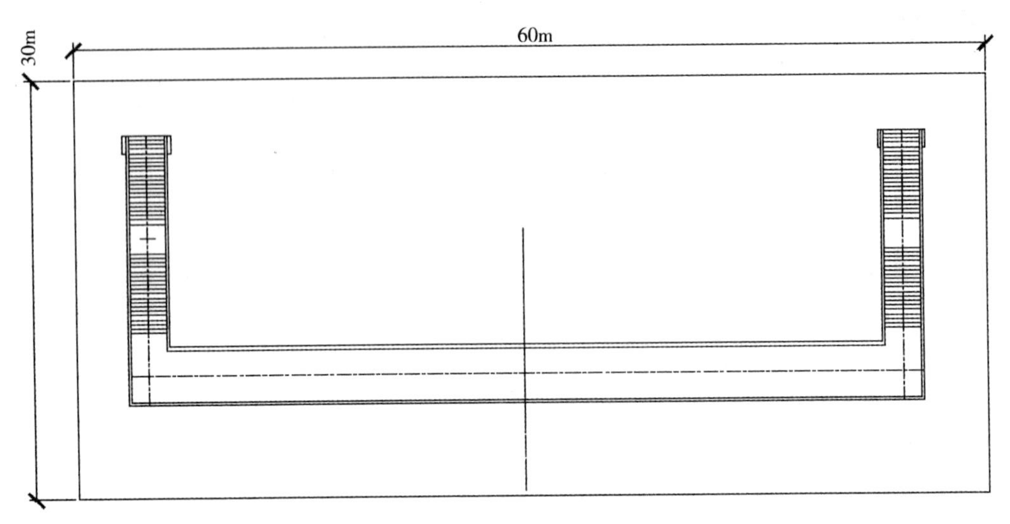

图 7-5 场地平面布置图

(6)结构竖向自振频率大于等于 3Hz。

7.3.2 设计内容

(1)根据所给地形图,选择适当桥长,桥宽,桥面净高、桥下净高。

(2)按相关要求选择梁柱截面尺寸并验算,包括截面选择、截面校核、整体稳定、局部稳定的保证措施等内容。

(3)钢楼梯的设计,主要包括楼梯建筑形式、楼梯尺寸、踏步数的设计和梯段梁选择及验算、平台板选择及验算、平台梁选择及验算等内容。

(4)柱墩的设计,主要包括柱墩截面尺寸的选择和柱墩内力验算。

要求学生独立完成该人行天桥的设计,绘制出主梁构造图、楼梯构造图各一张,完成一份完整的设计计算书。

7.3.3 设计要求

(1)必须符合《城市人行天桥与人行地道技术规范(CJJ 69—95)》和《公路钢结构桥梁设计规范(JTG D64—2015)》及其他相关规范规定的有关设计公式及设计内容。

(2)设计时间为 2 周。

(3)每组中根据桥面宽度、桥面净高、桥下净高的不同和主梁截面形式的选择(钢箱梁、钢板梁)进行分组,每组宜 5～6 名同学。

7.4 人行天桥设计

7.4.1 人行天桥一般设计

阶梯:槽钢;

桥墩:钢管混凝土柱;

桥长:55.8m;

桥宽:0.25m(栏杆)+3.5m(人行道)+0.25m(栏杆)=4m(全宽);

梁下净空:3.7m;

柱墩:柱墩采用双柱墩,墩底距基础顶面高度 1.2m;

栏杆水平推力:2.5kN/m,竖向荷载 1.2kN/m;

材料选择:钢材:Q235C;墩柱混凝土:强度等级 C30;

设计时未考虑广告牌、花盆及其他装饰荷载;

基本风压取合肥地区基本风压 0.35kN/m^2;基本雪压取合肥地区基本雪压 0.60kN/m^2;地震动峰值加速度等于 0.10g,地震基本烈度为Ⅶ度。

根据《城市人行天桥与人行地道技术规范(CJJ 69—95)》规定,人群设计荷载:

对于桥面板,5kPa;

对于主梁,当加载长度为 21～100m(100m 以上同 100m)时

$$w=\left(5-2\times\frac{L-20}{80}\right)\left(\frac{20-B}{20}\right)\text{kPa} \tag{7-6}$$

式中 w——单位面积的人群荷载(kPa);

L——加载长度(m);

B——半桥宽度(m),大于 4m 时仍按 4m 计。

本次设计中,计算跨径 L 为 52.8m,桥面宽度为 4m,故

$$w=\left(5-2\times\frac{52.8-20}{80}\right)\left(\frac{20-4}{20}\right)=3.34\text{kPa}$$

建筑平面布置及立面布置如图 7-6 和图 7-7 所示。

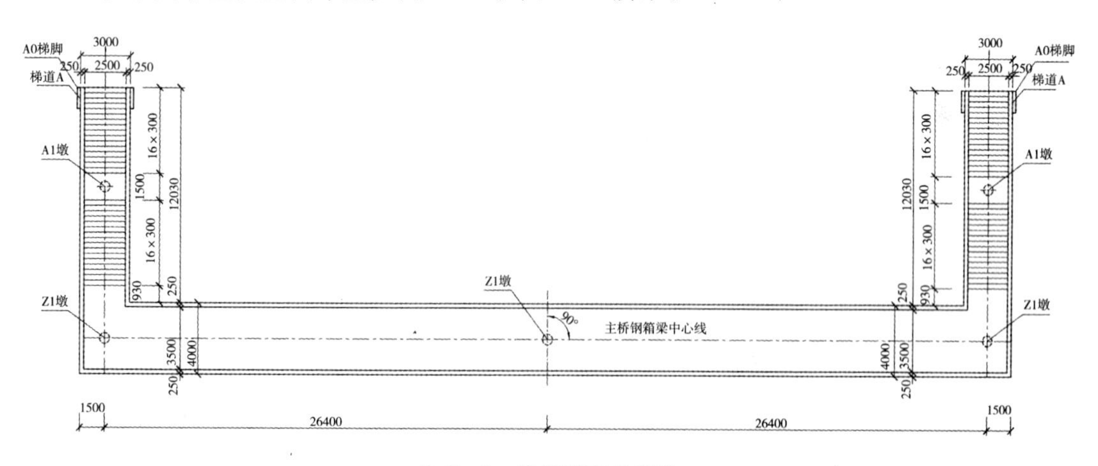

图 7-6 建筑平面布置图

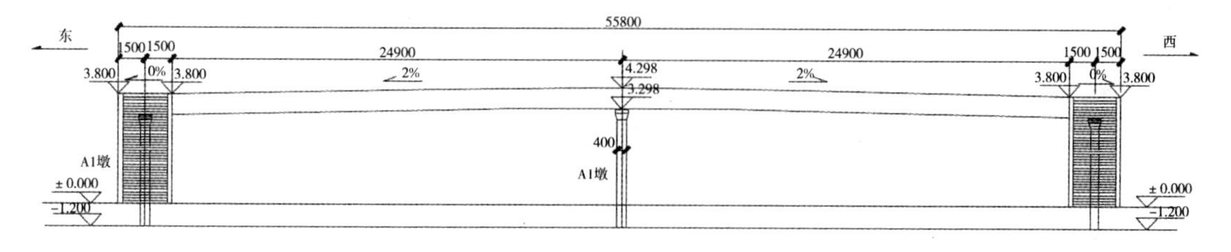

图 7-7 建筑立面布置图

7.4.2 桥面板的设计

桥面板作为简支梁，截面设计时，荷载仅仅有上承式钢板来承受，可以忽视上承式钢板内混凝土的应力。

1. 荷载计算

(1)静荷载

桥面除设计考虑的荷载，有活荷载与静荷载。荷载强度按桥宽方向的单位宽度计算：

沥青混凝土铺装 25mm	$0.025\times20=0.5\text{kN/m}^2$
水泥砂浆	$0.5\times(0.04+0.015)\times20=0.55\text{kN/m}^2$
混凝土	$0.1\times0.5\times23=1.15\text{kN/m}^2$
钢板	1.23kN/m^2
	$W_d=3.43\text{kN/m}^2$

(2)活荷载

人群荷载 5kN/m^2

2. 桥面板截面设计及验算

桥面板采用 16mm 厚钢板，跨度为 4m，$A=4000\times16=64000\ \text{mm}^2$，截面惯性矩 $I=\frac{1}{12}bh^3=4000\times16^3/12=13.66\times10^5\ \text{mm}^4$。

考虑承载能力极限状态，跨中处为最不利截面，

由静荷载产生的弯矩

$$M_d=\frac{1}{8}q_1l^2=\frac{1}{8}\times1.2\times3.43\times3.7\times4^2=30.46\text{kN}\cdot\text{m}$$

由活荷载产生的弯矩

$$M_d=\frac{1}{8}q_2l^2=\frac{1}{8}\times1.4\times5\times4\times4^2=56\text{kN}\cdot\text{m}$$

合计弯矩

$$M_1+M_d=30.46+56=86.46\text{kN}\cdot\text{m}$$

$$\sigma=M\times y/I=86.46\times10^6\times0.8/13.66\times10^5=50.63\text{N/mm}^2<215\text{N/mm}^2$$

应力满足。

7.4.3 主梁及钢管混凝土柱截面初选

1. 主梁截面初选

根据《公路钢结构桥梁设计规范(JTG D64－2015)》要求，设计钢箱梁截面形式如图 7－8 所示。其截面可作为跨径方向的等截面。也可以考虑截面的变化，但因为人行天桥使用钢材的重量不大，采用这样的等截面对全部工程费用几乎没有多大影响。

2. 钢管混凝土柱截面初选

根据《钢管混凝土结构技术规范(GB 50936－2014)》要求，设计钢管混凝土柱，内填补偿

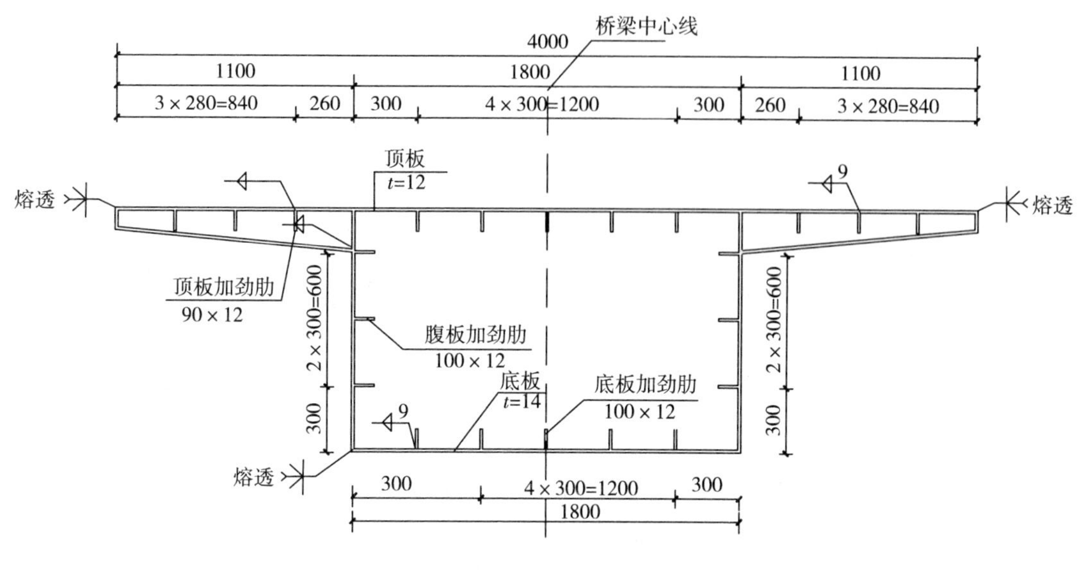

图 7-8　钢箱梁截面

收缩混凝土(膨胀率大于等于 0.15),必须采取施工措施保证混凝土捣实养护,钢与混凝土之间不得有间隙或空洞。钢管混凝土柱截面形式如图 7-9 所示。

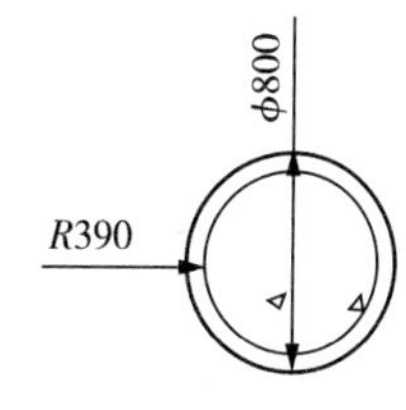

图 7-9　钢管混凝土柱截面

7.4.4　荷载计算及荷载效应组合

1. 荷载计算

(1)恒载

沥青混凝土铺装 25mm	$0.025\times20\times3.4=1.7\text{kN/m}$
水泥砂浆	$0.5\times(0.04+0.015)\times20\times3.4=1.87\text{kN/m}$
混凝土	$0.1\times0.5\times23\times3.4=3.91\text{kN/m}$
钢板	$1.23\times3.4=4.18\text{kN/m}$
栏杆	1.2kN/m
钢重	3.5kN/m

$$W_d=16.36\text{kN/m}$$

(* 钢重指主梁、补强材料及栏杆底座的重量之和)

(2)基本可变荷载

活荷载 W_1,考虑人群荷载用下式求出:

$$W_1=Qd \tag{7-7}$$

式中　Q——人群荷载;

d——有效宽度。

$$W_1=Qd=3.44\times3.4=11.7\text{kN/m}$$

(3)其他可变荷载:风荷载

合肥地区基本风压: 0.35kN/m^2

桥面处横向风压: $W_1=K_1K_2K_3K_4W_0=0.85\times1.3\times1.00\times0.8\times0.35=0.31\text{kN/m}^2$

桥墩处纵向风荷载: $W_4=0.19\times0.7=0.13\text{kN/m}^2$

桥面处纵向风力: $q_1=0.13\times4=0.52\text{kN/m}^2$

(4)地震作用

按照《公路工程抗震设计规范(JTJ 044—89)》,简支梁的上部构造可不进行抗震强度和稳定性验算,但应采取抗震措施。计算桥墩地震反应的常用方法有振型分解反应谱法和时程分析法。

梁桥桥墩顺桥向和横桥向的水平地震荷载:

$$E_{ihp}=C_iC_zK_h\beta_i\gamma_iX_{ii}G_i=1.0\times0.3\times0.1\times2.25\times0.2/0.3\times\gamma_iX_{ii}G_i \tag{7-8}$$

将墩身简化为两段,墩顶1—1截面,墩底2—2截面,以及1/2墩高3—3截面处。

经查阅资料,取钢管自重3.8kN/m,混凝土自重50.3kN/m。

则桥梁上部结构重力 $G_1=979.34\text{kN}$,$G_2=148.6\text{kN}$,$G_3=148.6\text{kN}$

则
$$E_{ihp}=1.0\times0.3\times0.1\times2.25\times0.2/0.3\times\gamma_iX_{ii}G_i$$

$$H/B>5$$

$$X_{1i}=X_f+\frac{1-X_f}{H}H_1=0+\frac{H_i}{H}=\frac{H_i}{6}(H\text{ 为到基础顶面距离})$$

$H_2=4.625\text{m}$,$H_3=1.875\text{m}$,则 $X_{11}=1$,$X_{12}=0.77$,$X_{13}=0.31$

则
$$\gamma_1=\frac{\sum_{i=1}^{3}X_{1i}G_i}{\sum_{i=1}^{3}X_{1i}^2G_i}=1.05$$

则
$$E_{1hp}=1.0\times0.3\times0.1\times2.25\times0.2/0.3\times1.05\times1\times979.34=46\text{kN}$$

$$E_{2hp}=1.0\times0.3\times0.1\times2.25\times0.2/0.3\times1.05\times0.77\times148.6=5.4\text{kN}$$

$$E_{3hp}=1.0\times0.3\times0.1\times2.25\times0.2/0.3\times1.05\times0.31\times148.6=2.2\text{kN}$$

2. 各种荷载作用下桥面与桥墩内力计算

组合Ⅰ:基本可变荷载与永久荷载的一种或几种相组合。

(1)承载能力极限状态 1.2×恒载+1.4×基本可变荷载

(2)正常使用极限状态 1.0×恒载+1.0×基本可变荷载

组合Ⅱ:基本可变荷载与永久荷载的一种或几种与其他可变荷载的一种或几种相组合。

(3)承载能力极限状态

1.2×恒载+1.4×基本可变荷载+1.4×0.6×风荷载

(4)正常使用极限状态

1.0×恒载+1.0×可变荷载+1.0×0.7×风荷载

组合Ⅲ：结构重力、$1.0\mathrm{kN/m^2}$ 人群荷载与地震力相组合。

(5)1.2×恒载＋1.4×$1.0\mathrm{kN/m^2}$ 人群荷载＋1.3×水平地震荷载

综上，主梁考虑(1)最不利组合。桥墩考虑(1)(3)(5)组合。

3. 内力组合

(1)承载能力极限状态　1.2×恒载＋1.4×基本可变荷载

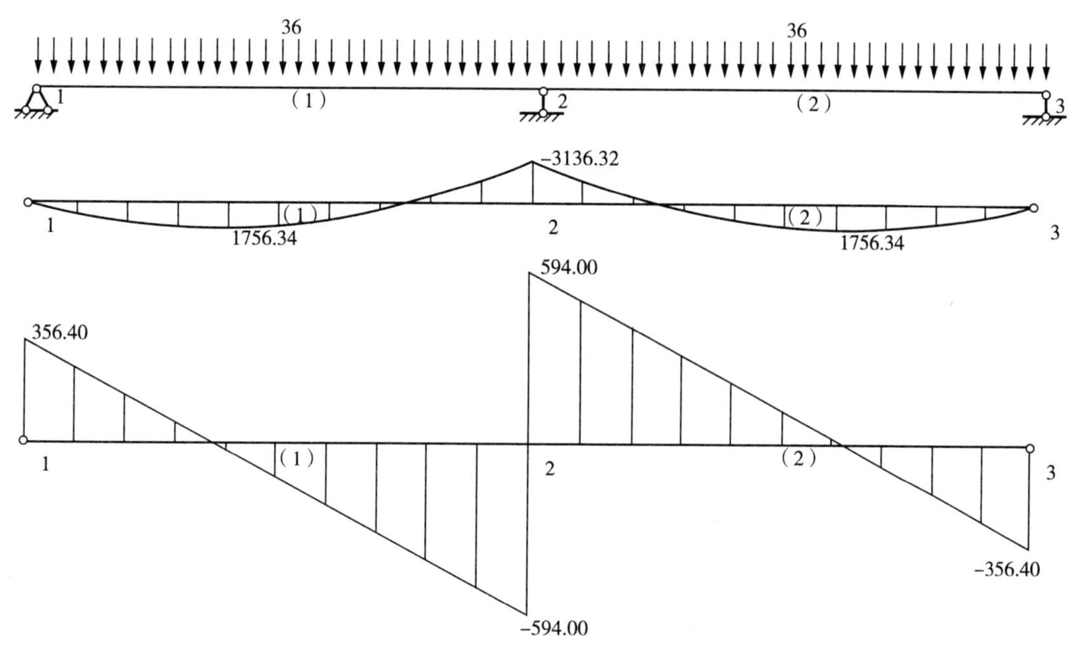

图7-10　①荷载情况下内力

(2)承载能力极限状态　1.2×恒载＋1.4×基本可变荷载＋1.4×0.6×风荷载

此时，Z2墩所受最大轴压力为：

$$1188+78.5\times\pi\times(0.4^2-0.35^2)\times6+23\times\pi\times0.35^2\times6=1297\mathrm{kN}$$

此时，Z2墩底所受最大剪力为 $0.52\times6=3.12\mathrm{kN/m}$。

(3)1.2×恒载＋1.4×基本可变荷载＋1.3×水平地震荷载

此时，Z2墩所受最大轴压力为：

$$1188+78.5\times\pi\times(0.4^2-0.35^2)\times6+23\times\pi\times0.35^2\times6=1297\mathrm{kN}$$

此时，Z2墩底所受最大剪力为 $53.6\mathrm{kN/m}$。

7.4.5　主梁设计

主梁的构造计算作为两端铰支承的连续梁桥进行设计。因为控制内力（考虑恒、活荷载的分项系数分别为1.2、1.4）

$$M_{x\max}=3136.32\mathrm{kN\cdot m},V_{x\max}=594.0\mathrm{kN}$$

所以，主梁经济高度：

$$h=\sqrt{\frac{aM}{[\sigma_w]\cdot\delta_f}}=\sqrt{\frac{2.6\times3136.32}{215\times15}}=1591\text{mm}$$

主梁最小高度：

$$h_{\min}=\frac{5}{24}\times\frac{[\sigma_w]}{E}\times\frac{L^2}{[f]}\times\frac{1}{1+\mu+\dfrac{P}{K}}$$

$$=\frac{5}{24}\times\frac{215}{2.06\times10^3}\times\frac{26.4^2}{26.4/600}\times\frac{1}{1+0.431+\dfrac{16.36/3.4}{5.85}}=152.9\text{mm}$$

$$A_{yi}=\frac{M}{[\sigma_w]}\times\frac{1}{h}-\frac{1}{6}\delta_f h=\frac{1568.68\times10^3}{215}\times\frac{1}{1}-\frac{1}{6}\times15\times1000=4800\ \text{mm}^2$$

根据电算结果查得钢箱梁截面特性：

截面面积为 $1.613\times10^5\text{mm}^2$，截面惯性矩为 $I_x=3.9\times10^{10}\text{mm}^4$，截面模数为 $W_x=5.1491\times10^7\text{mm}^3$，$S=6.66\times10^7\text{mm}^2$。

抗弯强度：

$$\frac{M_x}{\gamma_x W_{nx}}=\frac{3136.32\times10^6}{1.05\times51492\times10^3}=58.01\ \text{N/mm}^2<215\ \text{N/mm}^2$$

满足要求。抗剪强度：

$$\tau=\frac{VS}{It_w}=\frac{594\times10^3\times6.66\times10^7}{3.9\times10^{10}\times12}=84.53\ \text{N/mm}^2<215\ \text{N/mm}^2$$

满足要求。

刚度验算：

由活荷载产生的跨中挠度

$$v=\frac{5q_k l^3}{384EI_x} \tag{7-9}$$

代入数据：

$$v=\frac{5\times11.7\times26.4^4}{384\times2.06\times390000}=0.009\text{m}<\frac{26.4}{600}=0.044\text{m}$$

满足要求。

整体稳定性验算：

由于本例中桥面板可视为刚性铺板，能够阻止梁上翼缘的侧向失稳，因此梁的整体稳定可不验算。

7.4.6 钢楼梯设计

根据《城市人行天桥与人行地道技术规范(CJJ 69—95)》规定，设计人行天桥：

梯道宽：0.25m(栏杆)+2.5m(人行道)+0.25m(栏杆)=3m(全宽)。

(梯道中间设休息平台，梯道坡度为 1∶2，踏步每阶高 0.15m，宽 0.3m)

梯道踏板采用焊接钢板，梯道钢梁与主梁采用焊接连接。

桥面纵坡：2％；桥面横坡：1.5％。

1. 斜梁计算

根据《国家建筑标准设计图集钢梯(15J401)》，选用普通槽钢{32a 作为钢楼梯斜梁，初步确定楼梯形式如图所示。选用 a3 型踏步板和 a 型梯顶踏步板，踏步板材料为 4.5mm 厚的扁豆型花纹钢板，楼梯梯段的计算模型如图 7-11 所示。

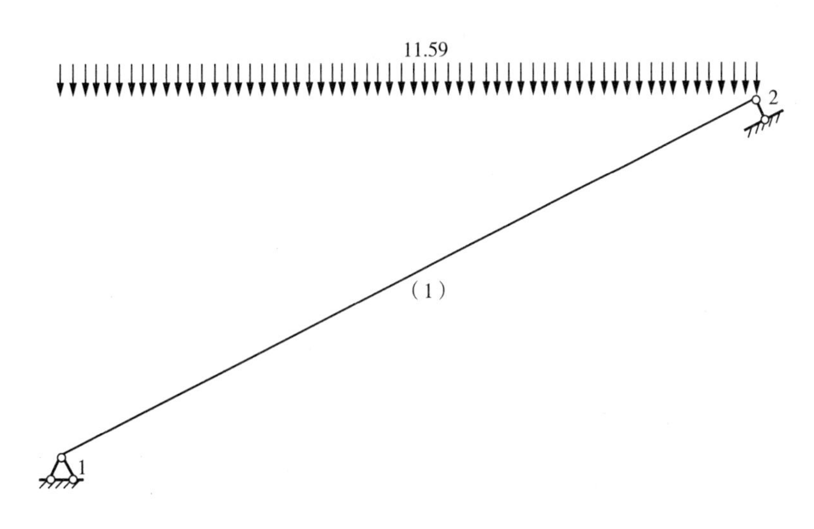

图 7-11　楼梯梯段的计算模型

$$38.07\times9.8\times10^{-3}=0.37\text{kN/m}$$

$$H=2400\text{mm},L=4800\text{mm}$$

(1)荷载计算

恒载：踏步板自重：$36.4\times9.8\times10^{-3}\times1.5=0.54\text{kN/m}$

　　槽钢[32a 自重活载：$38.07\times9.8\times10^{-3}\times1.5=0.37\text{kN/m}$

活荷载：取人群荷载：$5\times1.5=7.5\text{kN/m}$

作用于斜梁的荷载设计值：$P=1.2\times(0.54+0.37)+1.4\times7.5=11.59\text{kN/m}$

(2)内力计算

斜梁的跨中最大弯矩：$M_{\max}=\dfrac{1}{8}PL^2=33.38\text{kN}\cdot\text{m}$

斜梁的最大剪力：$V_{\max}=\dfrac{1}{2}PL\cos\alpha=24.88\text{kN}$

(3)截面验算

普通槽钢[32a，其截面面积为 4850mm^2，截面惯性矩为 $I_x=7.511\times10^7\text{mm}^4$，截面模数为 $W_x=4.694\times10^6\text{mm}^3$，$t_w=8\text{mm}$，$S=2.7376\times10^5\text{mm}$。

抗弯强度：

$$\frac{M_x}{\gamma_x W_{nx}}=\frac{33.38\times10^6}{1.05\times469.4\times10^3}=67.73\ \text{N/mm}^2<215\ \text{N/mm}^2$$

满足要求。

抗剪强度：

$$\tau=\frac{VS}{It_{\mathrm{w}}}=\frac{24.88\times10^{3}\times273760}{7511\times10^{4}\times8}=11.34\ \mathrm{N/mm^{2}}<215\ \mathrm{N/mm^{2}}$$

满足要求。

刚度验算：

由活荷载产生的跨中挠度 $v=\frac{5q_{\mathrm{k}}l^{3}}{384EI_{x}}$

代入数据：

$$v=\frac{5\times11.59\times4.8^{4}}{384\times2.06\times7511}=0.005\mathrm{m}<\frac{4.8}{600}=0.008\mathrm{m}$$

满足要求。

2. 休息平台计算

休息平台采用6mm厚的扁豆型花纹钢板，休息平台尺寸为1500mm×3000mm，按照单向板计算，取1m宽的板带进行计算。

(1)荷载计算

恒载：踏步板自重：$56.4\times9.8\times10^{-3}\times1.0=0.55\mathrm{kN/m}$

活荷载：取人群荷载：5kN/m

作用于休息平台的荷载设计值：$P=1.2\times0.55+1.4\times5=7.66\mathrm{kN/m}$

(2)内力计算

板的计算跨度取1.5m，则

弯矩设计值：

$$M_{\max}=\frac{1}{10}PL^{2}=1.72\mathrm{kN\cdot m}$$

(3)截面验算

抗弯强度：

$$\frac{M}{\gamma W}=\frac{1.72\times10^{6}}{1.05\times10^{3}\times8}=205.2\ \mathrm{N/mm^{2}}<215\ \mathrm{N/mm^{2}}$$

满足要求。

3. 平台梁的设计

设平台梁采用热轧HN500×200×10×16型钢，其截面面积为11230mm²，截面惯性矩$I_{x}=4.68\times10^{8}\mathrm{mm^{4}}$，截面模数为$W_{x}=1.87\times10^{6}\mathrm{mm^{3}}$

(1)荷载计算

恒载：梁自重　　　　$88.1\times9.8\times10^{-3}=0.86\mathrm{kN/m}$

平台板传来的荷载　　$7.66\times1.5/2=5.75\mathrm{kN/m}$

楼梯段传来的荷载　　$11.59/1.5\times4.8/2=18.54\mathrm{kN/m}$

$P=0.86+5.75+18.54=25.15\mathrm{kN/m}$

(2)截面设计

计算跨度　　$L_0=1.05\times3=3.15\text{m}$

跨中最大弯矩　　$M_{max}=\frac{1}{8}PL_0{}^2=31.19\text{kN}\cdot\text{m}$

斜梁的最大剪力　　$V_{max}=\frac{1}{2}PL\ =37.73\text{kN}$

(3)截面验算

抗弯强度：

$$\frac{M}{\gamma W}=\frac{31.19\times10^6}{1.05\times1870\times10^3}=15.88\text{N/mm}^2<215\ \text{N/mm}^2$$

满足要求。

抗剪强度：

$$S=200\times16\times(500-16)/2+10\times(500-2\times16)^2\ /8=1048180\text{mm}^3$$

$$\tau=\frac{VS}{It_w}=\frac{37.73\times10^3\times1048180}{46800\times10^4\times10}=8.45\text{N/mm}^2<215\ \text{N/mm}^2$$

满足要求。

7.4.7　钢管混凝土柱设计

1. 材料设定

钢:选用Q235号钢,弹性模量 $E_A=206\times10^3\text{N/mm}^2$,抗拉抗压强度设计值 $F_A=215\text{N/mm}^2$,屈服强度 $f_y=235\text{N/mm}^2$。

混凝土:选用C30的混凝土,抗压强度设计值 $f_c=14.3\text{N/mm}^2$,抗拉强度设计值 $f_t=1.43\text{N/mm}^2$,弹性模量 $E_c=30\times10^3\text{N/mm}^2$。

2. 尺寸设计

柱子直径:$D=800\text{mm}>100\text{mm}$(钢结构设计规范规定的最小柱子外径)

钢管壁厚:$t=10\text{mm}$,《钢管混凝土结构技术规程(CECS 28—2012)》规定。

钢管外径与壁厚之比 D/t：　$20<D/t<135\sqrt{235/f_y}$　　(7-10)

本设计 $20<D/t=80<135$,满足设计要求。

3. 钢管混凝土单肢柱的承载力计算(以Z2中柱为例)

(1)根据《钢管混凝土结构技术规程(CECS 28—2012)》可知:

钢管混凝土单肢的承载力应按下式计算:

$$N_u=\varphi_1\varphi_e N_0 \tag{7-11}$$

$$\theta=f_a A_a/f_c A_c \tag{7-12}$$

当 $0.5<\theta\leqslant[\theta]$时,

$$N_0=0.9f_c A_c(1+\alpha\theta) \tag{7-13}$$

当 $2.5>\theta>[\theta]$时,

$$N_0=0.9f_cA_c(1+\sqrt{\theta}+\theta) \quad (7-14)$$

在任何情况下均应满足下列条件：

$$\varphi_1\varphi_e<\varphi_0 \quad (7-15)$$

式中 N_0——钢管混凝土实心短柱的承载力设计值；

θ——钢管混凝土的套箍指标；

α——与混凝土强度等级有关的系数；

$[\theta]$——与混凝土强度等级有关的套箍指标界限值；

f_c——混凝土的抗压强度设计值；

A_c——钢管内混凝土的横截面面积；

f_a——钢管的抗拉、抗压强度设计值；

A_a——钢管的横截面积；

φ_1——考虑长细比影响的承载力折减系数；

φ_e——考虑偏心率影响的承载力折减系数；

φ_0——按轴心受压柱考虑的 φ_1 值。

(2)柱承载力验算：

$$\theta=f_aA_a/f_cA_c=\frac{215\times\pi\times(400^2-390^2)}{14.3\times\pi\times390^2}=0.78$$

满足 $0.78<\theta<1$。

$$N_0=0.9f_cA_c(1+\alpha\theta)=0.9\times14.3\times\pi\times390^2\times(1+2\times0.78)=1.48\times10^7\text{N}$$

$$N_u=\varphi_1\varphi_eN_0 \quad (7-16)$$

φ_e 的确定：因为不考虑偏心率的影响，故 $\varphi_e=1$。

φ_1 的确定：

$$L_e=\mu kl=0.7\times1\times6=4.2\text{m}$$

$$L_e/D=4200/800=5.25, 30>5.25>4$$

故 $$\varphi_1=1-0.0226(L_e/D-4)=0.97。$$

(3)N_u 的确定：

$$N_u=\varphi_1\varphi_eN_0=0.97\times1\times1.58\times10^7=15326\text{kN}$$

(4)荷载的确定(考虑荷载组合)：

$$N_{max}=1297\text{kN}$$

(5)承载力验算：

$$N_u=15326\text{kN}>F=1297\text{kN}$$

故满足竖向承载力要求。

同时，柱墩所受最大弯矩与剪力较小，也满足条件。

7.5　结构施工图绘制

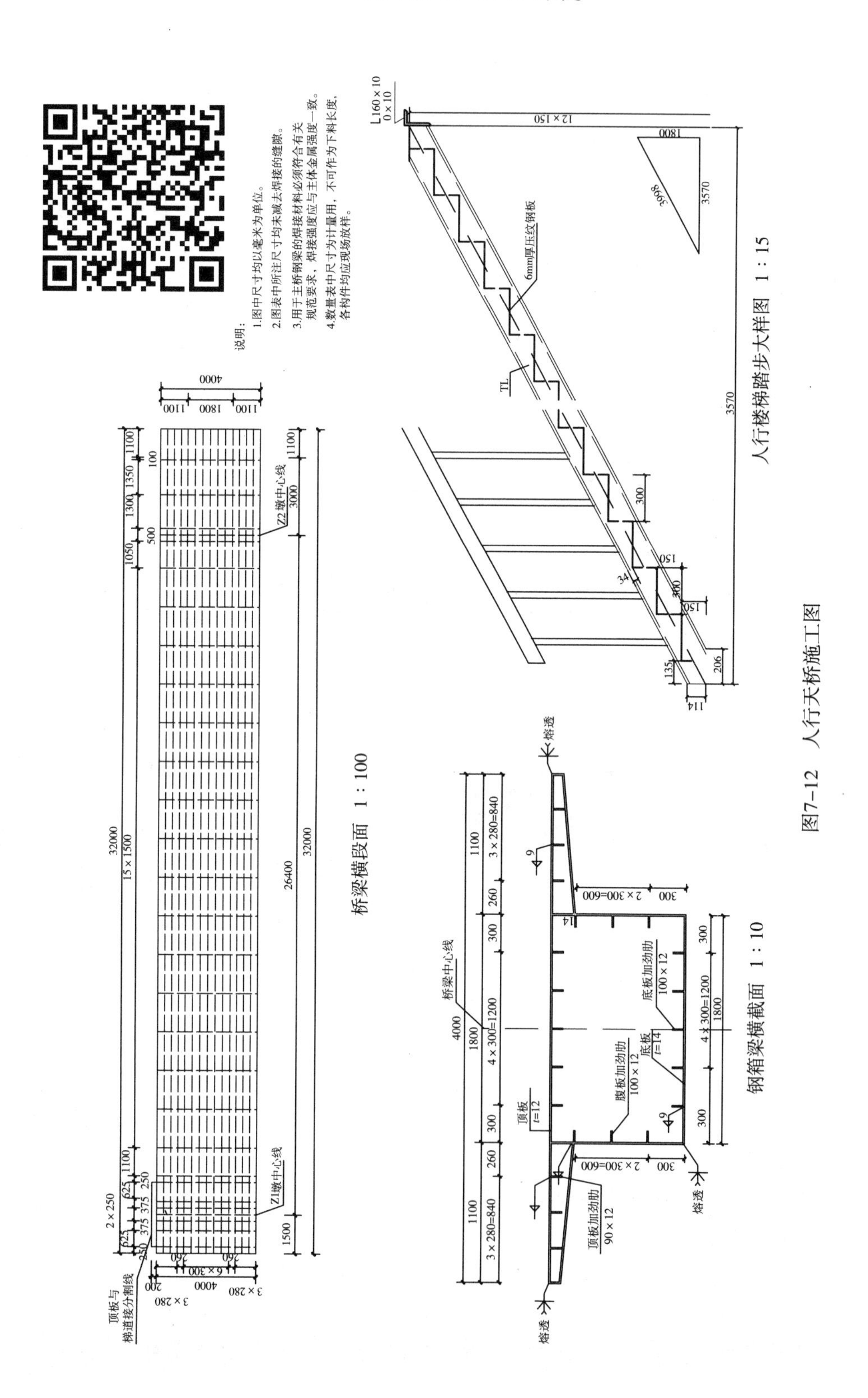

图7-12　人行天桥施工图

7.6 电 算

7.6.1 MIDAS 软件简介

MIDAS/Civil 是针对土木结构工程，特别是分析预应力箱型桥梁、悬索桥、斜拉桥等特殊的桥梁结构形式，同时可以做非线性边界分析、水化热分析、材料非线性分析、弹力塑性分析、动力弹塑性分析的一款软件，具有迅速、准确地完成类似结构的分析和设计的特点。

本次人行天桥设计，将使用 MIDAS/Civil 2017 进行建模分析，可减少计算量和手动分析过程，同时得到较为精确的设计结果。

7.6.2 建模步骤

1. 材料定义

(1)首先选择《公路钢结构桥梁设计规范(JTG D64－2015)》，添加钢筋材料。

(2)定义材料数据。选择规范"JTG D64－2015(S)"，定义钢材为 Q345。

钢材定义具体材料数据如图 7－13 所示。

图 7－13　钢材定义具体材料数据

2. 建立模型

所设计的人行天桥全长 55.8m，桥面宽度：0.25m(栏杆)＋3.5m(人行道)＋0.25m(栏杆)＝4m，梯道宽度：0.25m(栏杆)＋2.5m(人行道)＋0.25m(栏杆)＝3m。梯道中间设休息平台，全桥共 2 个 1∶2 梯道，踏步每阶高 0.15m，宽 0.3m，梯道踏板采用焊接钢板，梯道钢梁与主梁采用焊接连接。

人行天桥结构单元模型如图 7－14 所示。

3. 设计截面定义

(1)梁截面主要有钢箱梁横截面、横隔梁截面、梯道平台截面和梯道台阶截面，这 4 种设计截面也基本可以模拟全桥。

（2）定义截面，通过 MIDAS 内置截面特性计算器导入 CAD 中的设计截面，其中截面的偏心为中上部。具体关键步骤参数参照图 7－15、图 7－16 和图 7－17。

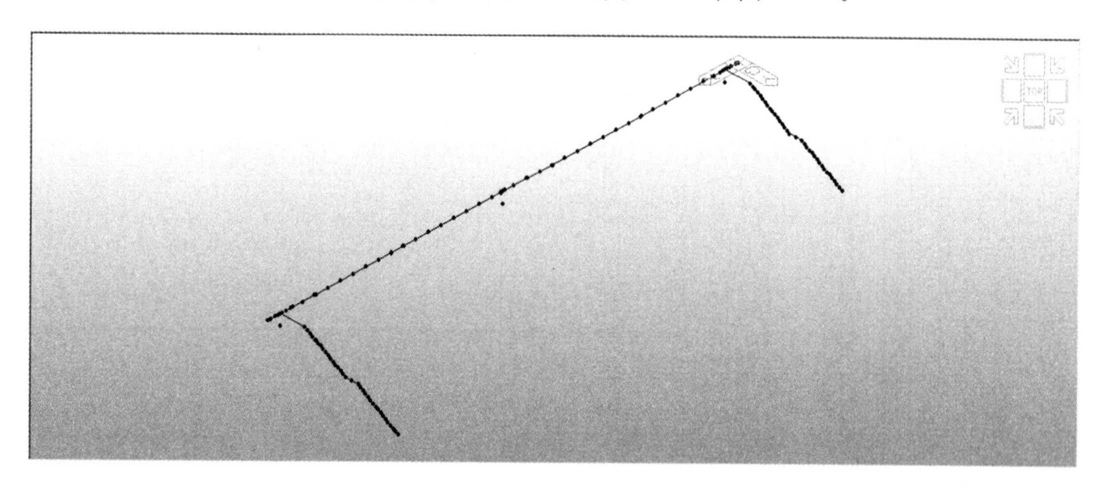

图 7－14　人行天桥结构单元模型

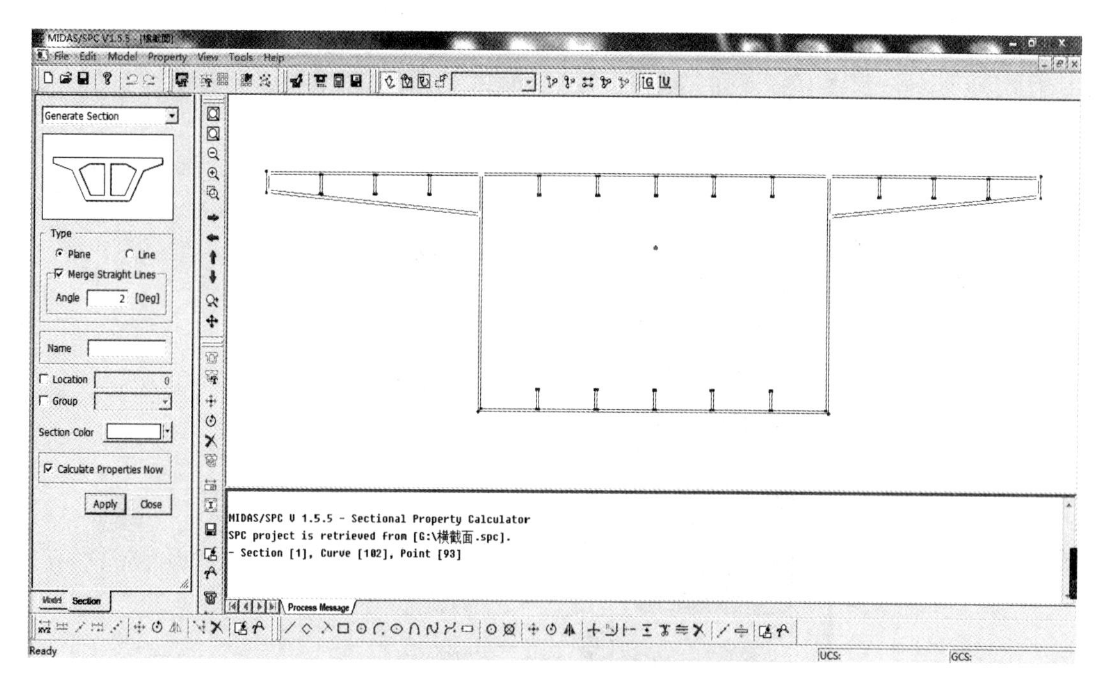

图 7－15　钢箱梁截面特性计算

将截面依次赋予相对应的各个单元之后，人行天桥结构的模型形状完成。详情参照图7－18。

4. 建立静力荷载工况

MIDAS 软件中，在荷载一静力荷载工况中命名我们所需要的荷载工况，同时选择工况的类型。本次设计共建立了自重、护栏、桥面铺装、风荷载和温度荷载，如图 7－19 所示。

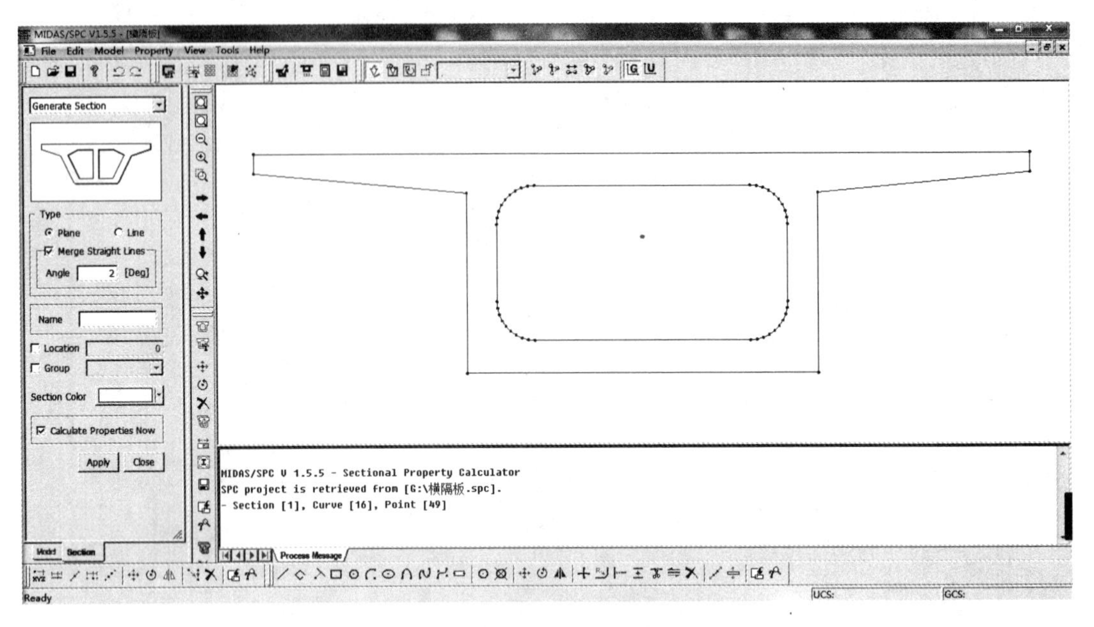

图 7-16 横隔板截面特性计算

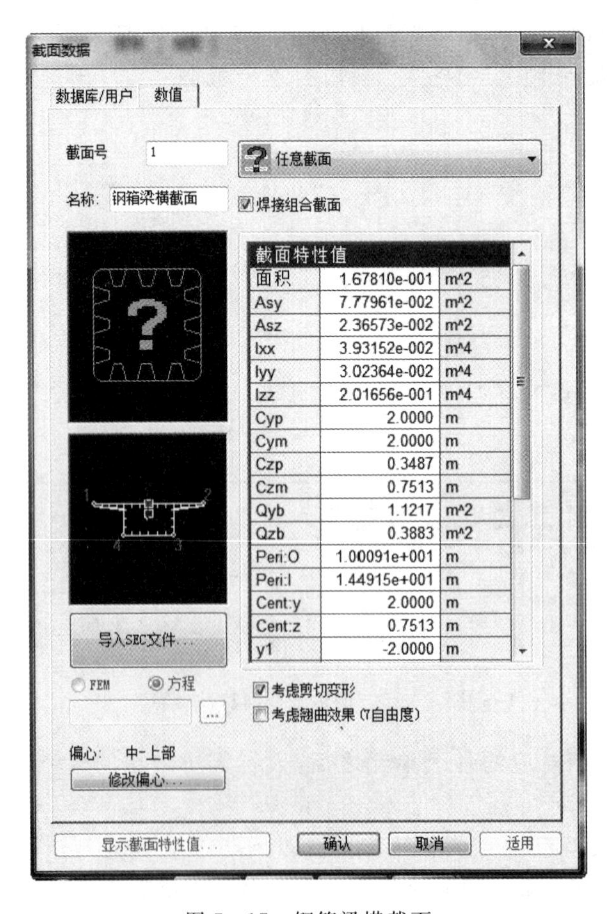

图 7-17 钢箱梁横截面

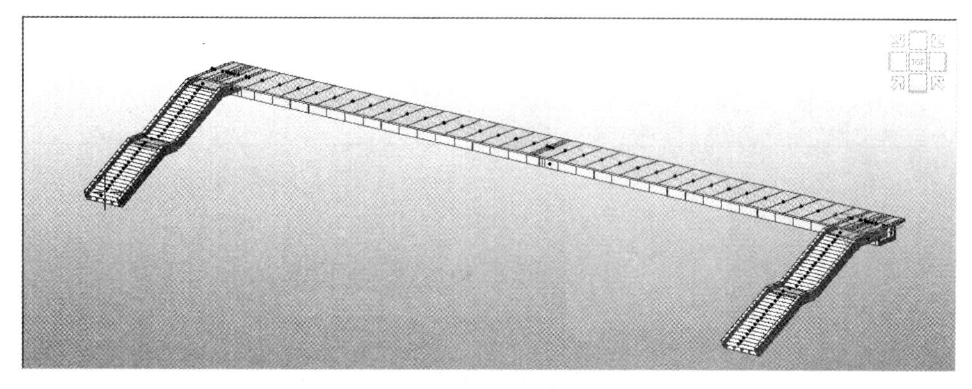

图 7 - 18　人行天桥全桥单元模型

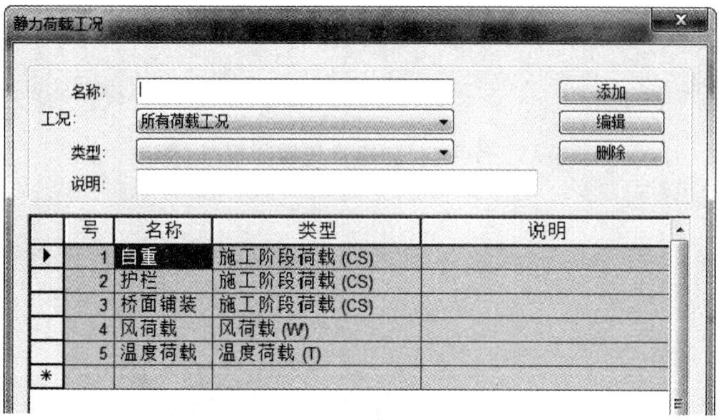

静力荷载工况
名称:
工况:
所有荷载工况
类型:
说明:
添加
编辑
删除
号
名称
类型
说明
1 自重 施工阶段荷载 (CS)
2 护栏 施工阶段荷载 (CS)
3 桥面铺装 施工阶段荷载 (CS)
4 风荷载 风荷载 (W)
5 温度荷载 温度荷载 (T)

图 7 - 19　静力荷载工况

(1)添加自重,在这个模型建立完之后,我们需要定义模型的自重,之前已经定义材料特性和截面参数,故只需 Z 方向输入为-1.0,如图 7 - 20 所示。

节点 单元 边界条件 质量 荷载
自重
荷载工况名称
自重
荷载组名称
默认值
自重系数
Wgt.Z
Wgt.Y
Wgt.X
Z
Y
X
X: 0
Y: 0
Z: 0
荷载工况 X Y Z 组
自重 0 0 -1 自重

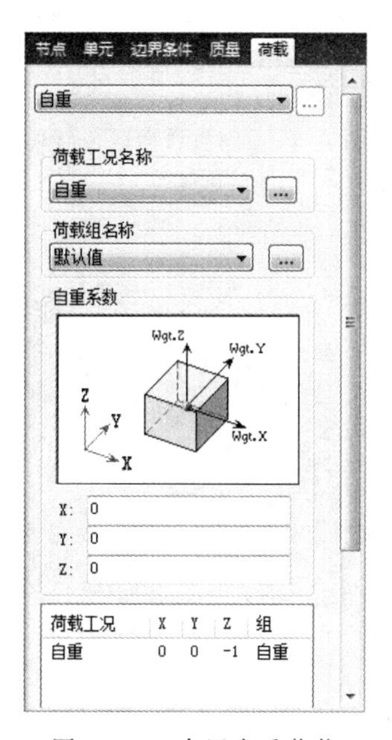

图 7 - 20　布置自重荷载

(2)添加二期荷载,二期主要为桥面铺装和护栏的重力荷载,采用梁单元荷载进行添加到梁体结构上,如图 7－21 和图 7－22 所示。

(3)添加风荷载。如图 7－23 所示。

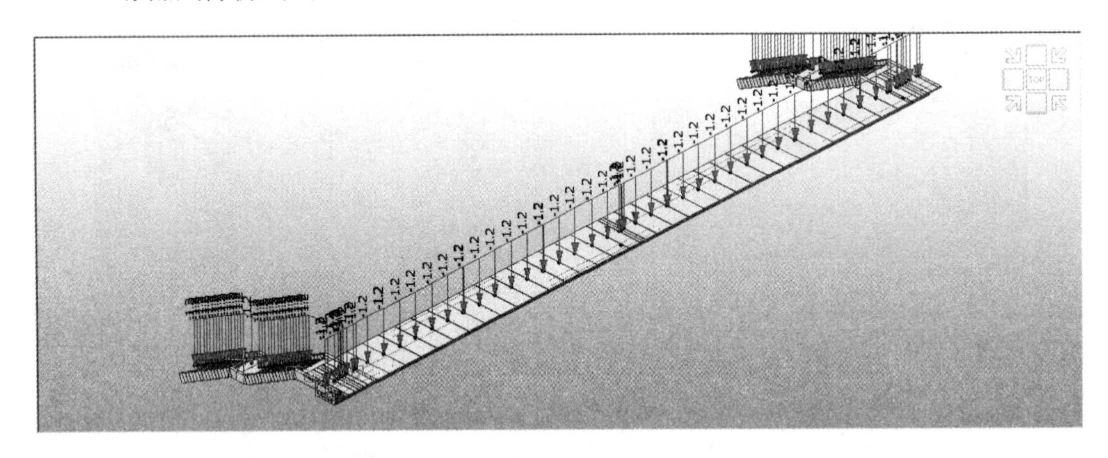

图 7－21　布置护栏荷载

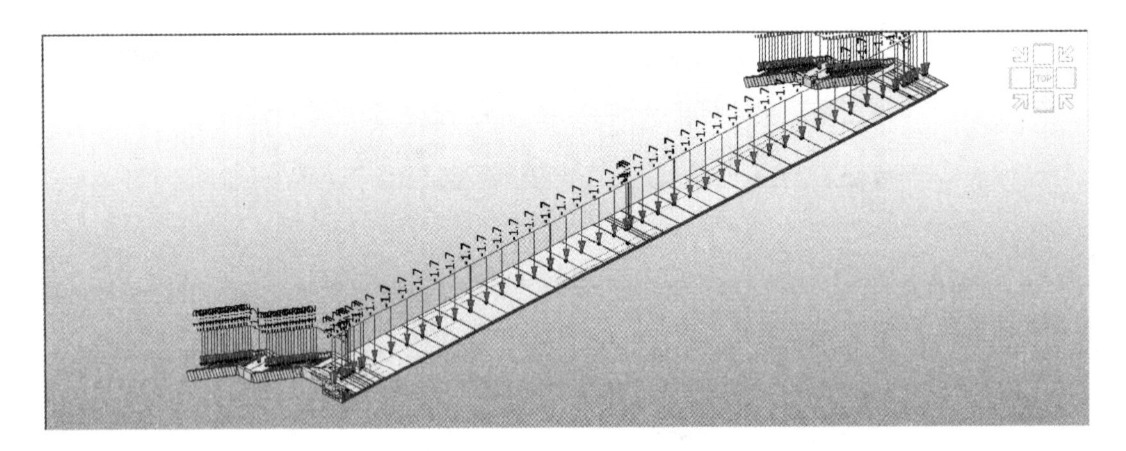

图 7－22　布置桥面铺装荷载

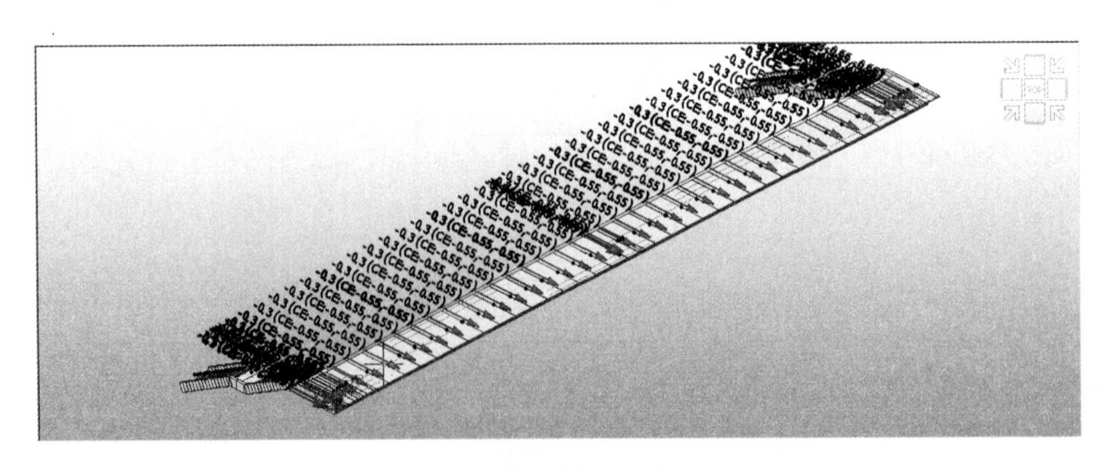

图 7－23　布置风荷载

5. 建立移动荷载工况

(1)选择移动荷载选项,选择移动荷载规范为中国(China)规范。

(2)添加车道线,本次设计在建模过程中,采用简化方式,集中于道路中心线一条车道。

(3)布置完成车道线以后,接下来就要定义车辆荷载,选择"CH－RQ"(即人群荷载),选择的规范为公路工程技术标准。

(4)根据前面所加的车道线,添加新的移动荷载工况。如图7-24所示。

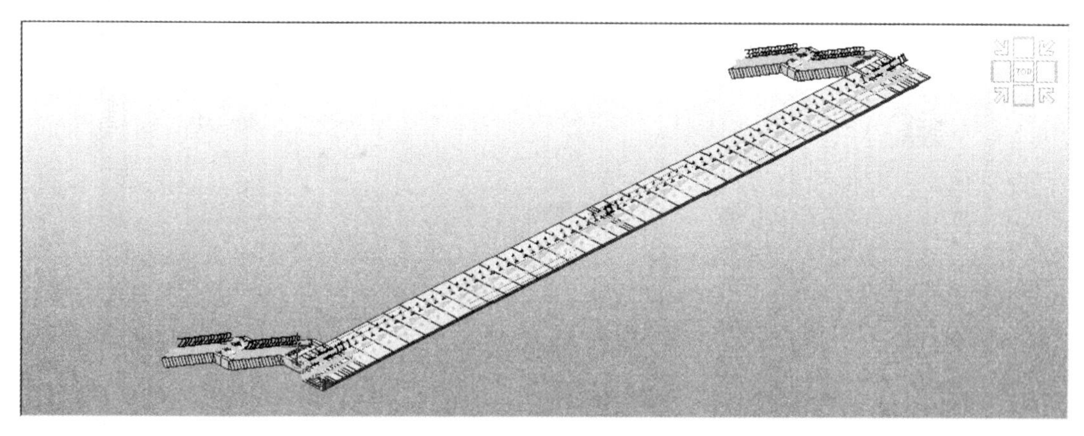

图7-24　移动荷载工况

6. 建立边界条件

在本次模型设计中,设立两种边界条件,分别为主桥墩支座和梯道墩支座,如图7-25所示。

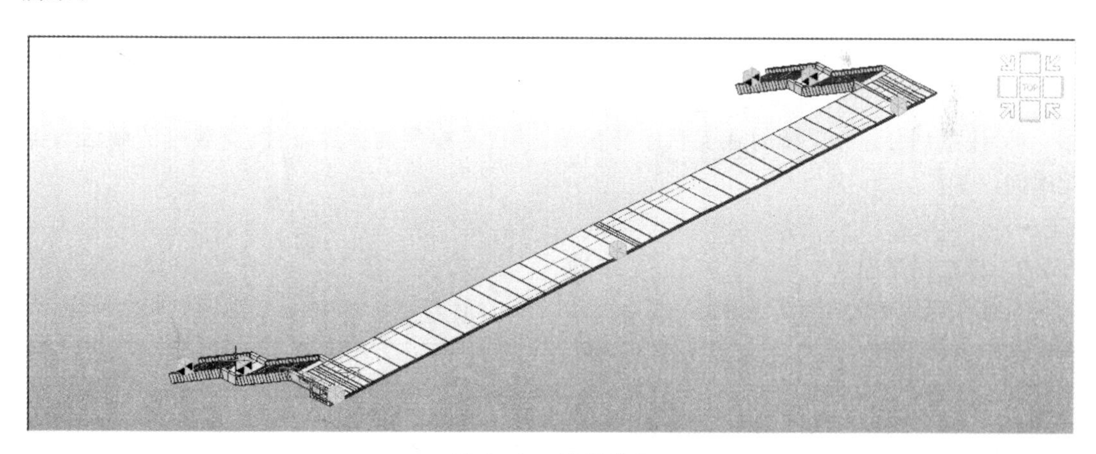

图7-25　边界条件

7. 定义施工阶段

(1)定义结构组,根据实际施工过程和跨径长度情况,从桥墩处开始,每个单元定义为一个结构组,一共2个结构组:主桥和梯道。施工阶段示意图如图7-26所示。

(2)主要部件施工顺序:

① 基础、墩柱施工,制作箱梁、梯道、栏杆等;

② 安装支座,搭设临时支架,架设A段箱梁;

③ 搭设临时支架,架设B段箱梁并调整位置、间隙,满足焊接要求(此时严禁焊接,应完

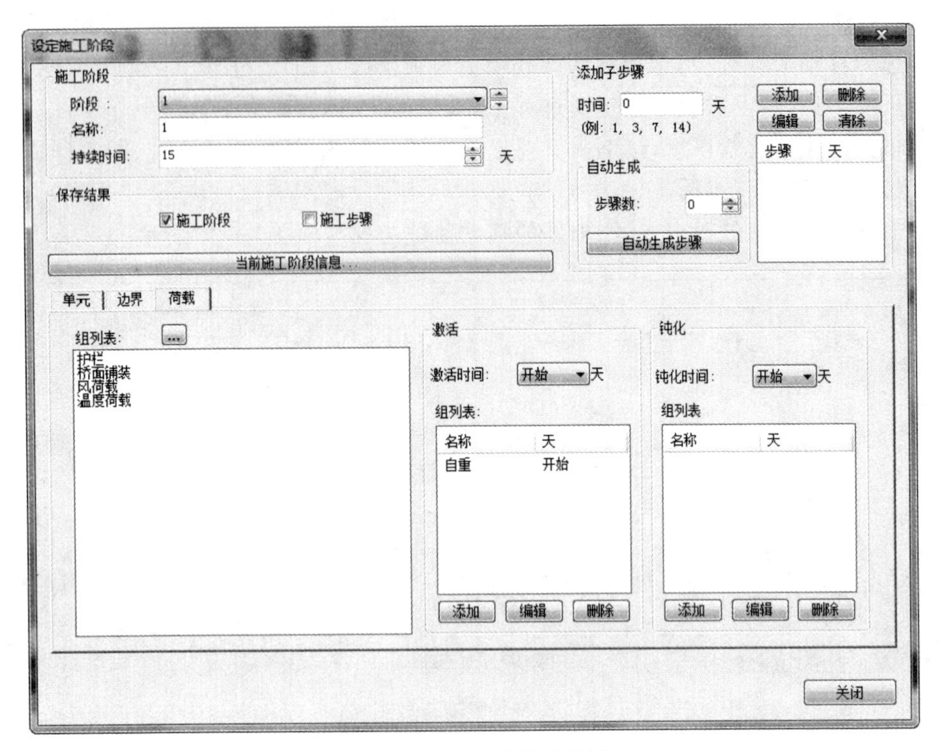

图 7－26 施工阶段示意图

全由支架受力)，在准备工作完成后将钢箱梁焊接连成整体，待焊缝检测满足要求后，方可拆除临时支架；

④ 架设安装梯道并与主梁焊接(选择温度在 15℃左右)；

⑤ 安装栏杆，进行桥面铺装等。

(3)注意划分连续梁桥的施工顺序与步骤，其次是模型的边界条件、荷载组的激活与钝化时间。

7.6.3 模型结果图

自重作用下的变形图(变形最小处为 3.998mm，最大处 9.450mm)，如图 7－27 所示。

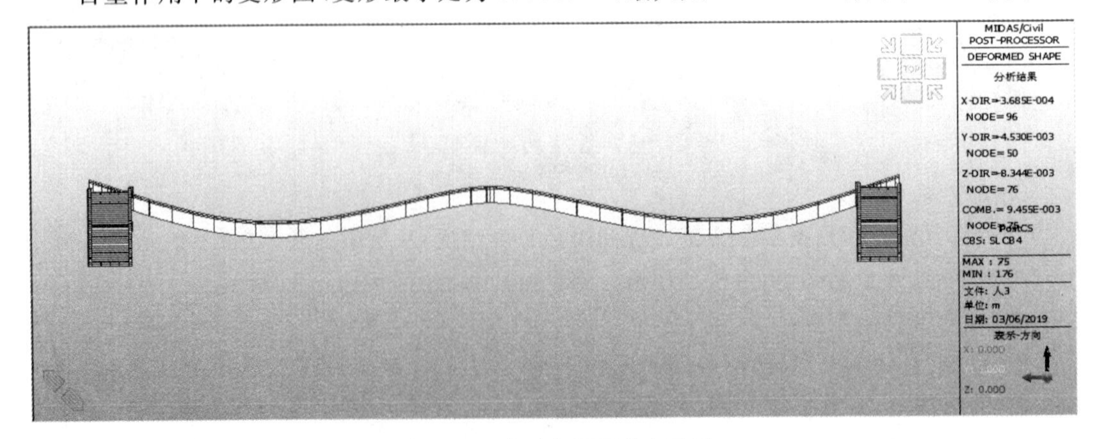

图 7－27 自重作用下的变形图

自重作用下的内力图(弯矩最小处为－1414.1kN·m,最大处 818.2kN·m),如图 7-28 所示。

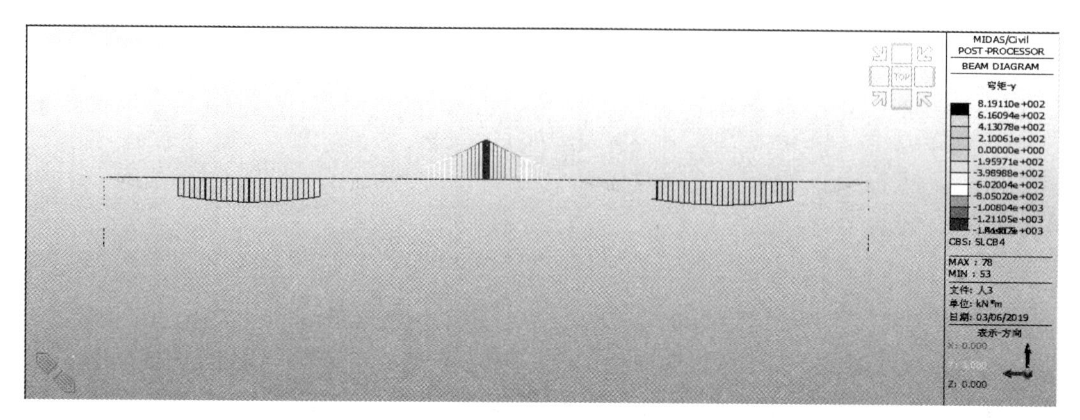

图 7-28　自重作用下的内力图

承载能力极限状态下的变形图(变形最小处为 0mm,最大处 11.119mm),如图 7-29 所示。

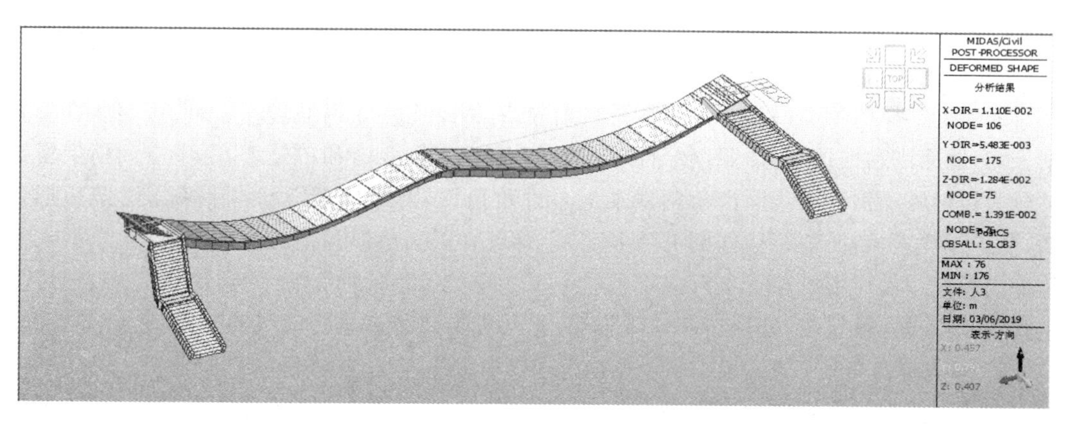

图 7-29　承载能力极限状态下的变形图

最大弯矩 $M=1414.1<1909.7\text{kN}\cdot\text{m}$,满足强度要求。承载能力极限状态下的弯矩包络图如图 7-30 所示。

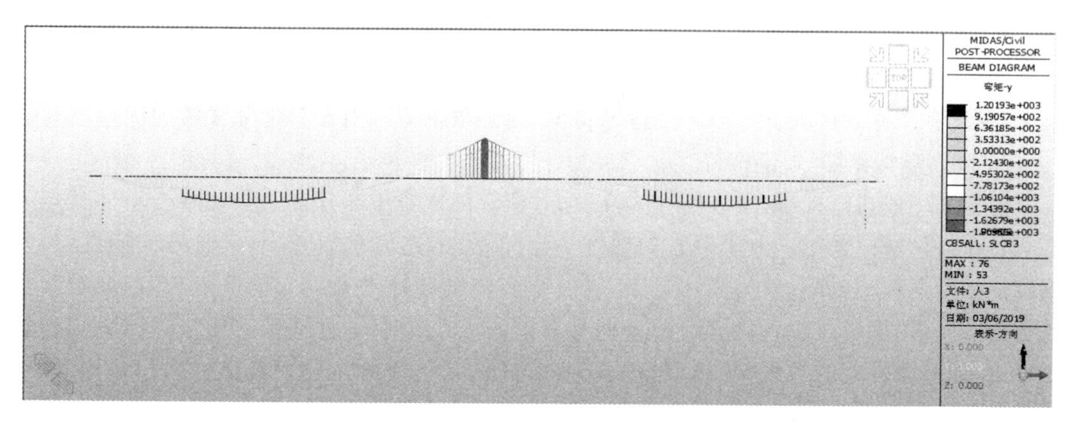

图 7-30　承载能力极限状态弯矩包络图

与手算结果进行对比,计算数据相差不大,且验算均满足标准及规范要求。

第8章 通信塔设计范例

8.1 通信塔简介

8.1.1 通信塔的定义和组成

钢结构通信塔是装设通信天线的一种高耸结构，具有高柔、外露、无围护等特点，结构较高，一般在60m以下，而横截面相对较小，横向荷载起主要作用。通信塔结构的主体是起支撑作用的塔身，塔身上设有各种移动电话天线、各行业通信天线及其安装平台与休息平台，通往平台的垂直交通爬梯，以及起安全防范作用的避雷器和航空障碍灯等。随着近年来各种新的无线通信技术的不断出现，特别是蜂窝式移动通信技术的发展，全国各地的通信塔建设事业蓬勃发展。

8.1.2 通信塔结构的分类

通信塔结构的种类按照所使用的材料划分，有钢结构塔和钢筋混凝土塔；按照所在位置划分，有地面塔和楼顶塔；按照钢结构形式划分，有空间桁架塔和单管塔，其中空间桁架塔又可分为角钢塔和钢管塔。国产角钢基本上是直角角钢，因此角钢塔基本上采用正四边形截面，便于腹杆连接；而钢管构件则灵活多变，钢管塔有正三角形和正四边形截面。

国内常用的通信塔基本上有以下几种形式：四边形角钢通信塔、四边形钢管塔、三边形钢管塔、单管塔、拉线塔、环保塔和景观塔等，这几种形式各有其优缺点和适用场合。

1. 四边形角钢通信塔

四边形角钢通信塔作为国内最常用的结构形式，应用最广，优点是构造简单，加工及安装方便，钢结构部分焊接少，质量容易控制。其外形坚实稳固，又由于角钢的材料单价较低，因此建设成本较低。但由于角钢回转半径较小，考虑到构件长细比的限值，应减小构件自由长度，设立再分式腹杆，塔身上增加了许多辅助杆件，导致钢材耗用量较大。另外角钢的体型系数相对较大，基础造价和占地也比其他几种塔更大。因此建议在风压中等、地基状况好的地区采用，特别在运输施工条件不好的场地，由于角钢塔单位构件均较小，对运输机械要求低，在没有条件的情况下可以人工运输构件，这是角钢塔相对于其他几种塔的优势。

2. 四边形钢管塔

钢管塔一般在电视塔、微波塔等大高度、大荷载的铁塔中采用。自20世纪90年代以来也开始在通信塔中采用。由于钢管的惯性矩比角钢大，挡风系数较小，具有各向同性，另外钢管的体型系数小，外形较为简洁挺拔，没有很多的辅助杆件及大量的节点板，因此钢管塔比角钢塔轻，用钢量减少，占地也较小；钢管塔的另一个优点是对基础的压拔力明显比角钢塔小，在地基条件差的地区，使用钢管塔能有效降低基础造价。但钢管单价又比角钢高，因而整体造价相差不大。钢管塔的缺点是钢管加工要求较高，塔柱钢管之间的连接需要使用法兰盘等精加工部件，加工周期也较角钢塔长。钢管塔适合于风压较大、高度较大或大荷载的通信塔，建议在风压较大、基础状况差的沿海地区采用。

图8-1　四边形角钢通信塔

图8-2　四边形钢管塔

3. 三边形钢管塔

近年来三边形钢管塔开始在国内采用。针对钢管各向同性、回转半径大、承压能力较大的特点，采用三边形作为截面形式，能有效降低钢管塔的造价，同时结构占地小，外形美观。缺点是塔身自振周期较大，在风荷载作用下水平位移也较大。适合在风压不大或塔身高度较低(≤40m)、地基状况较好的地区采用，小跨距时对地基的要求较高，当建筑场地较小时建三边形钢管塔比较合适。

4. 单管塔

单管塔在国外广泛采用，近几年也开始在国内大量使用。单管塔最大的特点是工业化程度高，可采用大机械加工安装，对人工要求极低，有利于批量生产安装，而且机械化施工能有效降低成本，控制质量，提高功效。另外，单管塔同三角形钢管塔类似，占地较小。缺点是单体构件较大，其重量对于人工运输和安装难度较大，塔身位移也较大，对基础的要求较高。综合比较，建议在场地受限、塔高不大、风压较小、交通安装条件较好的地区采用单管塔。

图8-3　三边形钢管塔

图8-4　单管塔

5. 拉线塔

拉线塔在通信塔中的应用很多，一般应用于临时性的通信塔或不能负荷过大的大楼。拉线塔的最大特点是节约钢材，加工安装简单快捷，对基础要求较低。但是建设时需要有较大的拉线空间，桅杆的刚度较小，因而变形较大，施工质量难以有效控制，以后的维护检测也相对困难。拉线塔由于整体失稳或局部失稳导致的倒塌事故也是高耸结构中最多的，此点在设计施工中应引起重视。综合对比，在有设计及施工技术的基础上，如有较大拉线空间，特别是有些临时性或过渡性的基站，选用拉线塔是十分合适的，同时也适于在施工难度较大的地区大范围快速制作安装。

图 8-5　拉线塔

6. 环保塔和景观塔

近年来我国倡导可持续发展，在城市建设上十分注重环保问题，于是出现了环保塔和景观塔。这类塔在结构形式上是单管塔，但是有着显著的外观特点。环保塔远看像一棵树，实际上是用人造树皮覆盖在单管塔上，利用树杈或树枝作为天线，与周围环境相协调。这种环保塔也适用于自然风景区，既可以解决旅游区的通信盲区，又不破坏周围景色。当然这种塔因伪装树叶造价较高，加上“树大招风”，塔的用钢量和基础混凝土用量也随之增加，尽管如此，环保塔还是有一定的市场和发展前景。城市里的通信塔，还可以做成景观塔，该景观塔上不设平台，只装通信天线，晚上再投射七彩灯光，不失为城市里的一道风景线。环保塔和景观塔一般在高度较低，风压较小，交通安装条件较好的地区采用。

图 8-6　单管环保塔

图 8-7　单管景观塔

8.1.3　空间桁架塔的计算原理

空间桁架塔的内力分析方法可分为两类：简化为平面桁架法和空间桁架法。空间桁架法分为简化空间桁架法、分层空间桁架法和整体空间桁架法三种。采用分层空间桁架法计算时，有力法和位移法之分；采用整体空间桁架法计算时，有考虑弦杆铰接和弦杆连续之分。

各种空间桁架计算原理和方法如下：

1. 简化为平面桁架法

空间桁架简化为平面桁架进行计算时，把塔架分解成几个平面桁架，用节点法或截面法分别求出这些平面桁架的内力，再将内力组合起来，得到整个塔架的内力。这一方法主要缺点是：忽略了塔架各个塔面的折角和杆件间的变形协调关系，其计算结果有一定的误差；对于塔柱坡度有变化的结构和六边形以上的多边形塔架将产生更多的误差。

2. 简化空间桁架法

简化空间桁架法是采用一种简化了的变形协调关系来求解塔架内力，计算时假定塔架横截面只产生水平位移，而没有转角位移，横截面上各节点的几何关系始终保持为一平面，且周长不变，塔架所有节点均为理想铰。这种方法把塔架每一层由超静定空间体系转化为静定体系，因此只要根据力学的平衡条件就可求出各杆件的内力。

3. 分层空间桁架法

分层空间桁架法仍假定塔架横截面在水平和转角位移后始终保持为一平面，周长也不变，每层塔架节段为超静定空间体系，根据变形协调关系和力学平衡条件列出方程式进行联立求解。分层空间桁架法的特点是：每一层塔架独立地按超静定空间体系计算，忽略了塔架层间杆件变形协调关系的影响，因而带来了一定的计算误差。

分层空间桁架法有两个分支：在同样的假定条件下，用力法和位移法分别进行计算。用力法计算时，将塔架看成一个空间铰接桁架，以内力为未知数；用位移法计算时，将塔架看成一个层间杆件铰接于横截面上的网架，以位移为未知数。所以这两种计算的精度很接近。

4. 整体空间桁架法

整体空间桁架法将整个塔架作为超静定空间体系，根据平衡条件和变形协调关系列出联立方程，然后求解塔架的内力和变形。整体空间桁架法的唯一假定是桁架节点为理想的铰接节点，且塔架各杆件的工作完全处于弹性阶段。

在高耸结构中，如钢结构电视塔，由于其弦杆截面和刚度要比腹杆大得多，且构造上是连续的，考虑弦杆间连续，腹杆与其铰接连接的计算方法更接近实际。所以，整体空间桁架法分为考虑弦杆之间为铰接和考虑弦杆之间为连续的两种方法。

几种空间桁架法中，以简化空间桁架法最简单方便，计算结果有 10%左右的误差（与最精确的整体空间桁架法比较）；分层空间桁架法计算误差小一些，这些方法均能满足工程要求。整体空间桁架法假定最少，计算最精确，适用面也最广。

8.1.4 国内外的塔

目前国外常用的通信塔多为单管塔形式。其特点是能采用大机械进行加工及安装，施工速度快，能有效节约占地、工期及人工成本，但是对机械要求较高，需要较大的安装场地和必要的交通条件。对于建设高度较高的通信塔，则往往采用空间桁架形式，一般选择三角形或四边形钢管塔，其加工及安装周期较短，能充分满足工期要求高的通信塔。

国内因人工便宜、地价较低及其他因素的影响，大量采用桁架式四边形角钢通信塔，特别是当造价较低，基本不用大机械，加工及安装要求不高时。近年来由于国民经济的发展，国外大量钢构件加工厂的涌入，国内也开始采用国外常用的通信塔形式，角钢塔在国内一统天下的局面开始渐渐转变。近几年，由于城市地价的不断提高以及人民对居住环境的追求，通信塔开始逐渐向外形美观、缩小占地、缩短施工期的方向发展。钢管塔和单管塔由于这方面的优势开始在各地大量建造，传统的角钢塔也开始向轻巧美观的方向转化。

总之，随着我国通信事业的蓬勃发展，通信塔在城市和旅游景区建设得越来越多，通信塔的形式和风格也日新月异，它们被改造得与周围环境相协调，如同城市雕塑一样，给城市带来更多人文景观，为美化城市添光增彩。

8.2 课程设计任务书

8.2.1 设计资料

1. 通信塔基本参数

本设计为角钢通信塔的设计，塔高 29m，塔形为四边形，塔体的基本情况如下：

(1)塔体底部根开取塔高的 1/5～1/10；

(2)基本风压 $\omega_0=0.35\text{kN/m}^2$，地面粗糙度：B 类；

(3)抗震等级为三级，地震设防烈度为 7 度；钢结构通信塔可不考虑地震作用的影响；

(4)角钢塔塔柱一般采用单角钢，上部受力较小可选用 Q235 钢，下部受力较大可选用 Q345 钢。

2. 基础设计条件

场地地质情况见表 8-1 所列。

表 8-1 场地地质情况

土质	厚度(m)	承载力特征值(kN/m^2)	容重(kN/m^2)
杂填土	1.0	/	18.9
褐黄色黏性土	6.0	190	18.4
淤泥质土	7.0	75	19.8

3. 工艺设计要求

(1)通信塔顶部安装高度 5～6m 的避雷器；

(2)沿结构高度设置垂直爬梯；

(3)标高 22m 和 27m 各设置一个工作平台；

4. 塔式结构效果分析

塔架为自立式结构，结构整体计算时可作为悬臂式结构进行设计，其计算特点是底部弯矩较大，从下至上，弯矩逐渐减小，顶部弯矩接近于零。因此，理想塔架结构体型应该是抛物线形，但是考虑到工厂加工和现场制作方便的工艺要求，做成折线形。

钢结构通信塔基础设计过程中，除了要进行一般的承压、抗弯、抗冲切等验算以外，由于塔式结构独特的荷载特性，还应进行抗拔和抗滑移验算，以使基础满足承载要求。

5. 初步设计

通信塔设计为折线形塔身，风压较大，塔身底部根开取5m，为塔高的1/6倍左右。

常用的角钢塔腹杆布置有再分式K形腹杆和再分式交叉腹杆。再分式K形腹杆主要适合角钢回转半径太小、需保持一定的长细比要求的布置。腹杆材料一般选用Q235，最小角钢宜用∟ 50×5。

塔身分为6层，1层层高5m，2～3层层高6m，4～5层层高5m，6层层高2m。

8.2.2 设计内容

1. 塔架几何尺寸设计

包括通信塔结构形式选择、主要尺寸的确定以及各个构件钢材材质的选择，钢材材质根据工作条件确定，常用钢结构材料为Q235钢和Q345钢。

2. 风荷载计算

塔架结构风荷载的计算可以参考《建筑结构荷载规范(GB 50009－2012)》(以下简称2012版荷载规范)，也可以按照《高耸结构设计规范(GB 50135－2006)》(以下简称高耸规范)来进行。

该计算书使用2012版荷载规范和2006版高耸规范进行塔架风荷载的计算，根据计算结果，综合考虑安全度和经济效益得出风荷载计算结果。

3. 杆件内力计算

钢塔结构的静力分析采用简化空间桁架法，由于本设计中地震设防为7度设防，基本风压$\omega_0=0.35\mathrm{kN/m^2}$，可不考虑地震作用；结构安全等级属二级重要性高耸结构，故不考虑结构的动力分析。

在计算塔架构件的时候，所有构件均作为轴心受力构件。

在计算构件内力的时候，所有荷载均采用荷载基本组合，即风荷载乘1.4的分项系数。

4. 杆件螺栓节点计算

要求完成四边形角钢通信塔节点设计和计算，计算过程清晰准确，能清楚描述螺栓节点设计和计算过程。

角钢通信塔螺栓连接构造简单，计算方便，需要使用高强螺栓，钢结构通信塔螺栓节点按照普通抗剪螺栓进行计算。

5. 基础计算

塔式结构的基础是其最重要的构件之一，承担着将上部荷载传递到地基并保持结构整体稳定性的作用，与一般建筑结构相比，承受较大水平荷载和整体弯矩的钢塔结构基础应考虑水平荷载对基础结构的影响。

四边形角钢通信塔基础采用钢筋混凝土独立基础，各个基础之间采用连梁相连。

角钢通信塔基础采用正四边形设计，在风荷载作为控制荷载的钢结构通信塔中基础应进行抗拔和抗滑移验算。

8.2.3 设计要求

(1)提供计算报告1份；

(2)设计周期为2周。

8.3 通信塔设计

8.3.1 工程概况

本设计为角钢通信塔的设计，塔高 29m，塔形为四边形，塔体的基本情况如下：

塔体底部根开取塔高的 1/5～1/10；基本风压 $\omega_0=0.35\text{kN/m}^2$，地面粗糙度：B 类；抗震等级为三级，地震设防烈度为 7 度；钢结构通信塔可不考虑地震作用的影响；角钢塔塔柱一般采用单角钢，上部受力较小可选用 Q235 钢，下部受力较大可选用 Q345 钢。

8.3.2 塔架几何尺寸设计

通信塔设计为折线形塔身，风压较大，塔身底部宽度取 5m，为塔高的 1/6 左右。

塔身分为 6 层，1 层层高 5m，2～3 层层高 6m，4～5 层层高 5m，6 层层高 2m。

常用的角钢塔腹杆布置有再分式 K 形腹杆和再分式交叉腹杆。采用再分式腹杆主要是由于角钢回转半径小，需满足一定的长细比的要求。腹杆材料一般选用 Q235，最小角钢宜用∟ 50×5。

8.3.3 塔架结构构件初选

1. 初选原则

在进行荷载计算之前，需对塔架结构构件进行初选，初选按照构件长细比控制原则进行。

塔柱作为塔架结构中最重要的构件，其长细比按照 $\lambda=60\sim90$ 进行选择。为增大构件截面的回转半径，应优先考虑板件薄而宽度大的构件截面。

考虑塔身斜腹杆会承受拉压荷载，还可能承受由于节点刚性约束产生的弯矩，塔身斜腹杆长细比应取 $\lambda=90\sim120$。

横隔的横杆长细比取 $\lambda=90\sim120$。

横隔中的交叉杆件按照只受拉的杆件设计，经验确定横隔中交叉杆件受力较小，按照《钢结构设计规范(GB 50017－2017)》长细比取 $\lambda=350$ 左右。

除长细比控制以外，构件选取应尽量避免层间刚度突变，保证刚度由下至上逐渐缓慢减小。

角钢通信塔所使用的角钢肢宽不宜小于 50mm，肢板厚度不宜小于 5mm。

2. 塔形初选结果

塔架节点以及层编号如图 8－8 所示。

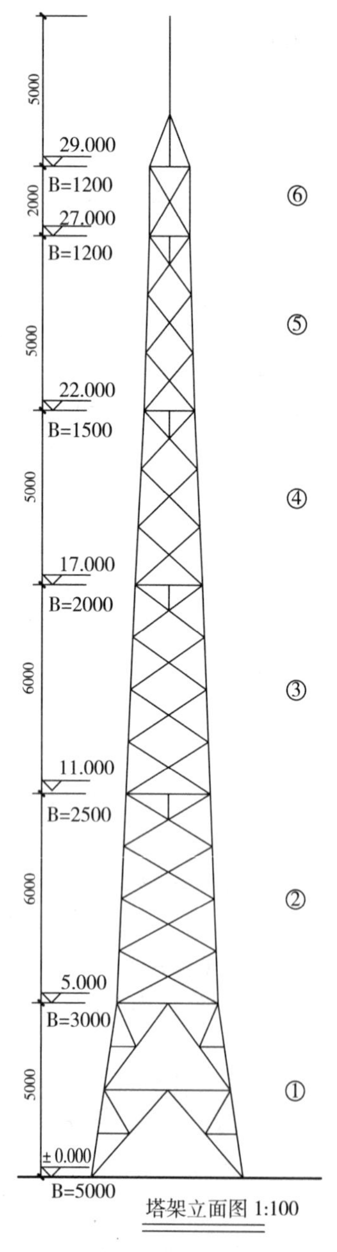

图 8－8 塔架节点以及层编号示意图

塔架构件初选结果见表 8－2 所列。

表 8－2　塔架构件初选结果

层号	塔柱	主斜杆	主横杆	副横杆	竖向连杆	副斜杆
①	∟ 125×10	∟ 90×6	∟ 75×6	∟ 75×6	—	∟ 50×5
②	∟ 100×8	∟ 70×6	∟ 75×6	∟ 75×6	∟ 50×5	—
③	∟ 90×10	∟ 63×5	∟ 70×6	∟ 50×5	∟ 50×5	—
④	∟ 75×8	∟ 63×5	∟ 70×6	∟ 50×5	∟ 50×5	—
⑤	∟ 70×6	∟ 50×5	∟ 50×5	∟ 50×5	∟ 50×5	—
⑥	∟ 70×4	∟ 50×5	∟ 50×5	∟ 50×5	—	—

8.3.4　塔架主体风荷载计算

1. 单位面积风荷载计算公式

垂直作用在高耸结构表面上的单位面积风荷载标准值按照如下公式进行计算：

$$w_z=\beta_z\mu_z\mu_s w_0 \tag{8-1}$$

式中　w_z——高耸结构 z 高度处单位面积上的风荷载；

μ_z——z 高度处风压高度变化系数；

μ_s——风荷载体型系数；

β_z——z 高度处风振系数；

w_0——基本风压，取值不得小于 0.35kN/m^2。

以下就各个系数以及最后风荷载计算进行分述。

2. z 高度处风压高度变化系数

风压高度变化系数按照高耸规范 B 类地貌查得，见表 8－3 所列。

表 8－3　塔架节点风压高度变化系数

塔架节点编号	(1)	(2)	(3)	(4)	(5)	(6)
节点所处高度(m)	5	11	17	22	27	29
风压高度变化系数 μ_z	1.00	1.03	1.18	1.28	1.37	1.40

3. 塔架结构风荷载体型系数

计算角钢塔架结构风荷载体型系数需要首先计算塔架各个层节的挡风系数 φ。

(1)挡风系数

塔架挡风系数 φ 按照以下公式计算：

$$\varphi=\frac{\text{迎风面杆件和节点净投影面积 } A_n}{\text{迎风面轮廓面积 } A_0} \tag{8-2}$$

由于节点板投影面积占杆件投影面积比例很小，故在工程中可不考虑节点板面积对挡风系数的影响，这样考虑挡风系数偏于不安全。

迎风面轮廓面积计算简化为层间轴线围成的面积，这样计算轮廓面积减小幅度不大，而且计算挡风系数时偏于安全，可部分抵消由于忽略节点面积对挡风系数计算带来的不利影响。

(2)体型系数

完成挡风系数计算后，可查2006版高耸规范表4.2.7，通过线性插值完成风荷载体型系数的计算。除沿垂直塔架四边形一边风向荷载计算外，还应进行沿塔架对角线方向的风荷载计算，两个方向的风荷载示意图如图8-9所示。

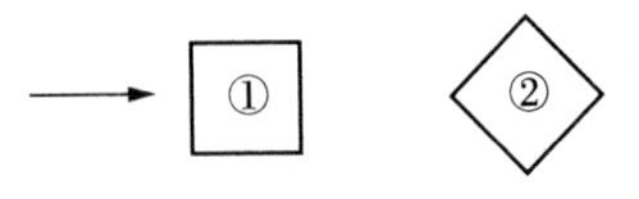

图8-9　风荷载计算方向

风荷载体型系数计算结果为简便计算，现取：垂直塔架四边形一边风荷载的μ_s为2.52；沿塔架对角线方向风荷载的μ_s为2.82。

4. 风振系数计算

风振系数为考虑风压脉动对结构产生顺风向振动的影响。

按照2006版高耸规范，自立式塔架结构风振系数计算公式如下：

$$\beta_z = 1 + \xi \varepsilon_1 \varepsilon_2 \tag{8-3}$$

式中　β_z——高度z处风振系数；

ξ——脉动增大系数；

ε_1——风压脉动、风压高度变化等影响系数；

ε_2——振型、结构外形的影响系数。

(1)脉动增大系数

T表示结构第一阶振型周期，结构第一阶振型往往起着决定性的作用，高阶振型与第一阶振型的平方和开方之后，高阶振型的影响已经降到很小了。

初步设计中取高度的0.013倍，即T=0.38s。

首先计算$w_0 T^2$，得0.05；查2006高耸规范表4-2中9-1得脉动增大系数约为1.73。

(2)风压脉动、风压高度变化等影响系数

查表4-2中9-2得风压脉动、风压高度变化等影响系数为0.59。

(3)振型、结构外形的影响系数

本设计塔架顶部与底部的宽度比为1.2/5=0.24

再根据结构相对高度即可查高耸规范得振型、结构外形的影响系数。

(4)风振系数计算结果

根据公式(8-3)可计算结构风振系数，结果见表8-4所列。

表8-4　风振系数计算结果

塔架节点编号	(1)	(2)	(3)	(4)	(5)	(6)
横隔所处高度(m)	5	11	17	22	27	29
相对高度(总高度按照29m计算)	0.17	0.38	0.59	0.76	0.93	1.00
振型、结构外形响系数ε_2	0.17	0.38	0.6	0.64	0.69	0.7
风振系数β_z	1.17	1.39	1.61	1.65	1.70	1.71

5. 风荷载计算结果

按照公式计算单位面积风压，乘以挡风面积，即可得到各层风荷载值，见表 8-5(a)、8—5(b)所列风荷载计算结果。

表 8-5(a)　塔架风荷载计算结果(垂直塔架四边形一边风荷载)

塔架节点编号	(1)	(2)	(3)	(4)	(5)	(6)
节点所处高度(m)	5	11	17	22	27	29
结构投影面积(m^2)	3.64	3.17	2.62	1.78	1.44	0.57
风压高度变化系数 μ_z	1.00	1.03	1.18	1.28	1.37	1.40
风荷载体型系数 μ_s	2.52	2.52	2.52	2.52	2.52	2.52
风振系数 β_z	1.17	1.39	1.61	1.65	1.7	1.71
基本风压 w_0	0.35	0.35	0.35	0.35	0.35	0.35
单位面积风荷载(kN/m^2)	1.03	1.26	1.68	1.86	2.05	2.11
所在高度风荷载(kN)	3.76	4.00	4.39	3.32	2.96	1.20

表 8-5(b)　塔架风荷载计算结果(沿塔架对角线方向风荷载)

塔架节点编号	(1)	(2)	(3)	(4)	(5)	(6)
节点所处高度(m)	5	11	17	22	27	29
结构投影面积(m^2)	4.9	4.93	3.38	2.43	2	0.79
风压高度变化系数 μ_z	1.00	1.03	1.18	1.28	1.37	1.40
风荷载体型系数 μ_s	2.82	2.82	2.82	2.82	2.82	2.82
风振系数 β_z	1.17	1.39	1.61	1.65	1.7	1.71
基本风压 w_0	0.35	0.35	0.35	0.35	0.35	0.35
单位面积风荷载(kN/m^2)	1.15	1.41	1.88	2.08	2.30	2.36
所在高度风荷载(kN)	5.66	6.97	6.34	5.07	4.60	1.87

6. 塔架风荷载计算过程示例

计算过程以及计算结果已经在上文中列出，下面以塔架第③节段作为计算示例，演示塔架风荷载计算过程以及计算结果。该塔架节段为标高 11.000m 至 17.000m 之间的部分。

塔架风荷载按照两个风向计算。

第三层节段构件选择见表 8-6 所列。

表 8-6　第三层节段构件选择表

层号	塔柱	主斜杆	主横杆	副横杆	竖向连杆	副斜杆
③	∟ 90×10	∟ 63×5	∟ 70×6	∟ 50×5	∟ 50×5	—

(1)风向1风荷载计算

第③节段风荷载的体型系数需要根据塔架杆件挡风面积与轮廓面积求得，其中迎风面杆件投影面积中包含节点部分投影面积，但是为了方便计算，可以不考虑节点的投影面积。风向1迎风面杆件布置图如图8-10所示。

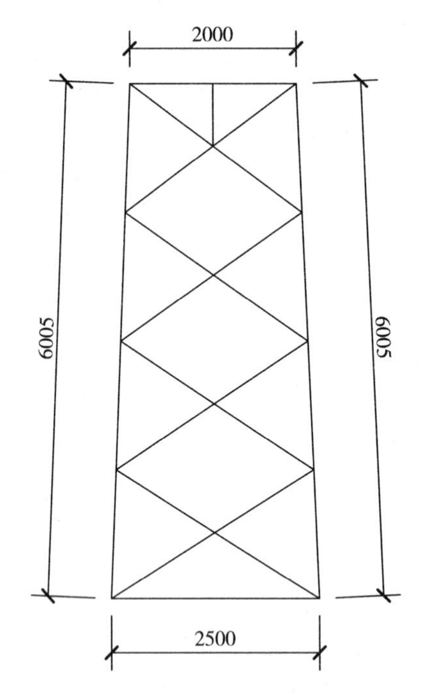

图8-10 节段③风向1迎风面杆件布置

① 风压高度变化系数 μ_z

将塔架节点高度近似取为层顶标高，即17.000m，查表得B类地貌17m高度处风压高度变化系数 μ_z 为1.18。

② 风荷载体型系数 μ_s

为方便计算，现取垂直塔架四边形一边风荷载的 μ_s 为2.52。

③ 风振系数 β_z

应考虑风压脉动对结构产生顺风向振动的影响，高耸结构设计规范中，风振系数受脉动增大系数、风压脉动和风压高度变化影响系数以及振型、结构外形的影响系数三个系数的影响，所以应先计算这三个系数。

T 表示结构第一阶振型周期，结构第一阶振型往往起着决定性的作用，高阶振型与第一阶振型的平方和开方之后，高阶振型的影响已经降到很小了。本设计中取高度的0.013倍，即 $T=0.38$s。首先计算 w_0T^2，得0.05；计算以后，查2006高耸规范表4-2中9-1得脉动增大系数约为1.73。

查高耸规范得风压脉动、风压高度变化等影响系数为0.59。

本设计塔架顶部与底部的宽度比为1.2/5=0.24，再根据结构相对高度17/29=0.59即可查高耸规范得振型、结构外形的影响系数为0.6。

根据公式(8-3)即可计算结构风振系数

$$\beta_z=1+\xi\varepsilon_1\varepsilon_2=1+1.73\times0.59\times0.6=1.61$$

④ 风荷载计算

单位面积风荷载按照公式(8-1)进行计算：

$$w_k=\beta_z\mu_z\mu_s w_0=1.61\times1.18\times2.52\times0.35=1.68\ \text{kN/m}^2$$

迎风面轮廓的投影面积计算：

$$A_n=4005\times140\times2+4613\times100+(4717\times80+1153\times50+2262\times63)=2.62\text{m}^2$$

则第三层所受风荷载为：

$$W=w_kA_n=1.68\times2.62=4.40\text{kN}$$

(2)风向 2 风荷载计算

风向 2 风荷载计算过程与风向 1 大致相同，迎风面杆件布置如图 8－11 所示。

① 风压高度变化系数 μ_z

同风向 1，取 17m 高度处风压高度变化系数 μ_z 为 1.18。

② 风荷载体型系数 μ_s

为方便计算，现取沿塔架对角线方向的风荷载为 2.82。

③ 风振系数 β_z

同风向 1 计算，风向 2 的风振系数取 1.61。

④ 风荷载计算

单位面积风荷载计算按照公式(8－1)进行计算：

$$w_k = \beta_z \mu_z \mu_s w_0 = 1.61 \times 1.18 \times 2.82 \times 0.35 = 1.88\ \mathrm{kN/m^2}$$

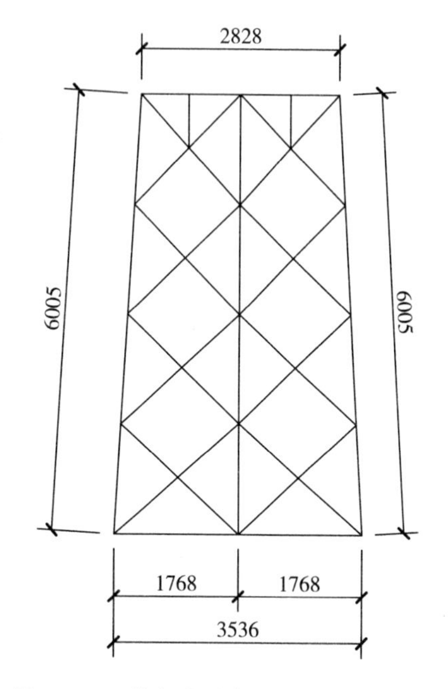

图 8－11　节段③风向 2 迎风面杆件布置

迎风面轮廓的投影面积计算：

$$A_n = 6010 \times 90 \times \frac{\sqrt{2}}{2} \times 2 + 6000 \times 90 \times \sqrt{2} + 2800 \times 10 + (2113 + 2152 + 2240 + 2305 + 2052 + 2112 + 2196 + 2240) \times 2 \times \sqrt{2} \times 63 + 727 \times 2 \times \sqrt{2} \times 50 = 3.38\mathrm{m^2}$$

则第三层所受风荷载为：$W = w_k A_n = 1.88 \times 3.38 = 6.35\mathrm{kN}$

8.3.5　附属构件风荷载计算

1. 平台风荷载

(1)风压高度变化系数

B 类地貌 22m 和 27m 处的风压高度变化系数 μ_z 分别为 1.28 和 1.37。

(2)体型系数

两个平台计算简图如图 8－12 所示。

$$\frac{D22}{d22} = \frac{3000}{1500} = 2 \qquad \frac{D27}{d27} = \frac{3000}{1200} = 2.5$$

两平台处 D/d 均小于 3，按照高耸结构设计规范查得平台体型系数为 0.7。

(3)风振系数

平台风振系数取相应高度处塔架计算所得风振系数，22m 处风振系数为 1.65；27m 处风振系数为 1.70。

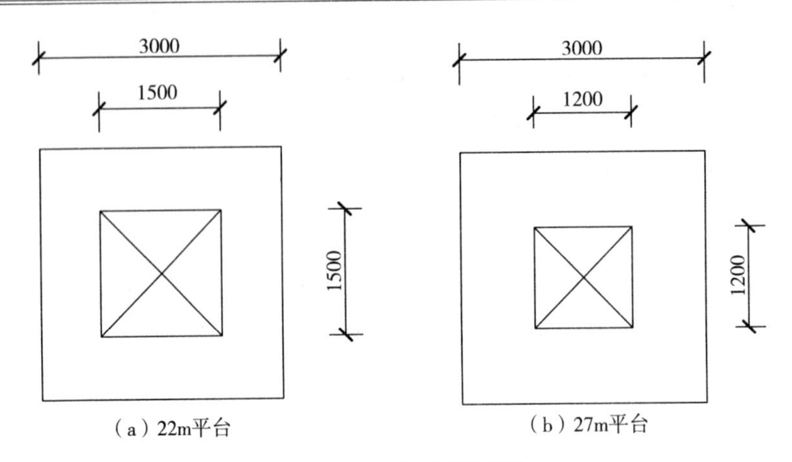

图 8-12 平台计算简图

(4)平台风荷载计算

平台风向 1(垂直塔架四边形一边风荷载)风荷载按照公式(8-1)计算

22m 处平台单位面积风荷载为:

$$w_{k22}=\beta_z\mu_z\mu_s w_0=1.65\times1.28\times0.7\times0.35=0.52\ \mathrm{kN/m^2}$$

22m 处平台栏杆间距 200mm,高度 1200mm,挡风面积 30mm,扶手挡风宽度 30mm,平台杆件挡风面积为:

$$A_n=1200\times30\times(3000/200+1)+3000\times30=666000\ \mathrm{mm^2}$$

22m 处平台风荷载:

$$W_{22}=w_k A_n=0.52\times666000/10^6=0.35\mathrm{kN}$$

27m 处平台单位面积风荷载为:

$$w_{k27}=\beta_z\mu_z\mu_s w_0=1.70\times1.37\times0.7\times0.35=0.57\mathrm{kN/m^2}$$

27m 处平台栏杆间距 200mm,高度 1200mm,挡风面积 30mm,扶手挡风宽度 30mm,平台杆件挡风面积为:

$$A_n=1200\times30\times(3000/200+1)+3000\times30=666000\ \mathrm{mm^2}$$

27m 处平台风荷载:

$$W_{27}=w_k A_n=0.57\times666000/10^6=0.38\mathrm{kN}$$

同理可计算得到 22m 和 27m 处平台风向 2(沿塔架对角线方向风荷载)风荷载:

22m 处平台单位面积风荷载为:

$$w_{k22}=\beta_z\mu_z\mu_s w_0=1.65\times1.28\times0.7\times0.35=0.52\ \mathrm{kN/m^2}$$

22m 处平台栏杆间距 200mm,高度 1200mm,挡风面积 50mm,扶手挡风宽度 50mm,平台杆件挡风面积为:

$$A_n=1200\times50\times\frac{\sqrt{2}}{2}\times(3000/200\times2+1)+3000\times50\times\sqrt{2}=1.527\mathrm{m^2}$$

22m 处平台风荷载：

$$W_{22}=w_{k}A_{n}=0.52\times1.527=0.79\text{kN}$$

27m 处平台单位面积风荷载为：

$$w_{k27}=\beta_{z}\mu_{z}\mu_{s}w_{0}=1.70\times1.37\times0.7\times0.35=0.57\ \text{kN/m}^{2}$$

27m 处平台栏杆间距 200mm，高度 1200mm，挡风面积 50mm，扶手挡风宽度 50mm，平台杆件挡风面积为：

$$A_{n}=1200\times50\times\frac{\sqrt{2}}{2}\times(3000/200\times2+1)+3000\times50\times\sqrt{2}=1.527\text{m}^{2}$$

27m 处平台风荷载：

$$W_{27}=w_{k}A_{n}=0.57\times1.527=0.87\text{kN}$$

2. 避雷针风荷载

设计避雷针为直径 70mm 的圆形截面结构，表面粗糙。

避雷针风荷载按照节点荷载施加于避雷针高度中部，即标高 31.5m 处。

避雷针计算简图如图 8－13 所示。

(1)风压高度变化系数

风压高度变化系数 μ_z 取标高 31.5m 处的高度变化系数，查高耸结构设计规范为 1.44。

(2)体型系数 μ_s

体型系数按照高耸结构设计规范简化为悬臂结构整体计算，查得 μ_s 为 0.9。

(3)风振系数

避雷针不考虑风振影响。

(4)避雷针风荷载计算

避雷针单位面积风荷载按照公式(8－1)计算：

$$w_{k}=\beta_{z}\mu_{z}\mu_{s}w_{0}=1.0\times1.44\times0.9\times0.35=0.45\ \text{kN/m}^{2}$$

作用在避雷针中部的风荷载值：

$$W=w_{k}A_{n}=0.45\times(5\times0.07)=0.16\text{kN}$$

3. 爬梯风荷载

爬梯沿塔架全长布置，爬梯上的风荷载按各个节段，视作节点荷载施加在塔架节点位置。

爬梯两个扶手轴线间距为 750mm，爬梯踏步间隔 300mm，爬梯设置类半圆形护栏，护栏之间的间距为 600mm。

爬梯计算简图如图 8－14 所示。

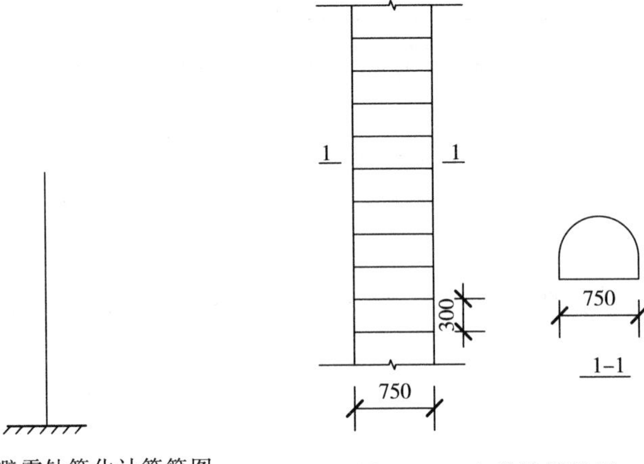

图 8-13　避雷针简化计算简图

图 8-14　爬梯计算简图

(1)爬梯构件选择

爬梯构件选择见表 8-7 所列。

表 8-7　爬梯构件选择

爬梯构件	选材
爬梯扶手	∟ 63×6
爬梯踏步	A20

(2)爬梯风荷载计算

爬梯风荷载计算均取所在高度处塔架风压高度系数和风振系数，风荷载体型系数按照塔架体型系数计算方法计算。

下面以层段③为例进行爬梯风荷载计算。

爬梯风荷载首先计算 1m 长度爬梯风荷载大小：

1m 高度爬梯杆件净投影面积：

$$A_n = 1000 \times 63 + 3 \times 63 \times 750 = 204750 \text{ mm}^2$$

1m 高度爬梯轮廓投影面积：

$$A_0 = 1000 \times 750 = 750000 \text{ mm}^2$$

挡风系数：

$$\varphi = \frac{A_n}{A_0} = \frac{204750}{750000} = 0.273$$

查高耸规范得风向 1 体型系数为 2.26，风向 2 体型系数为 2.49。

节段③爬梯风压高度变化系数为 1.18，风振系数为 1.61。

节段③爬梯单位面积风荷载为：

风向 1：

$$w_k = \beta_z \mu_z \mu_s w_0 = 1.61 \times 1.18 \times 2.26 \times 0.35 = 1.50 \text{ kN/m}^2$$

风向 2：

$$w_k=\beta_z\mu_z\mu_s w_0=1.61\times1.18\times2.49\times0.35=1.66\ kN/m^2$$

风向 1，1m 长度爬梯风荷载：

$$W=w_k A_n=1.50\times0.205=0.3075kN$$

节段③爬梯风荷载：

$$W=Wl=0.3075\times6=1.85kN$$

风向 2，1m 长度爬梯风荷载：

$$W=w_k A_n=1.66\times0.205=0.3403kN$$

节段③爬梯风荷载：

$$W=Wl=0.3404\times6=2.04kN$$

(3)爬梯风荷载计算结果

爬梯风荷载计算结果见表 8－8(a)、表 8－8(b)所列。

表 8－8(a)　爬梯风荷载计算结果(风向 1)

塔架节点编号	(1)	(2)	(3)	(4)	(5)	(6)
节点所处高度(m)	5	11	17	22	27	29
风压高度变化系数 μ_z	1.00	1.03	1.18	1.28	1.37	1.40
风荷载体型系数 μ_s	2.26	2.26	2.26	2.26	2.26	2.26
风振系数 β_z	1.17	1.39	1.61	1.65	1.7	1.71
基本风压 w_0	0.35	0.35	0.35	0.35	0.35	0.35
单位面积风荷载(kN/m²)	0.93	1.13	1.50	1.67	1.84	1.89
节段风荷载(kN)	0.95	1.39	1.85	1.71	1.89	0.78

表 8－8(b)　爬梯风荷载计算结果(风向 2)

塔架节点编号	(1)	(2)	(3)	(4)	(5)	(6)
节点所处高度(m)	5	11	17	22	27	29
风压高度变化系数 μ_z	1.00	1.03	1.18	1.28	1.37	1.40
风荷载体型系数 μ_s	2.49	2.49	2.49	2.49	2.49	2.49
风振系数 β_z	1.17	1.39	1.61	1.65	1.7	1.71
基本风压 w_0	0.35	0.35	0.35	0.35	0.35	0.35
单位面积风荷载(kN/m²)	1.02	1.25	1.66	1.84	2.03	2.09
节段风荷载(kN)	1.05	1.53	2.04	1.89	2.08	2.86

4. 风荷载计算结果

各个节点处风荷载计算结果见表 8－9 和表 8－10 所列。

表 8-9　风向 1 各节点风荷载计算结果　(单位:kN)

塔架节点编号	(1)	(2)	(3)	(4)	(5)	(6)	(7)
节点所处高度(m)	5	11	17	22	27	29	31.5
塔架主体风荷载	3.76	4.00	4.39	3.32	2.96	1.20	—
爬梯风荷载	0.95	1.39	1.85	1.71	1.89	0.78	0
平台风荷载	—	—	—	0.35	0.19	—	—
避雷针风荷载	—	—	—	—	—	—	0.16
节点总风荷载	4.70	5.40	6.24	5.38	5.04	1.98	0.16

表 8-10　风向 2 各节点风荷载计算结果　(单位:kN)

塔架节点编号	(1)	(2)	(3)	(4)	(5)	(6)	(7)
节点所处高度(m)	5	11	17	22	27	29	31.5
塔架主体风荷载	5.66	6.97	6.34	5.07	4.60	1.87	—
爬梯风荷载	1.05	1.53	2.04	1.89	2.08	0.86	0
平台风荷载	—	—	—	0.79	0.87	—	—
避雷针风荷载	—	—	—	—	—	—	0.16
节点总风荷载	6.70	8.50	8.37	7.74	7.55	2.72	0.16

8.3.6 杆件内力计算

1. 塔架杆件内力计算

层底剪力取所计算节点及以上各节点处水平向荷载 P_j 之和：

$$V_i = \sum_{j=i}^{n} P_j \tag{8-4}$$

式中　V_i—— 第 i 个节点处层顶剪力；

P_j—— 第 j 个节点处水平集中荷载。

层底弯矩按照以下公式计算：

$$M_i = \sum_{i=j}^{n} P_j (H_j - H_i) \tag{8-5}$$

式中　M_i—— 第 i 个节点处层顶；

H_j——P_j 节点荷载作用点标高；

H_i—— 计算节点 i 标高。

当计算得到塔架层底剪力和层底弯矩之后，按照以下公式计算塔架斜杆最大内力 S：

$$S = \frac{V_x - \dfrac{2M_y}{D}\cot\beta}{C_3\cos\alpha + C_4\sin\alpha\sin\beta_n\cot\beta + C_5\sin\alpha\cos\beta_n} \tag{8-6}$$

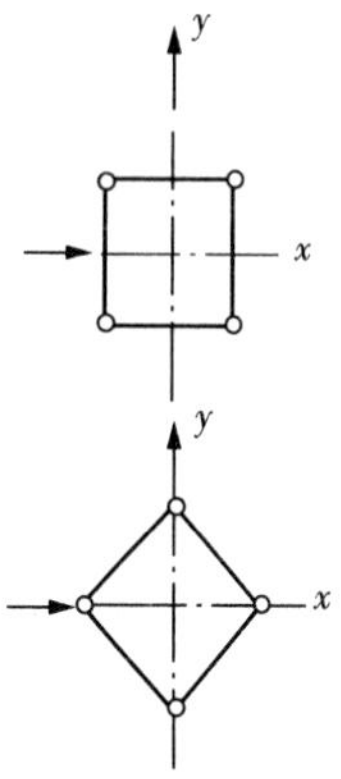

式中　V_x—— 塔段底部沿 $x-x$ 轴作用的剪力；

M_y—— 塔段底部沿 $y-y$ 轴作用的弯矩；

α—— 斜杆同横杆的夹角；

β—— 塔柱同水平面的夹角；

β_n—— 塔面同水平面的夹角；

D—— 塔底外接圆直径；

C_3、C_4、C_5—— 系数。

$x-x$ 轴与 $y-y$ 轴如图 8-15 所示。

图 8-15　$x-x$ 轴与 $y-y$ 轴示意图

塔柱最大内力 N 的计算公式如下：

$$N = C_1 \frac{M_y}{D\sin\beta} + C_2 \frac{\sin\alpha\sin\beta_n}{2\sin\beta} S_1 \tag{8-7}$$

式中　S_1—— 单根斜杆最大内力；

C_1、C_2—— 系数。

塔架计算系数 C_1、C_2、C_3、C_4、C_5 均视为四边形刚性斜杆查表得到计算系数。

塔架计算系数 C_i 见表 8-11(a)、表 8-11(b)所列。

表 8-11(a)　塔架内力计算系数(风向 1)

C_1	0.707
C_2	−1
C_3	4
C_4	−2.328
C_5	0

表 8-11(b)　塔架内力计算系数(风向 2)

C_1	1
C_2	−2
C_3	5.656
C_4	−4
C_5	0

杆件内力计算结果见表 8-12(a)、表 8-12(b)所列。

表 8-12(a)　杆件内力计算(风向 1)

塔架节点编号(层号)	(1)	(2)	(3)	(4)	(5)	(6)
塔段底部弯矩(kN·m)	522.63	315.57	153.87	62.8	9.39	2.14
塔段底部剪力(kN)	41.09	34.51	26.95	18.21	10.68	3.63
斜杆与横杆夹角 α(度)	48	27	32	41	49	60

（续表）

塔架节点编号(层号)	(1)	(2)	(3)	(4)	(5)	(6)
塔柱与水平面夹角 β(度)	78	87	87	86	88	90
塔面与水平面夹角 β_n(度)	81	88	88	87	88	90
塔底外接圆直径(m)	7.07	4.24	3.54	2.83	2.12	1.7
斜塔内力 S(kN)	4.18	7.61	6.73	5.19	4.05	1.82
塔柱内力 N(kN)	51.86	50.96	29.01	14.02	1.61	0.10

表 8-12(b) 杆件内力计算(风向 2)

塔架节点编号(层号)	(1)	(2)	(3)	(4)	(5)	(6)
塔段底部弯矩(kN·m)	742.79	444.68	217.96	87.62	11.46	2.14
塔段底部剪力(kN)	59.07	49.69	37.79	26.07	15.23	4.66
斜杆与横杆夹角 α(度)	48	27	32	41	49	60
塔柱与水平面夹角 β(度)	78	87	87	86	88	90
塔面与水平面夹角 β_n(度)	81	88	88	87	88	90
塔底外接圆直径(m)	7.07	4.24	3.54	2.83	2.12	1.7
斜塔内力 S(kN)	4.56	7.83	6.69	5.32	4.12	1.65
塔柱内力 N(kN)	103.99	101.47	58.16	27.54	2.30	−0.17

以节段②为例进行风向 2 的塔架构件内力计算演示：

层顶剪力按照公式(8-4)进行计算得：

$$V_i = \sum_{j=i}^{n} P_j = 49.69\text{kN}$$

层顶弯矩按照公式(8-5) 进行计算得：

$$M_i = \sum_{i=j}^{n} P_j (H_j - H_i) = 444.68\text{kN} \cdot \text{m}$$

塔架节段②斜杆与横杆、塔柱同水平面、塔面同水平面夹角如图 8-16 所示。

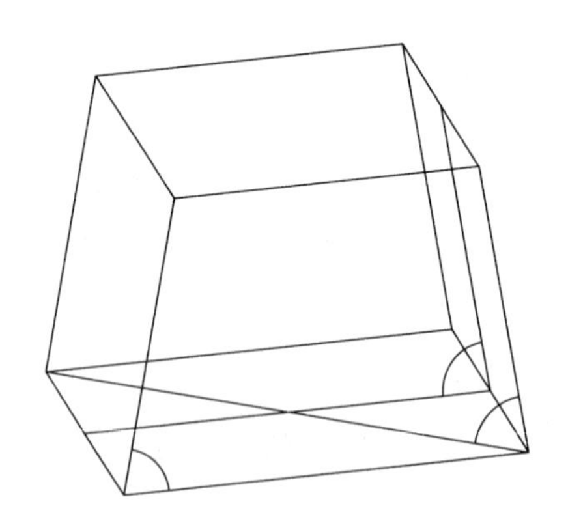

图 8-16 节段②塔架空间角度示意图

塔底外接圆直径为：

$$D_2 = 3 \times \sqrt{2} = 4.24\text{m}$$

由公式(8-6) 计算节段斜杆最大内力 S：

$$S = \frac{V_x - \dfrac{2M_y}{D}\cot\beta}{C_3\cos\alpha + C_4\sin\alpha\sin\beta_n\cot\beta + C_5\sin\alpha\cos\beta n}$$

$$=\frac{49.69-\frac{2\times 444.68}{4.24}\cot 87^\circ}{5.656\times\cos 27^\circ+(-4)\sin 88^\circ\sin 88^\circ\cot 87^\circ+0\times\sin 27^\circ\cos 88^\circ}=7.83\text{kN}$$

再由公式(8－7)计算节点塔柱最大内力 N：

$$N=C_1\frac{M_y}{D\sin\beta}+C_2\frac{\sin\alpha\sin\beta_n}{2\sin\beta}S_1$$

$$=1\times\frac{444.68}{4.24\times\sin 87^\circ}+(-2)\times\frac{\sin 27^\circ\sin 88^\circ}{2\sin 87^\circ}\times 7.83=101.47\text{kN}$$

2. 杆件长细比计算

Q345 钢材长细比应该调整为 $\lambda\sqrt{\frac{235}{345}}$。

(1)塔柱长细比

本设计中塔柱两塔面斜杆交点不错开，其中塔层①如图 8－17(a)，其他塔层如图 8－17(b)所示。

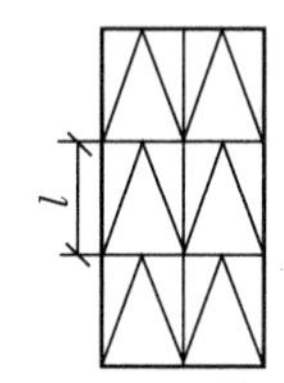

图 8－17(a)　塔层①塔柱两塔面斜杆交点不错开

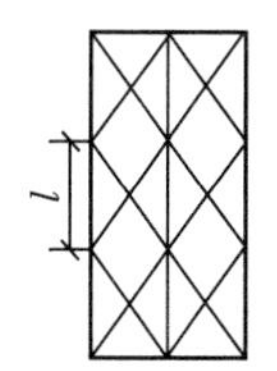

图 8－17(b)　其他塔层塔柱两塔面斜杆交点不错开

塔柱长细比计算按照公式(8－8)进行计算：

$$\lambda=\frac{l}{i_{y0}}\qquad(8-8)$$

式中　l——节段柱高；

i_{y0}——单角钢截面最小回转半径，如图 8－18 所示。

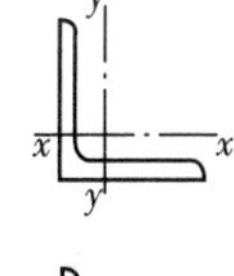

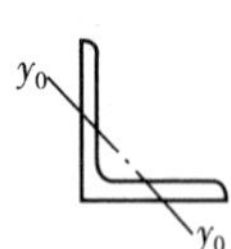

图 8－18　单角钢截面最小回转半径示意图

塔柱计算长度取副横杆之间的间距，长细比计算结果见表 8－13(a)所列。

表 8－13(a)　塔柱长细比计算结果

	层号	回转半径(mm)	计算长度(mm)	长细比	长细比调整
塔柱	①	24.8	1278	51.53	62.45
	②	19.8	1503	75.89	91.98
	③	17.6	1503	85.38	103.47
	④	14.7	1671	113.66	137.76
	⑤	13.8	1668	120.88	146.51
	⑥	14.0	1500	107.14	129.86

长细比小于 150，满足规范要求。

(2)斜杆长细比

高耸结构设计规范中规定了塔架斜杆长细比计算方法。

本设计中塔层①按照双斜杆加辅助杆进行设计，辅助杆节点与相邻塔面对应点有连接，计算按照公式(8－9)进行。

$$\lambda=\frac{l_1}{i_{y0}} \tag{8-9}$$

式中 l_1——斜杆计算长度，取值按照图 8－19 进行。

设计中其他塔层按照双斜杆进行设计，斜杆不断开，且中间用螺栓连接时，计算按照公式(8－9)进行。

斜杆计算长度取值按照图 8－19 进行。

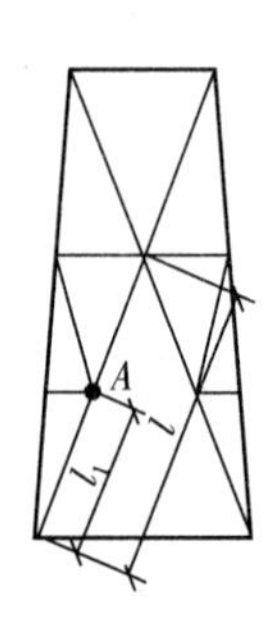

图 8－19 斜杆计算长度取值

斜杆计算长度考虑腹杆对斜杆的约束作用，长细比计算结果见表 8－13(b)所列。

表 8－13(b) 斜杆长细比计算结果

	层号	回转半径(mm)	计算长度(mm)	长细比
斜杆	①	18.0	1692	94.01
	②	13.8	1685	122.07
	③	12.5	1468	117.45
	④	12.5	1324	105.91
	⑤	9.8	1142	116.53
	⑥	9.8	1166	119.00

长细比小于 180，满足规范要求。

(3)横杆长细比

横杆为十字交叉型，如图 8－20 所示。

根据高耸结构设计规范，横杆长细比的计算公式如下(8－10)：

$$\lambda=\frac{l_1}{i_x} \tag{8-10}$$

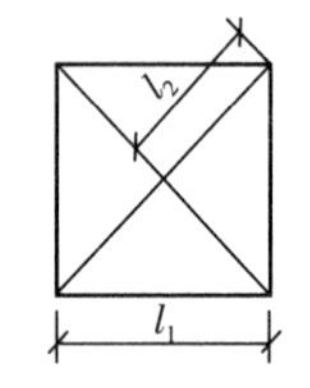

图 8－20 横杆布置类型

横杆计算长度为横杆与塔柱交点之间的距离，横杆长细比计算结果见表 8－13(c)所列。

表 8－13(c) 横杆长细比计算结果

	层号	回转半径(mm)	计算长度(mm)	长细比
横杆	①	29.1	3000	103.09
	②	29.1	2500	85.91
	③	21.5	2000	93.02
	④	21.5	1500	69.77
	⑤	15.3	1200	78.43
	⑥	15.3	1200	78.43

长细比小于 180，满足规范要求。

(4)横膈长细比

横膈为十字交叉型，一根交叉杆断开，并用节点板连接，计算公式(8－11)如下：

$$\lambda=\frac{1.4l_2}{i_{y0}} \tag{8-11}$$

横膈长细比计算结果见表 8－13(d)所列。

表 8－13(d)　横膈长细比计算结果

	层号	回转半径(mm)	计算长度(mm)	长细比
横膈	①	14.9	2121	199.29
	②	14.9	1768	166.07
	③	9.8	1414	202.00
	④	9.8	1061	151.50
	⑤	9.8	848	121.20
	⑥	9.8	848	121.20

长细比小于 350，满足规范要求。

3. 杆件内力验算

塔柱按照偏心受力构件进行计算，斜杆按照轴心受力构件进行计算，横杆按照轴心受力构件计算，横膈按照轴心受力构件进行计算，仅仅考虑横膈构件承受拉应力。

(1)塔柱验算

塔柱弯矩作用平面内稳定性按照公式(8－12)进行验算：

$$\frac{N}{\varphi_x A}\leqslant f \tag{8-12}$$

式中　N——计算节段最大轴心压力；

φ_x——受压稳定系数。

塔柱稳定性验算结果见表 8－14(a)所列。

表 8－14(a)　塔柱稳定性验算结果

塔架节点编号(层号)	(1)	(2)	(3)	(4)	(5)	(6)
轴心压力(kN)	103.99	101.47	58.16	27.54	2.30	0.17
构件截面积(mm^2)	2437	1564	1717	1150	816	557
长细比	51.53	75.89	85.38	113.66	120.88	142.86
稳定系数	0.794	0.608	0.533	0.354	0.32	0.241
最大应力(MPa)	53.74	106.70	63.55	67.66	8.80	1.27
应力比	0.17	0.34	0.20	0.22	0.03	0.00

塔柱稳定性验算以节段②塔段为例进行计算：

塔柱按照风向2的荷载进行计算：

$$\lambda=\frac{l}{i_{y0}}=\frac{1503}{19.8}=75.90$$

Q345钢材长细比调整为：

$$\lambda\sqrt{\frac{345}{235}}=75.90\sqrt{\frac{345}{235}}=91.96$$

照调整后的长细比查表得到稳定系数为0.608。

塔柱平面内稳定按照公式(8-12)进行计算：

$$\frac{N}{\varphi_x A}=\frac{101.47\times1000}{0.608\times1565}=106.64\text{N/mm}^2<f_d=310\text{N/mm}^2$$

应力比为：

$$\frac{\sigma}{f_d}=\frac{106.64}{310}=0.34$$

塔柱平面内稳定性满足设计。

(2)斜杆验算

斜腹杆稳定性验算按照公式(8-12)进行计算。

斜腹杆稳定性验算结果见表8-14(b)所列。

表8-14(b) 斜腹杆稳定性验算结果

塔架节点编号(层号)	(1)	(2)	(3)	(4)	(5)	(6)
轴心压力(kN)	4.56	7.83	6.69	5.32	4.12	1.65
构件截面积(mm^2)	1064	816	614	614	480	480
长细比	94.01	122.07	117.45	105.91	116.53	119
稳定系数	0.594	0.426	0.45	0.518	0.451	0.442
最大应力(MPa)	7.21	22.51	24.21	16.72	19.03	7.78
应力比	0.03	0.10	0.11	0.08	0.09	0.04

斜杆稳定性验算过程同塔柱的验算，以节段③为例。

斜杆稳定性验算按照公式(8-12)进行计算：

$$\frac{N}{\varphi_x A}=\frac{6.69\times1000}{0.45\times614}=24.21\text{N/mm}^2<f_d=215\text{N/mm}^2$$

斜杆稳定性验算的应力比为：

$$\frac{\sigma}{f_d}=\frac{24.21}{215}=0.11$$

斜杆强度和稳定性验算均符合设计要求，应力比偏小；但是在高耸结构设计规范中规定斜杆的长细比不得超过 180，因此斜杆构件的选择由长细比控制。

(3)横杆验算

横杆稳定性验算作为轴心受力构件按照公式(8－12)进行计算。

横杆稳定性验算结果见表 8－14(c)所列。

表 8－14(c)　横杆稳定性计算结果

塔架节点编号(层号)	(1)	(2)	(3)	(4)	(5)	(6)
轴心压力(kN)	6.10	13.95	11.35	8.03	5.41	1.65
构件截面积(mm^2)	880	880	816	816	480	480
长细比	103.09	85.91	93.02	69.77	78.43	78.43
稳定系数	0.536	0.649	0.601	0.752	0.698	0.698
最大应力(MPa)	12.93	24.42	23.14	13.09	16.13	4.92
应力比	0.06	0.11	0.11	0.06	0.08	0.02

以节段③为例进行横杆验算：

横杆稳定性验算按照公式(8－12)进行计算：

$$\frac{N}{\varphi_x A}=\frac{11.35\times1000}{0.601\times816}=23.14\mathrm{N/mm^2}<f_d=215\mathrm{N/mm^2}$$

横杆稳定性验算的应力比为：

$$\frac{\sigma}{f_d}=\frac{23.14}{215}=0.11$$

横杆强度和稳定性验算均符合设计要求，应力比偏小；但是在高耸结构设计规范中规定横杆的长细比不得超过 180，因此横杆构件的选择由长细比控制。

(4)横膈验算

横膈为十字形交叉杆件，考虑横膈受压退出工作，故横膈作为受拉构件，且内力很小。因此横膈构件的选择由长细比控制，按照高耸结构设计规范，横膈的长细比不得超过 350。表 8－13(d)中给出了横膈的长细比，满足条件。

8.3.7　螺栓节点计算

1. 节点计算概述

(1)螺栓设计

钢塔塔柱连接采用普通螺栓连接，斜腹杆采用节点板连接，节点板与塔柱通过在塔柱上钻孔进行螺栓连接。角钢塔的螺栓连接为普通螺栓连接，要求适当施加扭矩，并且应该使用扣紧螺母作为防松措施，有的连接也使用双螺母防松。

角钢通信塔螺栓连接构造简单，计算方便，需要使用高强螺栓。钢结构通信塔螺栓节点按照普通抗剪螺栓进行计算。

(2)螺栓计算

抗剪螺栓计算需要考虑螺栓抗剪和承压承载力，抗剪和承压分别按照以下公式进行计算：

$$N_v^b = n_v \frac{\pi d^2}{4} f_v^b \tag{8-13}$$

式中 N_v^b—— 单个螺栓抗剪承载力设计值；

n_v—— 受剪面数目；

d—— 普通螺栓栓杆直径；

f_v^b—— 普通螺栓抗剪强度设计值。

$$N_c^b = d \cdot \sum t \cdot f_c^b \tag{8-14}$$

式中 N_c^b—— 单个螺栓抗压承载力设计值；

$\sum t$—— 同一方向承压构件较小厚度；

f_c^b—— 普通螺栓抗压强度设计值。

普通螺栓承载力设计值按照公式(8－13)、(8－14) 进行计算后取较小值：

$$N^b = \min\{N_c^b, N_v^b\} \tag{8-15}$$

2. 节点设计

(1)螺栓选择

通信塔节点螺栓选择 8.8 级高强螺栓。对塔柱：层号(1)～(3)节点连接采用 M16 级，层号(4)～(6)节点连接采用 M12 级。对斜腹杆和横杆：各层节点连接都采用 M12 级；其余构件之间采用 M12 级螺栓进行连接。

(2)连接形式

塔柱间连接为单剪连接，塔柱与斜杆连接加节点板，斜杆与横杆之间为单剪连接，斜杆与腹杆之间采用单剪连接。

(3)螺栓承载力计算

(4)承载力计算结果

8.8 级高强螺栓强度设计值为：

$$f_c^b = 400\ \text{N/mm}^2$$

$$f_v^b = 250\ \text{N/mm}^2$$

式中 f_c^b——高强螺栓承压强度；

f_y^b——高强螺栓承剪强度。

螺栓承载力按照公式(8－13)、(8－14)进行计算，并取最小值作为螺栓的抗剪承载力。

M16 级螺栓抗剪承载力：

$$N_v^b = n_v \frac{\pi d^2}{4} f_v^b = \frac{\pi \times 16^2}{4} \times 250 = 50.27\text{kN}$$

M12 级螺栓抗剪承载力：

$$N_v^b = n_v \frac{\pi d^2}{4} f_v^b = \frac{\pi \times 12^2}{4} \times 250 \times 10^{-3} = 28.27\text{kN}$$

由于各层塔柱角钢构件肢厚不同，螺栓承压承载力不同，单个螺栓承压承载力计算结果见表 8－15 所列。

表 8－15　单个螺栓承压承载力计算结果

塔架节点编号(层号)	(1)	(2)	(3)	(4)	(5)	(6)
塔柱杆件肢厚(mm)	10	8	10	8	6	4
塔柱螺栓承压承载力(kN)	64	51.2	64	38.4	28.8	19.2
斜杆杆件肢厚(mm)	6	6	5	5	5	5
斜杆螺栓承压承载力(kN)	28.8	28.8	24	24	24	24
横杆杆件肢厚(mm)	6	6	6	6	5	5
横杆螺栓承压承载力(kN)	28.8	28.8	28.8	28.8	24	24
横膈杆件肢厚(mm)	5	5	5	5	5	5
横膈螺栓承压承载力(kN)	24	24	24	24	24	24

分别计算出螺栓受剪和受压承载力之后，取最小值得到螺栓抗剪承载力设计值，单个螺栓抗剪承载力设计值见表 8－16 所列。

表 8－16　单个螺栓抗剪承载力设计值　(单位：kN)

塔架节点编号(层号)	(1)	(2)	(3)	(4)	(5)	(6)
塔柱螺栓承载力设计值	50.27	50.27	50.27	28.27	28.27	19.2
斜杆螺栓承载力设计值	28.27	28.27	24	24	24	24
横杆螺栓承载力设计值	28.27	28.27	28.27	28.27	24	24
横膈螺栓承载力设计值	24	24	24	24	24	24

3. 单个螺栓承载力计算示例

以节段②螺栓承载力为例。

节段②塔柱采用 8.8 级 M16 高强螺栓，其余构件之间的连接采用 8.8 级 M12 级高强螺栓。

(1)塔柱 M16 螺栓承载力设计值

塔柱螺栓承压承载力按照公式(8－14)计算：

$$N_c^b = d \cdot \sum t \cdot f_c^b = 16 \times 8 \times 400 \times 10^{-3} = 51.2\text{kN}$$

塔柱 M16 承压承载力按照公式(8－15)计算：

$$N^b = \min\{N_c^b, N_v^b\} = \min\{51.2, 50.27\} = 50.27\text{kN}$$

(2) 斜杆 M12 螺栓承载力设计值

斜杆 M12 螺栓承压承载力按照公式(8－14)计算：

$$N_c^b = d \cdot \sum t \cdot f_c^b = 12 \times 6 \times 400 \times 10^{-3} = 28.8\text{kN}$$

斜杆 M12 螺栓承载力按照公式(8－15)计算：

$$N^b = \min\{N_c^b, N_v^b\} = \min\{28.8, 28.27\} = 28.27\text{kN}$$

(3) 横杆 M12 螺栓承载力设计值

横杆 M12 螺栓承压承载力按照公式(8－14)计算

$$N_c^b = d \cdot \sum t \cdot f_c^b = 12 \times 6 \times 400 \times 10^{-3} = 28.8\text{kN}$$

横杆 M12 螺栓承压承载力按照公式(8－15)计算

$$N^b = \min\{N_c^b, N_v^b\} = \min\{28.8, 28.27\} = 28.27\text{kN}$$

(4) 横膈 M12 螺栓承载力设计值

横膈 M12 螺栓承压承载力按照公式(8－14)计算

$$N_c^b = d \cdot \sum t \cdot f_c^b = 12 \times 5 \times 400 \times 10^{-3} = 24\text{kN}$$

横膈 M12 螺栓承载力按照公式(8－15)计算

$$N^b = \min\{N_c^b, N_v^b\} = \min\{24, 28.27\} = 24\text{kN}$$

4. 螺栓数目计算

(1)螺栓数目计算结果

在完成螺栓承载力计算之后，可以进行螺栓数目计算。按照“强节点弱杆件”的原则设计，进行节点计算时，杆件内力增大20%，内力调整表见表8－17所列。

计算公式如下：

$$n \geqslant \frac{N}{N^b} \tag{8-16}$$

式中　N^b——螺栓抗剪承载力设计值。

表8－17　内力调整表　　(单位:kN)

塔架节点编号	(1)	(2)	(3)	(4)	(5)	(6)
塔柱内力(kN)	103.99	101.47	58.16	27.54	2.30	0.17
塔柱节点内力(kN)	124.79	121.76	69.79	33.05	2.76	0.20
斜杆内力(kN)	4.56	7.83	6.73	5.32	4.12	1.82
斜杆节点内力(kN)	5.47	9.39	8.08	6.38	4.94	2.18
横杆内力(kN)	6.10	13.95	11.41	8.03	5.41	1.82
横杆节点内力(kN)	7.32	16.74	13.70	9.64	6.49	2.18

计算螺栓数目见表 8－18(a)所列。

表 8－18(a)　计算螺栓数目表　（单位：个）

塔架节点编号	(1)	(2)	(3)	(4)	(5)	(6)
塔柱节点内力(kN)	124.79	121.76	69.79	33.05	2.76	0.20
塔柱计算螺栓数	2.48	2.42	1.39	1.17	0.10	0.01
斜杆节点内力(kN)	5.47	9.39	8.08	6.38	4.94	2.18
斜杆计算螺栓数	0.19	0.33	0.34	0.27	0.21	0.09
横杆节点内力(kN)	7.32	16.74	13.70	9.64	6.49	2.18
横杆计算螺栓数	0.26	0.59	0.48	0.34	0.27	0.09

实际螺栓数目应该按照表 8－18(b)所列。

表 8－18(b)　实际螺栓数目表　（单位：个）

塔架节点编号	(1)	(2)	(3)	(4)	(5)	(6)
塔柱实际螺栓数	3	3	2	2	2	2
斜杆实际螺栓数	2	2	2	2	2	2
横杆实际螺栓数	2	2	2	2	2	2

(2)螺栓数目计算示例

以节段②为例，计算塔架螺栓数目。

塔柱螺栓数目按照公式(8－16)计算：

$$n \geqslant \frac{N}{N^{b}} = \frac{121.76}{50.27} = 2.42$$

最终取整数 3 个，故节段②塔柱需要 3 个 M16 螺栓。

斜杆螺栓数目按照公式(8－16)计算：

$$n \geqslant \frac{N}{N^{b}} = \frac{9.39}{28.27} = 0.33$$

最终取整数 2 个，故节段②斜塔需要 2 个 M12 螺栓。

横杆螺栓数目按照公式(8－16)计算：

$$n \geqslant \frac{N}{N^{b}} = \frac{16.74}{28.27} = 0.59$$

最终取整数 2 个，故节段②横杆需要 2 个 M12 螺栓。

横膈螺栓数目按照构造用 2 个 M12 螺栓。

5. 螺栓数目验算

螺栓数目进行初步选择后，需对节点承载力进行计算，计算公式如下：

$$N_{max} = nN^{b} \tag{8-17}$$

式中 N_{max}——节点最大抗剪承载力。

(1)塔柱螺栓验算

塔柱螺栓验算结果见表 8－19(a)所列。

表 8－19(a) 塔柱螺栓验算结果

塔架节点编号	(1)	(2)	(3)	(4)	(5)	(6)
塔柱螺栓数目(个)	3	3	2	2	2	2
塔柱螺栓承载力(kN)	50.27	50.27	50.27	28.27	28.27	19.2
塔柱节点承载力(kN)	150.81	150.81	100.54	56.54	56.54	38.4
塔柱内力(kN)	124.79	121.76	69.79	33.05	2.76	0.20
安全系数	1.21	1.24	1.44	1.71	20.50	188.36

塔柱螺栓验算以节段②为例：

节点承载力按照公式(8－17)计算：

$$N_{max}=nN^{b}=3\times 50.27=150.81\text{kN}$$

安全系数为：

$$K=\frac{N_{max}}{N}=\frac{150.81}{121.76}=1.24$$

塔柱螺栓承载力满足设计要求。

(2)斜杆螺栓验算

斜杆螺栓验算结果见表 8－19(b)所列。

表 8－19(b) 斜杆螺栓验算结果

塔架节点编号	(1)	(2)	(3)	(4)	(5)	(6)
斜杆螺栓数目(个)	2	2	2	2	2	2
斜杆螺栓承载力(kN)	28.27	28.27	24	24	24	24
斜杆节点承载力(kN)	56.54	56.54	48	48	48	48
斜杆内力(kN)	5.47	9.39	8.08	6.38	4.94	2.18
安全系数	10.33	6.02	5.94	7.52	9.71	21.98

斜杆螺栓验算以节段②为例：

节点承载力按照公式(8－17)计算：

$$N_{max}=nN^{b}=2\times 28.27=56.54\text{kN}$$

安全系数为：

$$K=\frac{N_{max}}{N}=\frac{56.54}{9.39}=6.02$$

斜杆螺栓承载力满足设计要求。

(3)横杆螺栓验算

横杆螺栓验算结果见表8-19(c)所列。

表8-19(c)　横杆螺栓验算结果

塔架节点编号	(1)	(2)	(3)	(4)	(5)	(6)
横杆螺栓数目(个)	2	2	2	2	2	2
横杆螺栓承载力(kN)	28.27	28.27	28.27	28.27	24	24
横杆节点承载力(kN)	56.54	56.54	56.54	56.54	48	48
横杆内力(kN)	7.32	16.74	13.70	9.64	6.49	2.18
安全系数	7.72	3.38	4.13	5.87	7.40	21.98

横杆螺栓验算以节段②为例：

节点承载力按照公式(8-17)计算：

$$N_{max}=nN^{b}=2\times28.27=56.54\text{kN}$$

安全系数为：

$$K=\frac{N_{max}}{N}=\frac{56.54}{16.74}=3.38$$

横杆螺栓承载力满足设计要求。

6. 构件净截面验算

在螺栓数目确定之后，应该对构件净截面强度进行验算。

构件净截面强度按照公式(8-18)进行验算：

$$A_{n1}=A-n_1dt \tag{8-18}$$

式中　A_{n1}——构件Ⅰ－Ⅰ净截面面积；

n_1——截面Ⅰ－Ⅰ上螺栓数目。

$$A_{n2}=\left[2e_3+(n_3-1)\sqrt{e_1{}^2+e_2{}^2}-n_3d_0\right]t \tag{8-19}$$

式中　A_{n2}——构件Ⅲ－Ⅲ净截面面积；

e_1——垂直作用力方向螺栓中距；

e_2——垂直作用力方向螺栓边距；

n_3——截面Ⅲ－Ⅲ上螺栓数目；

d_0——螺栓孔径。

截面Ⅰ－Ⅰ为单行螺栓排列，截面Ⅲ－Ⅲ为双行错列螺栓排列，如图8-21所示。

构件净截面面积按照公式(8-18)、(8-19)计算后取较小值。

构件净截面强度按照公式(8-20)进行验算：

$$\sigma_n=\frac{N}{A_n}\leqslant f_d \tag{8-20}$$

式中　σ_n——净截面应力；

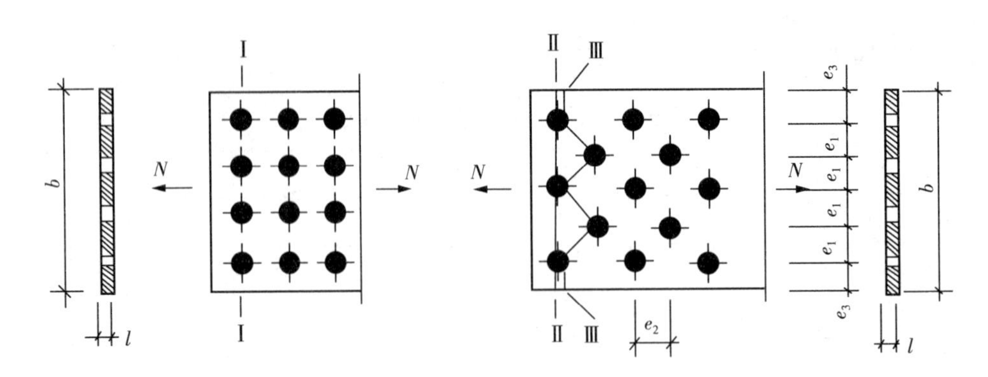

图 8-21 螺栓排列示意图

f_d——材料设计强度。

(1)塔柱构件净截面强度验算

塔柱构件净截面强度验算结果见表 8-20(a)所列。

表 8-20(a) 塔柱构件净截面强度验算结果

塔架节点编号(层号)	(1)	(2)	(3)	(4)	(5)	(6)
轴心压力(kN)	124.79	121.76	69.79	33.05	2.76	0.20
构件毛截面面积(mm^2)	2437	1564	1717	1150	816	557
构件净截面面积(mm^2)	1957	1180	1397	958	672	461
净截面强度(MPa)	63.76	103.19	49.95	34.50	4.10	0.44

塔柱构件净截面以节段②为例进行验算：

在节段②的构件螺栓采用单行排列，则构件净截面面积按照公式(8-18)计算得

$$A_{n1}=A-n_1 d_t=1564-3\times16\times8=1180\ mm^2$$

构件净截面强度按照公式(8-20)进行验算：

$$\sigma_n=\frac{N}{A_n}=\frac{121.76\times1000}{1180}=103.19N/mm^2<f_d=310N/mm^2$$

塔柱净截面强度满足设计要求。

(2)斜杆构件净截面强度验算

斜杆构件净截面强度验算结果见表 8-20(b)所列。

表 8-20(b) 斜杆构件净截面强度验算结果

塔架节点编号(层号)	(1)	(2)	(3)	(4)	(5)	(6)
轴心压力(kN)	5.47	9.39	8.08	6.38	4.94	2.18
构件毛截面面积(mm^2)	1064	816	614	614	480	480
构件净截面面积(mm^2)	920	672	494	494	360	360
净截面强度(MPa)	5.95	13.98	16.35	12.92	13.73	6.07

斜杆构件净截面以节段②为例进行验算：

在节段②的构件螺栓采用单行排列，则构件净截面面积按照公式(8－18)计算得：

$$A_{n1}=A-n_1dt=816-2\times12\times6=672\ \mathrm{mm}^2$$

构件净截面强度按照公式(8－20)计算得：

$$\sigma_n=\frac{N}{A_n}=\frac{9.39\times1000}{672}=13.98\mathrm{N/mm}^2<f_d=310\mathrm{N/mm}^2$$

斜杆净截面强度满足设计要求。

(3)横杆构件净截面强度验算

横杆构件净截面强度验算结果见表8－20(c)所列。

表8－20(c)　横杆构件净截面强度验算结果

塔架节点编号(层号)	(1)	(2)	(3)	(4)	(5)	(6)
轴心压力(kN)	7.32	16.74	13.70	9.64	6.49	2.18
构件毛截面面积(mm^2)	880	880	816	816	480	480
构件净截面面积(mm^2)	736	736	672	672	360	360
净截面强度(MPa)	9.95	22.74	20.38	14.34	18.02	6.07

横杆构件净截面以节段②为例进行验算：

在节段②的构件螺栓采用单行排列，则构件净截面面积按照公式(8－18)计算得：

$$A_{n1}=A-n_1dt=880-2\times12\times6=736\ \mathrm{mm}^2$$

构件净截面强度按照公式(8－20)进行验算：

$$\sigma_n=\frac{N}{A_n}=\frac{16.74\times1000}{736}=22.74\mathrm{N/mm}^2<f_d=310\mathrm{N/mm}^2$$

横杆净截面强度满足设计要求。

8.3.8　基础设计

1. 基础设计概述

(1)钢塔基础概况

塔式结构的基础是最重要的构件之一，承担着将上部荷载传递到地基并保持结构整体稳定性的作用，与一般建筑结构相比，承受较大水平荷载和整体弯矩的钢塔结构基础应考虑水平荷载对基础结构的影响。

本例题中，四边形角钢通信塔基础采用正四边形的钢筋混凝土独立基础，在风荷载作为控制荷载的钢结构通信塔中应进行基础抗拔和抗滑移验算。

(2)场地地质情况

场地地质情况见表8－21所列。

表 8-21 场地地质情况

土质	厚度(m)	承载力特征值(kN/m²)	容重(kN/m²)
杂填土	1.0		18.9
褐黄色黏性土	6.0	190	18.4
淤泥质土	7.0	75	19.8

2. 基础承压设计验算

(1)基础尺寸

柱下独立基础设计埋深 3m,选用 C20 混凝土,基础垫层厚度 100mm,选用 C15 混凝土。

基础下卧土层为褐黄色黏性土,下卧层承载力特征值查表 4.1 为 $f_{ak}=190\text{kN/m}^2$,基础底面设计为正四边形,其面积按照如下公式进行初选:

$$A=\frac{N}{f}=\frac{103.99}{190}=0.55\text{m}^2$$

基础底面边长为:

$$a\geqslant\sqrt{A}=\sqrt{0.55}=0.74\text{m}$$

取基础底面边长为 1.5m。

基础及基础回填土重标准值:

$$G_k=\gamma_0 Ad=20\times1.5^2\times3=135\text{kN}$$

基础及回填土重设计值为:

$$G_d=1.2G_k=1.2\times135=162\text{kN}$$

基础底面竖向力最大值为:

$$N=G_d+N_{柱}=162+103.99=266\text{kN}$$

(2)承载力特征值修正

得到基础地面边长后,可对下卧层地基承载力特征值进行修正,修正公式如下:

$$f_a=f_{ak}+\eta_b\gamma(b-3)+\eta_d\gamma_m(d-0.5) \tag{8-21}$$

式中 f_a——承载力修正值;

f_{ak}——承载力特征值;

η_b——基础宽度的地基承载力修正系数;

η_d——基础埋置深度的地基承载力修正系数;

γ——基础底面以下的重度(kN/m³),地下水位以下取浮重度;

b——基础底面宽度(m),取值范围在 3~6m 之间;

γ_m——基础底面以上土的加权平均重度,地下水位以下的土层取有效重度(kN/m³)。

地基承载力按照公式(8-21)修正,其中按照《建筑地基基础设计规范》查表得粘性土 η_b 和 η_d分别为 0.3 和 1.6,则

$$f_a = f_{ak} + \eta_b \gamma (b-3) + \eta_d \gamma_m (d-0.5)$$

$$= 190 + 0.3 \times 18.4 \times (3-3) + 1.6 \times 20 \times (3-0.5) = 270 \text{kN/m}^2$$

基础承压验算过程如下：

$$p = \frac{N}{A} = \frac{266}{1.5^2} = 118.22 \text{ kN/m}^2 < f_a = 270 \text{ kN/m}^2$$

考虑水平力产生的弯矩为：

$$M = Vd = \frac{59.07}{4} \times 3 = 44.3 \text{ kN} \cdot \text{m}^2$$

弯矩与轴力作用的承压验算：

$$p = \frac{N}{A} + \frac{M}{W} = \frac{266}{1.5^2} + \frac{44.3}{\frac{1}{6} \times 1.5^3} = 118.22 + 78.76 = 196.98 \text{ kN/m}^2 < 1.2 f_a = 324 \text{ kN/m}^2$$

基础承压验算满足设计要求。

3. 基础抗拔设计

(1)土重法

角钢通信塔风荷载对塔柱构件产生较大拉应力，在基础设计中应对基础进行抗拔验算，抗拔验算按照土重法公式进行：

$$F \leqslant \frac{G_e}{\gamma_{R1}} + \frac{G_f}{\gamma_{R2}} \tag{8-22}$$

式中　F——基础的受拔力；

G_e——土体重量；

G_f——基础重量；

γ_{R1}——土体重的抗拔稳定系数，可用 1.7；

γ_{R2}——基础重的抗拔稳定系数，可用 1.2。

(2)抗拔验算

土体重度计算的抗拔角按照高耸规范得硬塑黏土抗拔角为 25°，土重法计算的临界深度：

$$h_{cr} = 2.5b = 2.5 \times 1.5 = 3.75\text{m} > h_t = 2.8\text{m}$$

基础土重计算简图如图 8-22 所示。

土体计算重度公式为：

$$G_e = \gamma_0 (V_t - V_0) \tag{8-23}$$

式中　γ_0——土体加权重度，取 18.5kN/m³；

V_t——h_t 深度范围内的土体；

V_0——h_0 范围内基础体积。

方形板基础土重为：

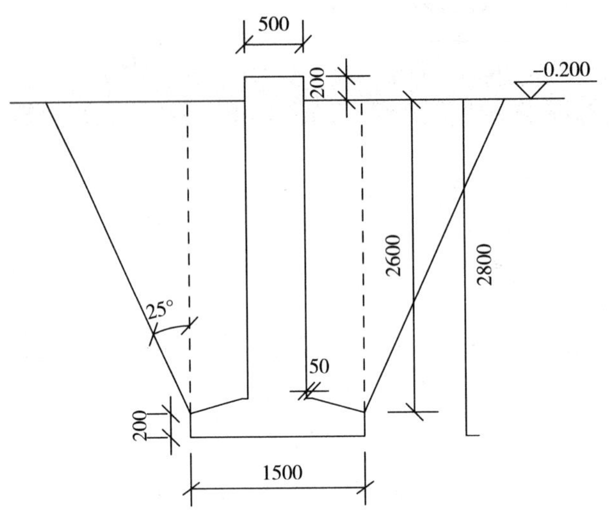

图 8-22 基础土重计算简图

$$G_e=\gamma_0\left[h_t(b^2+2bh_t\tan\alpha_0+\frac{4}{3}h_f^{\ 2}\ \tan^2\alpha_0)-V_0\right] \tag{8-24}$$

本设计中基础土重为：

$$G_e=18.5\times\left[2.8\times(1.5^2+2\times1.5\times2.8\times\tan 25°+\frac{4}{3}\times2.8^2\times\tan^2 25°)-0.8\right]$$

$=538.62\text{kN}$

杆件内力计算得单塔柱水平力与竖向力的比值为：

$$\frac{H}{F}=\frac{59.07/4}{538.62}=0.03<0.15$$

则土重 G_e 应乘 1.0 的系数。

基础体积计算时需要计算一个棱台的体积，即图 8-23 所示阴影部分体积。

棱台体积计算公式为：

$$V_{棱台}=\frac{1}{3}(S_1+\sqrt{S_1S_2}+S_2)h \tag{8-25}$$

式中 S_1——棱台上底面面积；

S_2——棱台下底面面积；

h——棱台高度。

本设计中基础图 8-23 阴影棱台部分体积为：

$$V_{棱台}=\frac{1}{3}(S_1+\sqrt{S_1S_2}+S_2)h=0.13\text{m}^3$$

基础重：

$$G_f=\gamma V_f=25\times(0.5^2\times2.68+1.5^2\times0.2+0.13)=31.25\text{kN}$$

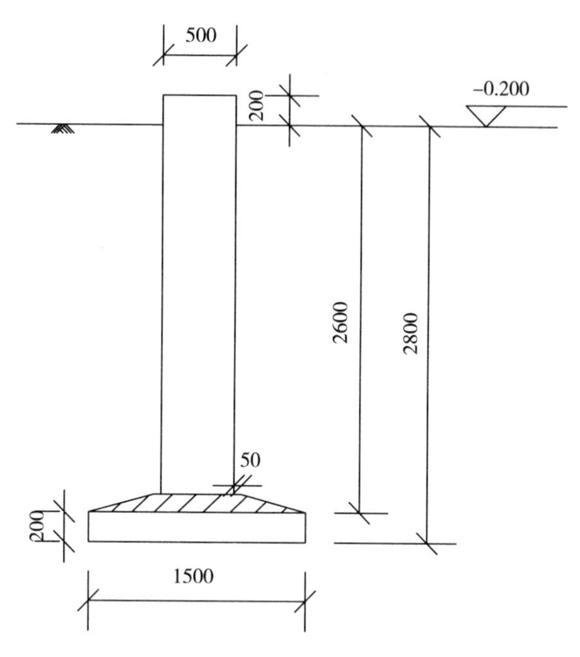

图8-23　基础重计算简图

基础抗拔验算按照公式(8-21)进行：

$$F=103.99\text{kN}<\frac{G_e}{\gamma_{R1}}+\frac{G_f}{\gamma_{R2}}=\frac{538.62}{1.7}+\frac{31.25}{1.2}=342.88\text{kN}$$

基础抗拔验算满足设计要求。

4. 基础抗冲切验算

基础抗冲切承载力验算按照如下公式：

$$F_l\leqslant(0.7\beta_h f_t+0.25\sigma_{pc,m})\eta u_m h_0 \tag{8-26}$$

公式中系数 η 按照以下两个公式计算，取较小值：

$$\eta_1=0.4+\frac{1.2}{\beta_s} \tag{8-27}$$

$$\eta_2=0.5+\frac{\alpha_s h_0}{4u_m} \tag{8-28}$$

式中　F_l——集中反力设计值；

β_h——截面高度影响系数，当 h 不大于800mm时取1.0；

$\sigma_{pc,m}$——计算截面周长上两个方向混凝土有效预压应力按长度的加权平均值；

u_m——计算截面周长，取集中反力作用处周边 $h_0/2$ 处最不利周长；

h_0——截面有效高度平均值；

η_1——集中反力作用形状影响系数；

η_2——计算截面周长与板截面有效高度之比的影响系数；

β_s——反力作用面积为矩形时长边与短边长度比值，小于2时取2；

α_s——柱位置影响系数，角柱取 20。

基础抗冲切承载力按照集中反力作用模型进行计算，如图 8-24 所示。

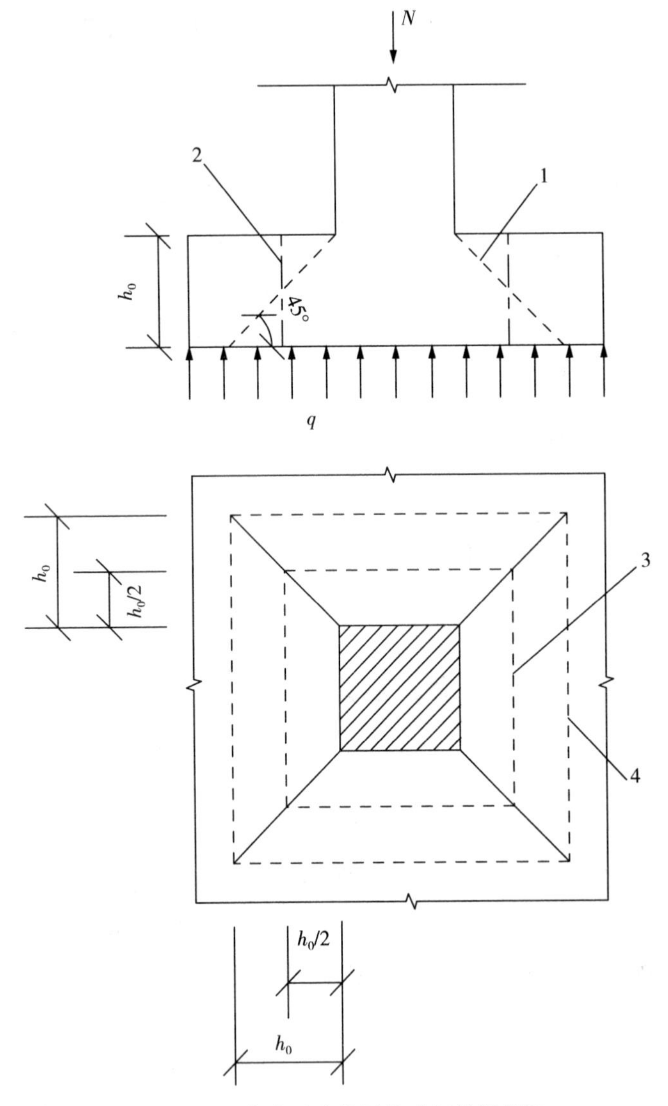

图 8-24　集中反力作用抗冲切计算简图

1—冲切破坏锥体斜截面；2—计算截面；3—计算截面的周长；4—冲切破坏锥体的底面线。

系数 η 计算：

$$\eta_1=0.4+\frac{1.2}{\beta_s}=0.4+\frac{1.2}{2}=1.0$$

$$\eta_2=0.5+\frac{\alpha_s h_0}{4u_m}=0.5+\frac{20\times(360-40)}{4\times820\times4}=0.988$$

$$\eta=\min\{\eta_1,\eta_2\}=\min\{1.0,0.988\}=0.988$$

C20 混凝土抗拉承载力查《建筑混凝土结构设计规范》的 $f_t=1.54\mathrm{N/mm^2}$。

有效预压应力取 0。

按照公式(8－26)验算基础抗冲切承载力：

$$F_{lu}=(0.7\beta_h f_t+0.25\sigma_{pc,m})\eta u_m h_0=0.7\times1.0\times1.54\times0.988\times820\times4\times320$$
$$=1117.9\text{kN}$$

$$F_l=103.99\text{kN}<F_{lu}=1117.9\text{kN}$$

基础抗冲切验算满足设计要求。

5. 基础配筋

正四边形基础底面最大、最小应力的计算如下：

$$\left.\begin{matrix}\sigma_{max}\\ \sigma_{min}\end{matrix}\right\}=\frac{N}{A}\pm\frac{M}{W}=\frac{266}{1.5^2}\pm\frac{44.3}{\frac{1}{6}\times1.5^3}=\begin{cases}196.98\\39.46\end{cases}\text{kN/m}^2$$

正四边形基础最大弯矩出现在柱边，计算公式如下：

$$M=\frac{1}{24}p_n\ (a-a_c)^2(2a+a_c) \tag{8-29}$$

式中　p_n——偏心力作用下柱边最大反力，计算公式为 $p_n=(p_{n,max}+p_{nl})/2$

a——基底边长；

a_c——柱边长。

其中 p_{nl} 为柱边反力值，单位为 kN/m²，计算如下：

$$p_{nl}=p_{n,max}-(p_{n,max}-p_{n,min})/2.5=196.98-(196.98-39.46)/2.5=133.97\text{kPa}$$

基底最大弯矩可求得：

$$M=\frac{1}{24}p_n\ (a-a_c)^2(2a+a_c)=\frac{1}{24}\times165.5\times(1.5-0.5)^2(2\times1.5+0.5)=24.14\text{kN}\cdot\text{m}$$

基础钢筋取 HRB400，抗拉强度设计值为：$f_y=360\text{N/mm}^2$，基础配筋计算如下：

$$A_s=\frac{M}{0.9h_0f_y}=\frac{24.14\times10^6}{0.9\times320\times360}=232.83\ \text{mm}^2$$

每米范围内钢筋截面面积为：

$$\frac{A_s}{a}=\frac{232.83}{1.5}=155.22\ \text{mm}^2/\text{m}$$

根据计算结果选用 Φ8@200，钢筋面积为：

$$\frac{A_s}{a}=\frac{\pi}{4}\times8^2\times\frac{1000}{200}=251.33\ \text{mm}^2/\text{m}>155.22\ \text{mm}^2/\text{m}$$

双向双层配筋相同，钢筋保护层厚度为 40mm。

6. 抗滑移验算

基础抗滑移的验算公式如下：

$$\frac{(N+G)\mu}{P_h}\geqslant1.3 \tag{8-30}$$

式中　P_h——基础上部结构传到基础的水平力代表值；

N——上部结构传至基础的竖向力代表值；

G——基础重，包括基础上的土重；

μ——基础底面对地基的摩擦系数，按《建筑地基基础设计规范》采用。

杆件内力计算结果可知，$P_h=59.07\text{kN}$，$N=103.99\text{kN}$，G 的计算可取基础和土的加权平均容重 20kN/mm^3，计算得：

$$G=\gamma V=20\times 1.5^2\times 3=135\text{kN}$$

基础底面对地基的摩擦系数查基础设计规范为 $\mu=0.35$。

基础抗滑移验算按照公式(8－28)进行：

$$\frac{(N+G)\mu}{P_h}=\frac{(103.99+135)\times 0.35}{59.07/4}=\frac{83.65}{14.77}=5.66\geqslant 1.3$$

基础抗滑移验算符合设计要求。

8.4　电　算

通信塔课程设计采用 3D3S 软件进行计算。具体操作过程如下：

(1)进入 3D3S 界面，选择建筑结构中的塔架设计菜单，如图 8－25 所示。

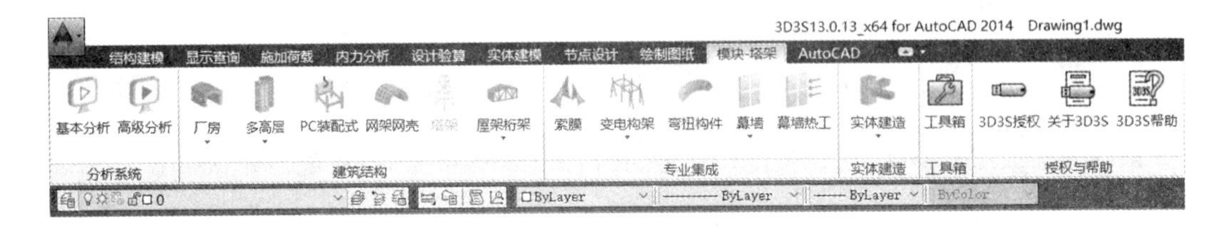

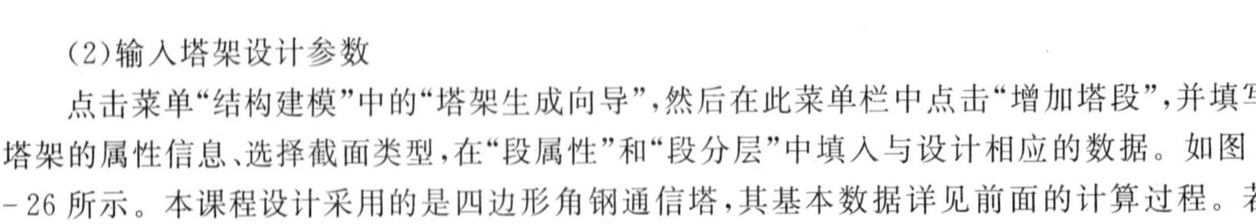

图 8－25　3D3S 软件界面

(2)输入塔架设计参数

点击菜单“结构建模”中的“塔架生成向导”，然后在此菜单栏中点击“增加塔段”，并填写塔架的属性信息、选择截面类型，在“段属性”和“段分层”中填入与设计相应的数据。如图 8－26 所示。本课程设计采用的是四边形角钢通信塔，其基本数据详见前面的计算过程。若导出的模型与设计不符，可进一步进行修改，诸如删去多余的横杆，添加必要的竖杆。通信塔顶部安装有避雷器，故需要画附属构件：点击“单元”菜单中的“增加杆件”按钮。

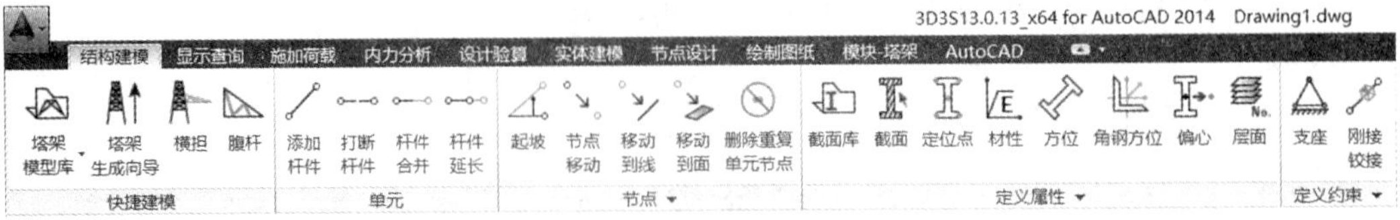

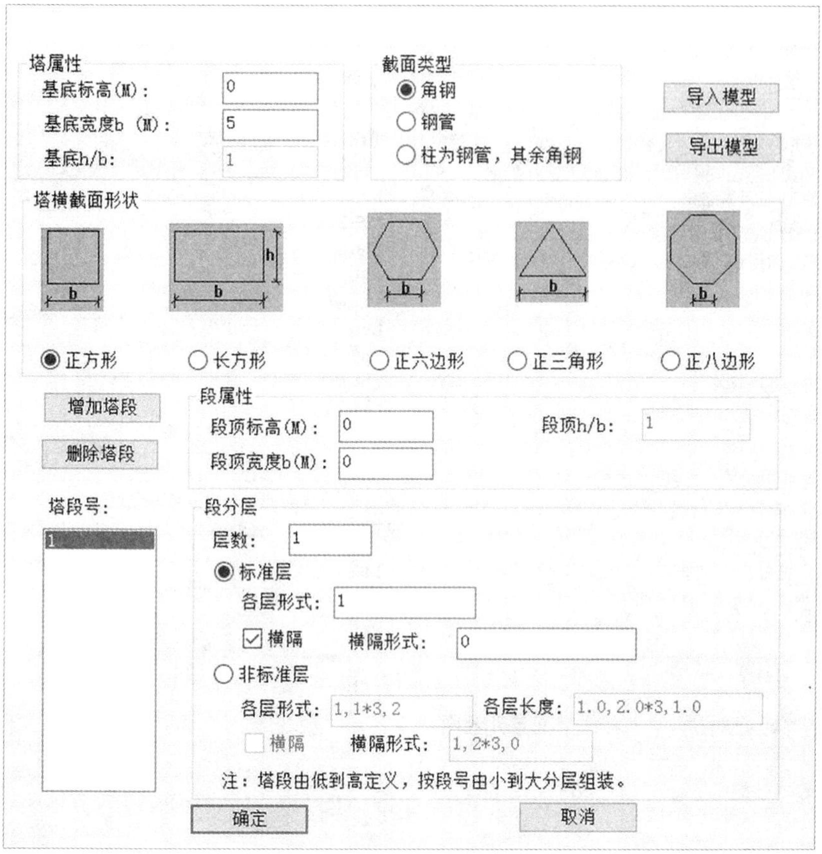

图 8－26　塔架设计参数界面

(3)定义材料属性

点击菜单“定义属性”中的“材性”，本例题将塔柱主材定义为 Q345，其余构件定义为 Q235，如图 8－27 所示。并根据设计的塔架构件截面对角钢的截面进行定义，如图 8－28 所示。

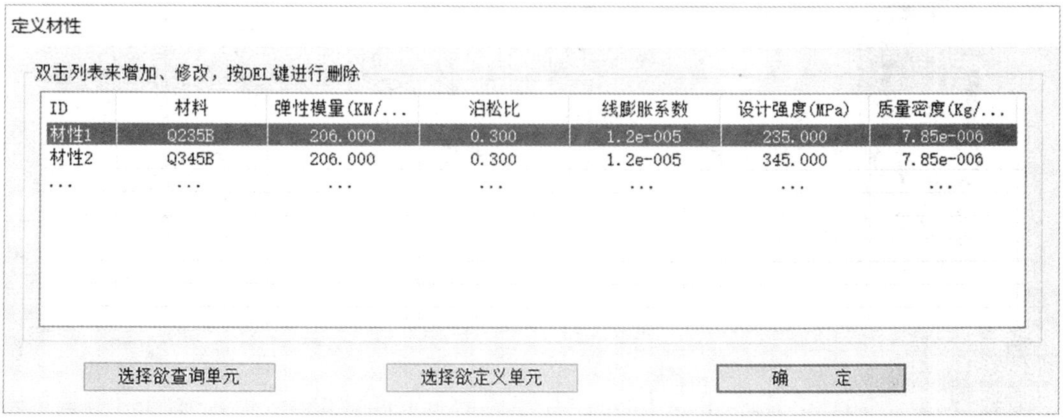

定义材性

双击列表来增加、修改，按DEL键进行删除

ID	材料	弹性模量(KN/...	泊松比	线膨胀系数	设计强度(MPa)	质量密度(Kg/...
材性1	Q235B	206.000	0.300	1.2e-005	235.000	7.85e-006
材性2	Q345B	206.000	0.300	1.2e-005	345.000	7.85e-006
...	...	...	...	...	...	...

选择欲查询单元　选择欲定义单元　确　定

图 8－27　塔架材性定义

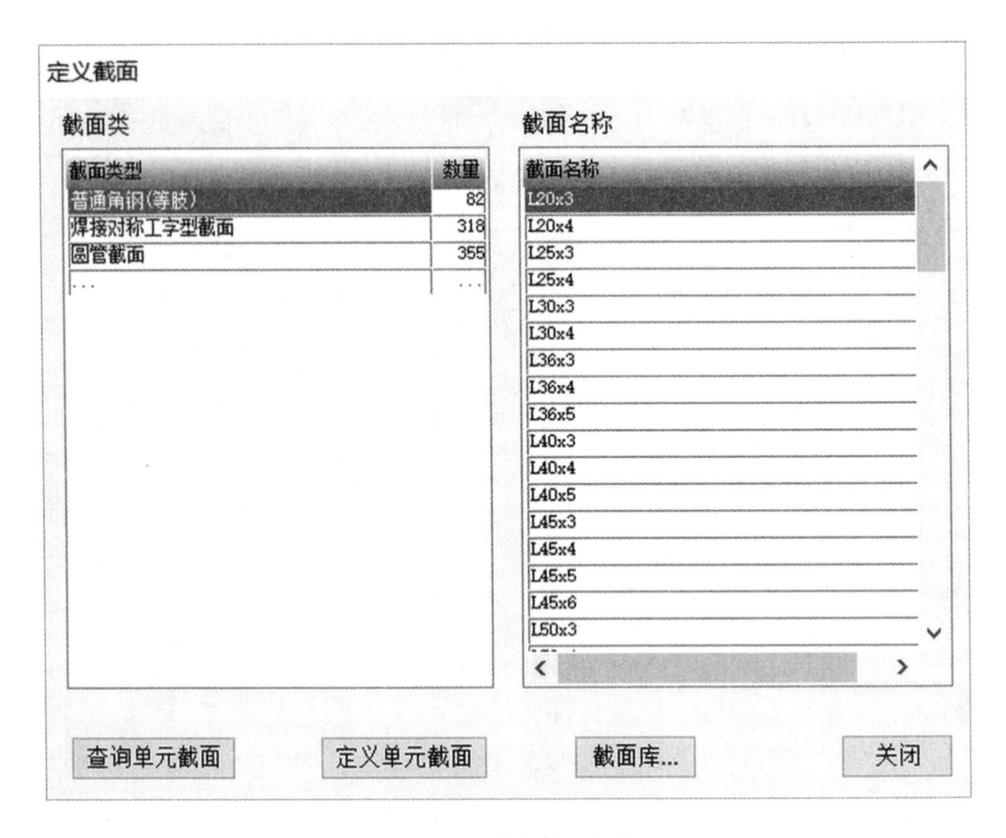

图 8-28 塔架截面定义

(4)定义约束

运行“定义约束”中的“支座”,将其定义为铰接支座,完成后显示支座,如图 8-29 所示。

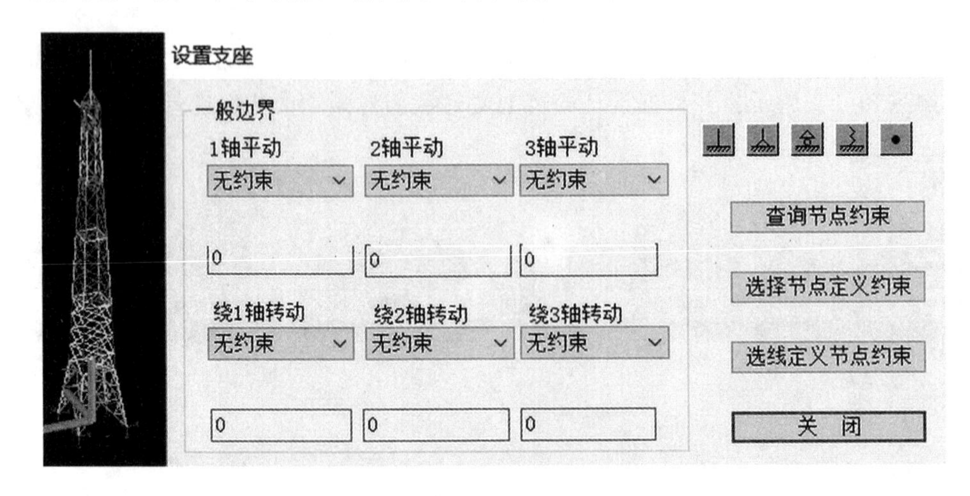

图 8-29 设置支座的约束

(5)施加荷载

运行“施加荷载”中“杆件导荷载”的“导荷范围”,考虑风荷载的两个风向,将风荷载分层输入,并以“直接作用于杆件”方式导到塔架上。如图 8-30 及图 8-31 所示。

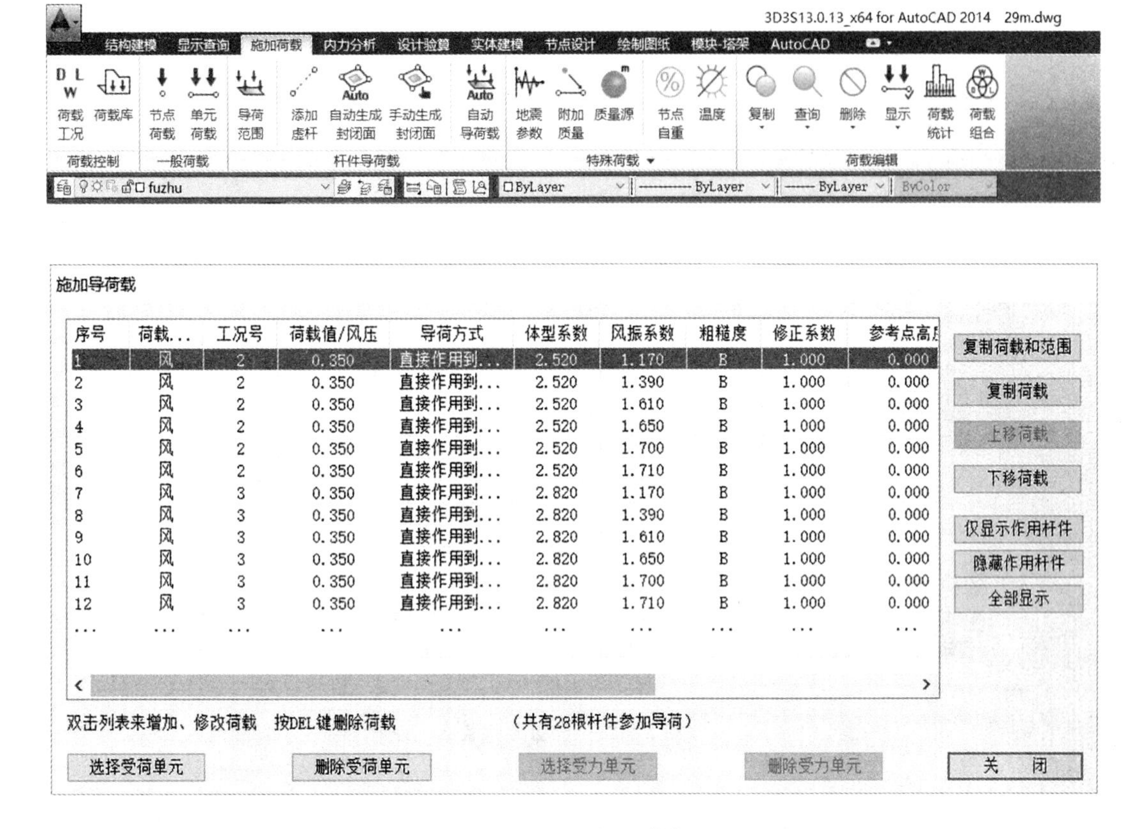

序号	荷载...	工况号	荷载值/风压	导荷方式	体型系数	风振系数	粗糙度	修正系数	参考点高
1	风	2	0.350	直接作用到...	2.520	1.170	B	1.000	0.000
2	风	2	0.350	直接作用到...	2.520	1.390	B	1.000	0.000
3	风	2	0.350	直接作用到...	2.520	1.610	B	1.000	0.000
4	风	2	0.350	直接作用到...	2.520	1.650	B	1.000	0.000
5	风	2	0.350	直接作用到...	2.520	1.700	B	1.000	0.000
6	风	2	0.350	直接作用到...	2.520	1.710	B	1.000	0.000
7	风	3	0.350	直接作用到...	2.820	1.170	B	1.000	0.000
8	风	3	0.350	直接作用到...	2.820	1.390	B	1.000	0.000
9	风	3	0.350	直接作用到...	2.820	1.610	B	1.000	0.000
10	风	3	0.350	直接作用到...	2.820	1.650	B	1.000	0.000
11	风	3	0.350	直接作用到...	2.820	1.700	B	1.000	0.000
12	风	3	0.350	直接作用到...	2.820	1.710	B	1.000	0.000
...	...	...	...	...	...	...	...	...	...

图 8-30　添加导荷载

修改导荷载

风荷载基本参数　整体输入

基本风压标准值(kN/m2)：0.35

地面粗糙度类别：B

建筑结构类型：高耸结构

房屋类型：钢结构

风压高度变化修正系数η：1

风荷载计算用阻尼比：0.01

☐阵风系数βgz

○双向导到杆件　○单向导到杆件　◉直接作用于杆件　荷载说明：5m

○双向导到节点　○单向导到节点　○直接作用于节点

工况：2　荷载均布值(kN/m2)：0

风载体型系数：2.52　按输入值

☐裹冰增大系数βi

☑考虑高度变化系数

Z标高基准点高度Z0(m)：0　（模型中Z坐标-基准点高度Z0=结构实际标高）

风振系数：1.17　（输入0软件自动计算，但必须先计算动力特性）

荷载作用方向矢量：X 1　Y 0　（仅在直接作用于杆件节点时使用）

内部参考点坐标(m)：X 0　Y 0　Z 0　点取

（用于判断风荷载是风压还是风吸）

确　定　取　消

图 8-31　修改导荷载的对话框

运行“杆件导荷载”中的“自动导荷载”命令，如图 8-32 所示。

自动导荷载

通过鼠标单击来选择或取消要自动导的荷载，双击查询具体导荷参数

右键修改各自的参数

导荷载序号	荷载...	工况号	单元数	最大边数	控制参数
√导杆件荷载1	风	2	28	50	10
√导杆件荷载2	风	2	29	50	10
√导杆件荷载3	风	2	29	50	10
√导杆件荷载4	风	2	23	50	10
√导杆件荷载5	风	2	22	50	10
√导杆件荷载6	风	2	10	50	10
√导杆件荷载7	风	3	54	50	10
√导杆件荷载8	风	3	54	50	10
√导杆件荷载9	风	3	54	50	10
√导杆件荷载10	风	3	43	50	10
√导杆件荷载11	风	3	42	50	10
√导杆件荷载12	风	3	19	50	10

全 选

清 除

确 定

取 消

☑动力特性分析完成后重新导算风荷载

导荷载原则

恒载、风载：按实际面积计算；　　活载：按Z向投影面积计算

图 8-32　自动导荷载

(6)内力分析

运行“内力分析”中的“线性计算”：将“结构类型”勾选“3－D”，并勾选“将自重转化为质量”“转化为 x、y、z”；再对模型进行“模型检查”；确认无误之后进行“结构计算”。之后便可以对结果进行查看和输出。如图 8-33 所示。

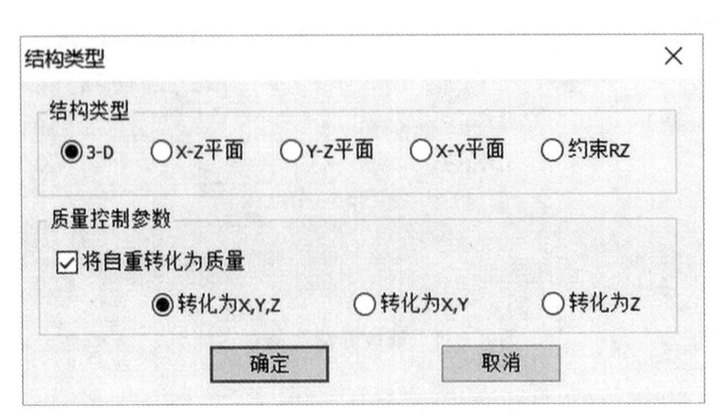

图 8-33　内力分析

（7）设计验算

运行“设计验算”中的“选择规范”，根据本例，选择“钢结构设计规范”，结构形式为“塔架”，如图 8－34 所示。

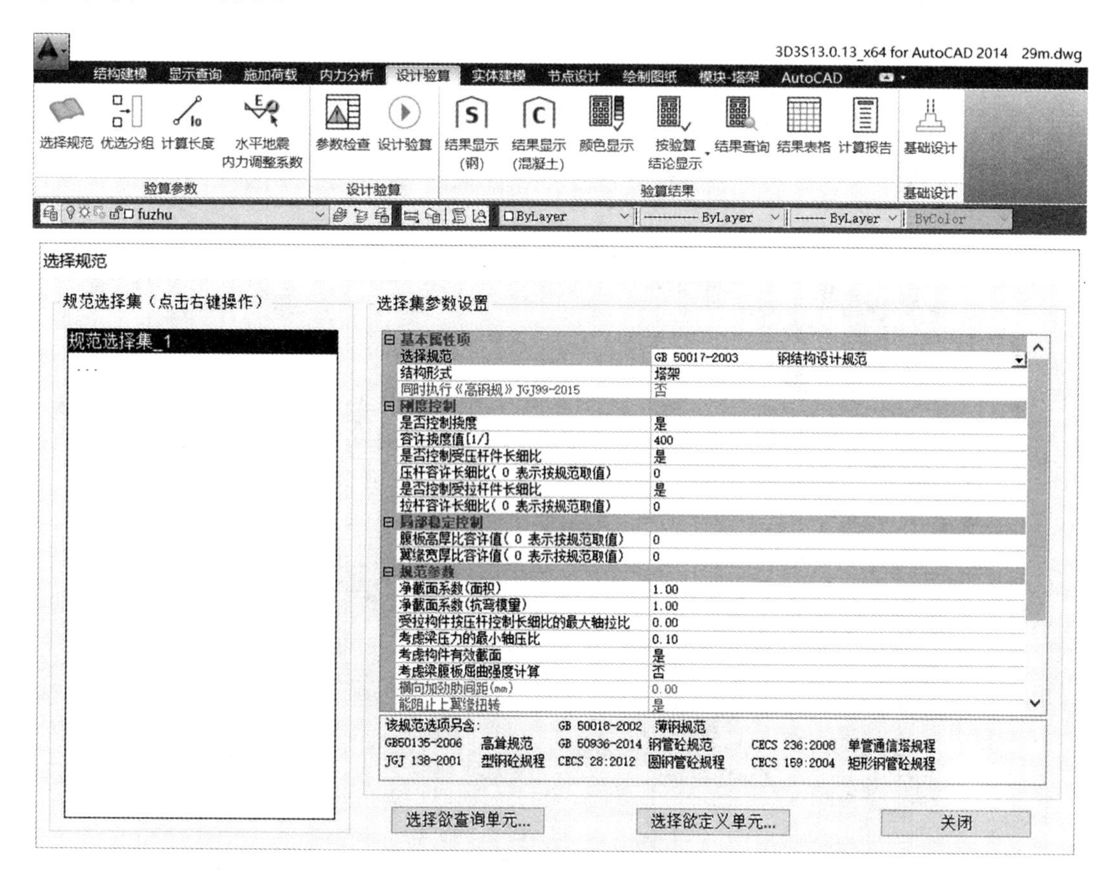

图 8－34　规范选择

之后对“计算长度”进行修改：定义系数为 1，并选择预定义的单元，使之按照构件的实际长度进行计算。如图 8－35 所示。然后点击“设计验算”按钮，待验算完成之后，点击“结果查询”可以对各个杆件的计算结果进行查看，如图 8－36 所示。

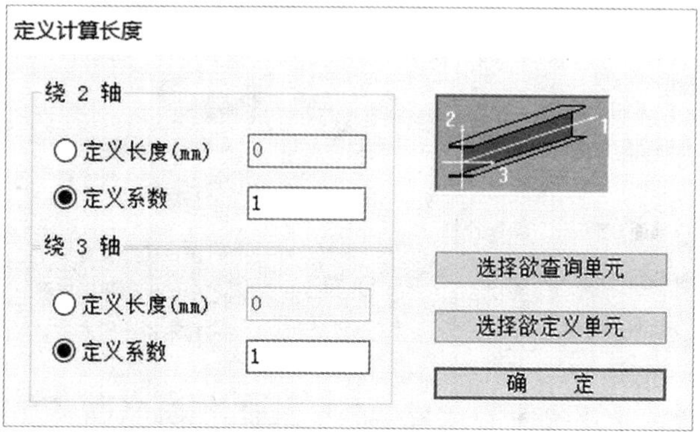

定义计算长度
绕 2 轴
○定义长度(mm)　0
◉定义系数　1
绕 3 轴
○定义长度(mm)　0
◉定义系数　1
选择欲查询单元
选择欲定义单元
确　定

图 8－35　计算长度

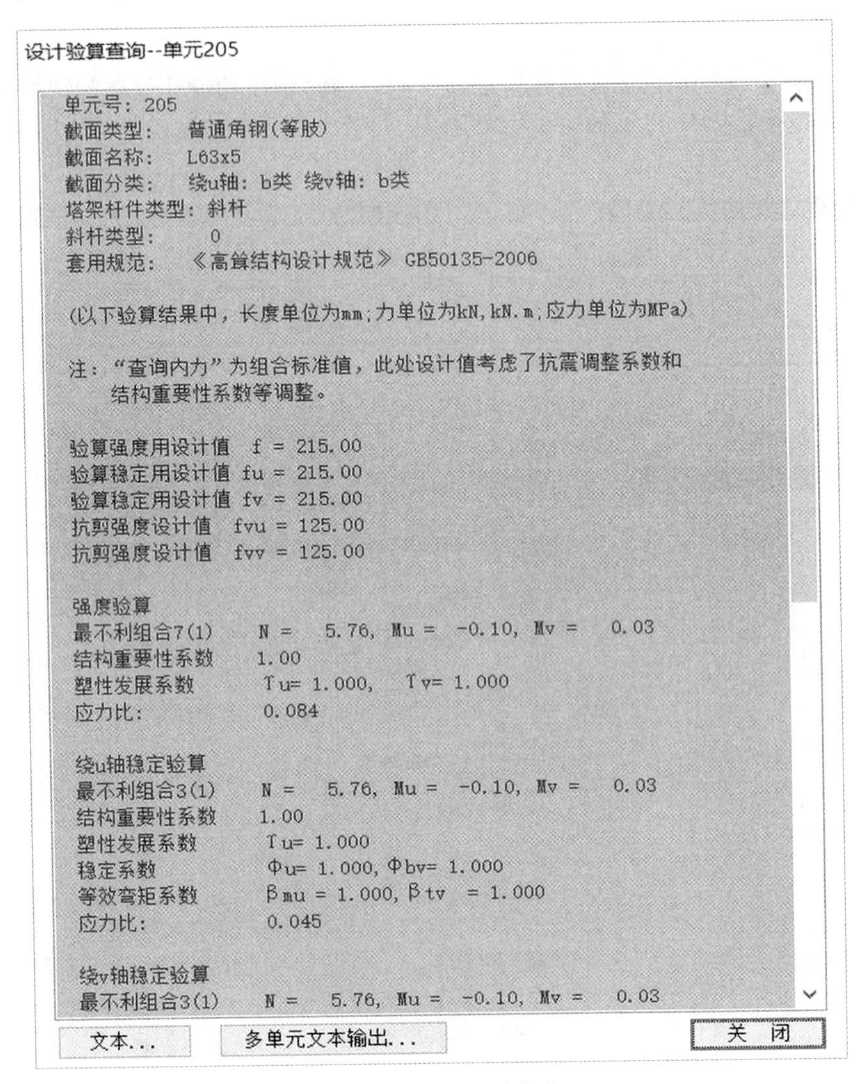

图 8-36 结果查询信息

(8)截面优选

进行"设计验算"，选择"验算类型"中的"截面优选"，下限调整为 0.5～0.6、上限输入 0.85，按"验算"按钮后进行截面优选。如图 8-37 所示。

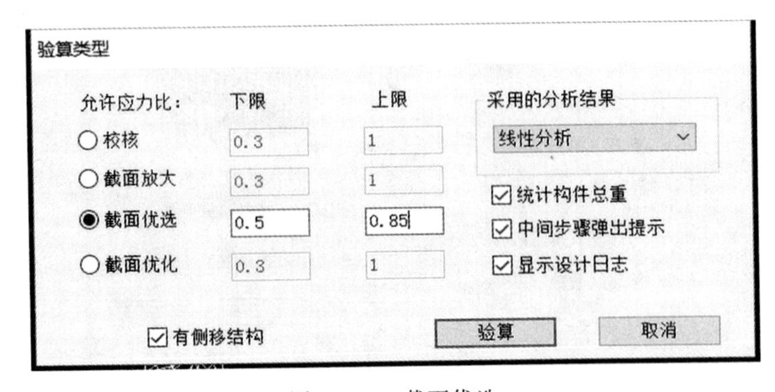

图 8-37 截面优选

（9）基础设计

点击“设计验算”中的“基础设计”，根据前面的基础计算内容，填写独立基础的信息。如图 8－38 所示。此时需要考虑抗拔验算，采用的验算方法为“土重法”。点击“验算”，结果满足即可出基础的施工图。点击“绘制图纸”，在“施工图”中选择“基础图”，即输出所需的基础施工图。

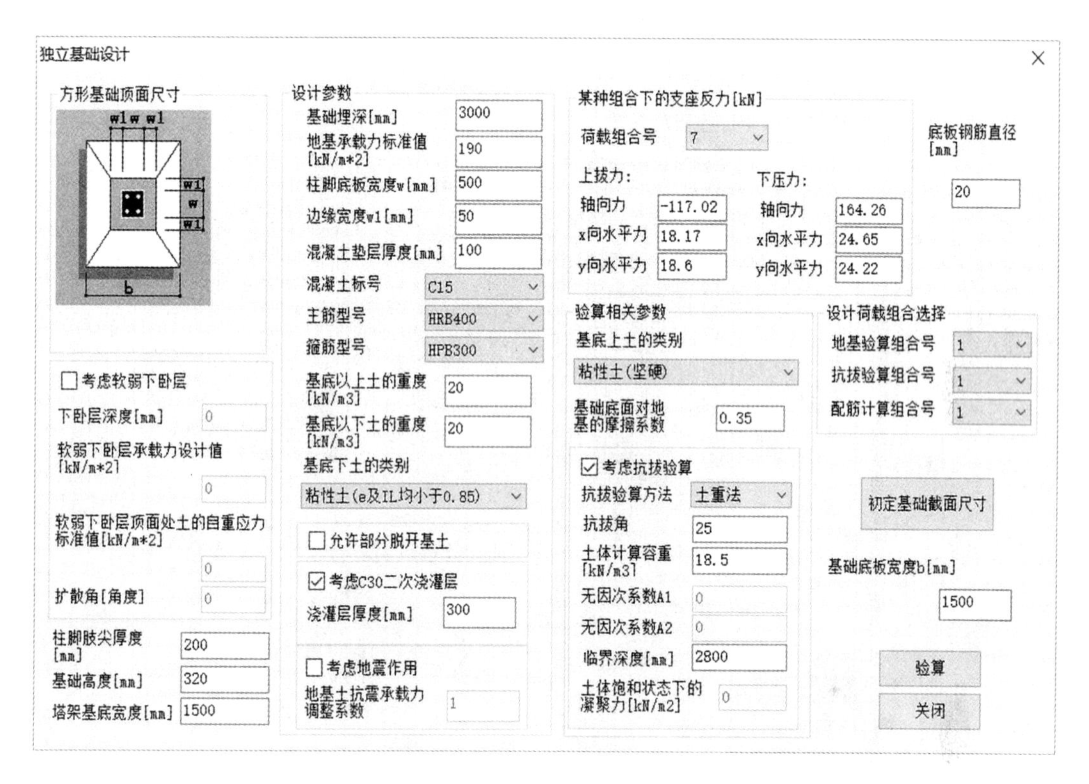

图 8－38　基础设计

（10）节点设计

在进行节点设计之前，需要先进行实体建模。点击“实体建模”中的“生成后处理模型”，并定义好塔段，方便按照塔段出施工图。

点击“节点设计”，首先对节点计算/构造参数进行修改，如图 8－39 所示；然后点击“自动设计”，得到初步的设计结果之后，可以进行查看结果。也可以点击“节点编辑”对设计结果进行修改，如图 8－40 所示。此后，点击“节点归并”，然后进入下一步。

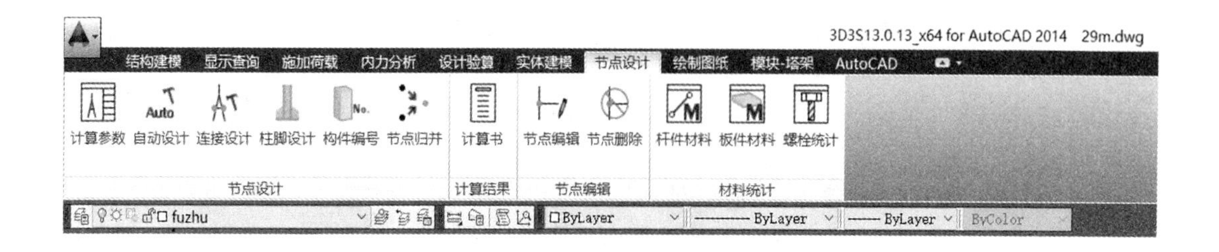

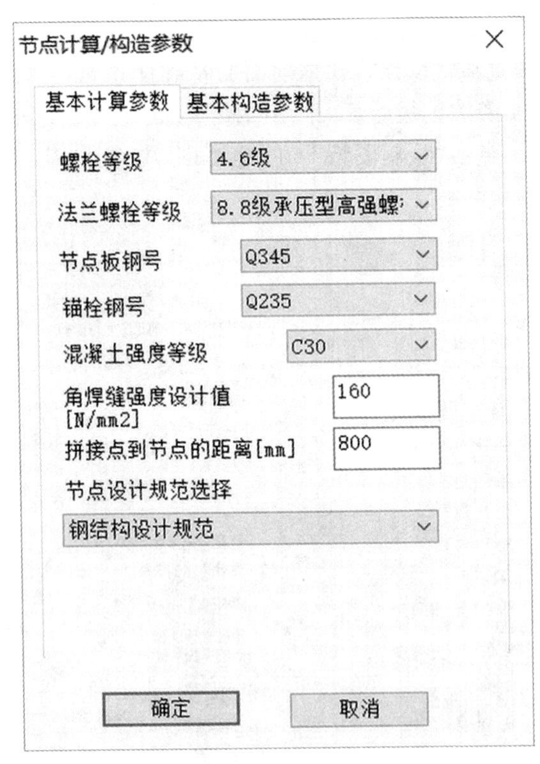

图 8-39 节点计算参数修改

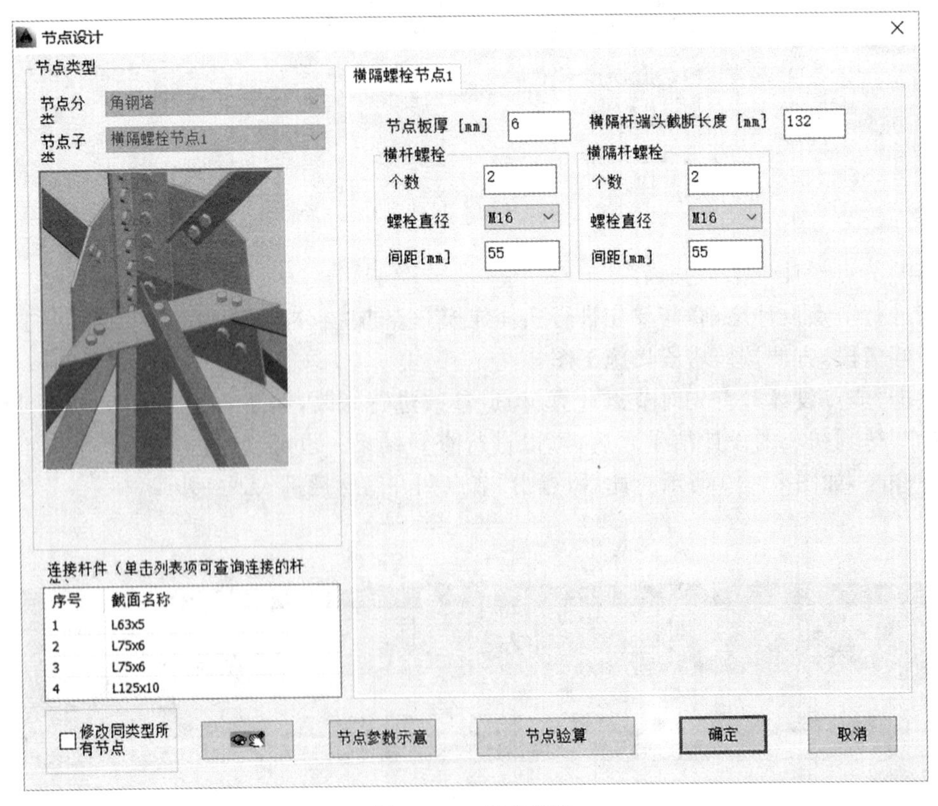

图 8-40 节点编辑

(11)绘制施工图

点击“绘制图纸”,先对“绘图参数”进行修改,然后运行“施工图”,得到所需的施工图,并按照提示操作将图形保存到文件中。如图 8-41 所示。

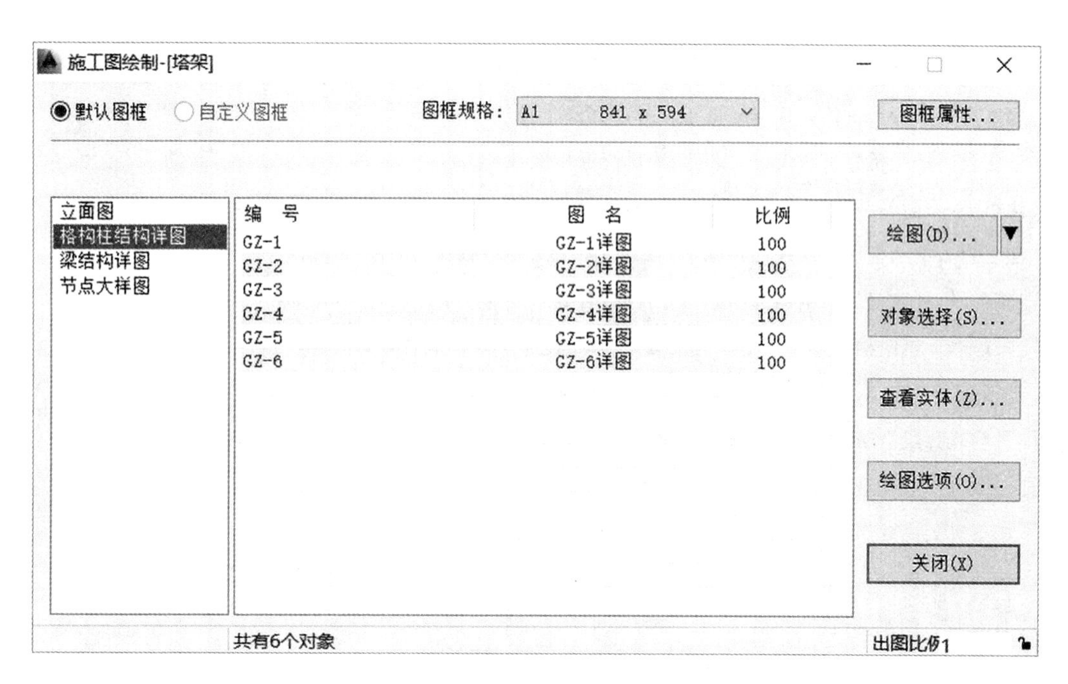

图 8-41　绘制施工图

参 考 文 献

[1] 陈绍蕃．钢结构下册:房屋建筑钢结构设计(第二版)．北京:中国建筑工业出版社,2007.

[2] 郎筑．门式刚架结构实战设计．北京:中国建筑工业出版社,2017.

[3] 李国强．多高层建筑钢结构设计．北京:中国建筑工业出版社,2004.

[4] 李和华．钢结构连接节点设计手册(第二版)．北京:中国建筑工业出版社,2005.

[5] 李星荣．钢结构工程施工图实例集萃．北京:机械工业出版社,2008.

[6] 廖顺庠．人行天桥的设计与施工．上海:同济大学出版社,1995.

[7] 钱寅泉．箱梁桥分析与设计．北京:人民交通出版社,2015.

[8] 沈祖炎,陈扬骥,陈以一．钢结构基本原理(第二版)．北京:中国建筑工业出版社,2005.

[9] 沈之容．钢结构通信塔设计与施工．北京:机械工业出版社,2007.

[10] 王静峰,肖亚明．钢结构基本原理．合肥:合肥工业大学出版社,2015.

[11] 王静峰．钢结构毕业设计指导与范例．北京:化学工业出版社,2012.

[12] 王静峰,王波．钢结构设计与实例．北京:机械工业出版社,2012.

[13] 王静峰．组合结构设计．北京:化学工业出版社,2011

[14] 王肇民．塔桅结构．上海:同济大学出版社,1989.

[15] 王肇民．高耸结构设计手册．北京:中国建筑工业出版社,1995.

[16] 魏明钟．钢结构(第二版)．武汉:武汉工业大学出版社,2002.

[17] 肖亚明．建筑钢结构设计．合肥:合肥工业大学出版社,2006.

[18] 张其林．轻型门式刚架．济南:山东科学技术出版社,2006.

[19] 中华人民共和国国家标准．钢结构设计标准(GB 50017－2017)．北京:中国建筑工业出版社,2017.

[20] 中华人民共和国国家标准．建筑结构荷载规范(GB 50009－2012)．北京:中国建筑工业出版社,2012.

[21] 中华人民共和国国家标准．建筑抗震设计规范(GB 50011－2010)．北京:中国建筑工业出版社,2010.

[22] 中华人民共和国国家标准．高耸结构设计规范(GB 50135－2006)．北京:中国计划出版社,2007.

[23] 中华人民共和国国家标准．总图制图标准(GB/T 50103－2010)．北京:中国建筑工业出版社,2011.

[24] 中华人民共和国国家标准．建筑制图标准(GB/T 50104－2010)．北京:中国建筑工业出版社,2011.

[25] 中华人民共和国国家标准．建筑结构制图标准(GB/T 50105－2010)．北京:中国建筑工业出版社,2010.

[26] 中华人民共和国国家标准．房屋建筑制图统一标准(GB/T 50001－2017)．北京:中国建筑工业出版社,2018.

[27] 中华人民共和国国家标准．轻型屋面三角形钢屋架(05G517)．北京:中国计划出版社,2008.

[28] 中华人民共和国国家标准．梯形钢屋架图集(05G511)．北京:中国计划出版社,2009.

[29] 中华人民共和国国家标准．钢结构焊接规范(GB 50661－2011)．北京:中国建筑工业出版社,2012.

[30] 中华人民共和国国家标准．冷弯薄壁型钢结构技术规范(GB 50018－2002)．北京：中国计划出版社，2018.

[31] 中华人民共和国国家标准．门式刚架轻型房屋钢结构技术规范(GB 51022－2015)．北京：中国建筑工业出版社，2016.

[32] 中华人民共和国国家标准．钢管混凝土结构技术规范(GB 50936－2014)．北京：中国建筑工业出版社，2014.

[33] 中华人民共和国国家标准．热轧 H 型钢和部分 T 型钢(GB/T 11263－2017)．北京：中国标准出版社，2017.

[34] 中华人民共和国国家标准．钢管混凝土结构技术规范(GB 50936－2014)．北京：中国建筑工业出版社，2014.

[35] 中华人民共和国国家标准．钢网架螺栓球节点用高强度螺栓(GB/T 16939－2016)．北京：中国标准出版社，2016.

[36] 中华人民共和国交通部标准．公路钢结构桥梁设计规范(JTG D64－2015)．北京：人民交通出版社，2015.

[37] 中华人民共和国交通部标准．公路工程抗震设计规范(JTJ 044－89)．北京：人民交通出版社，1989.

[38] 中华人民共和国行业标准．城市人行天桥与人行地道技术规范(CJJ 69－95)．北京：中国建筑工业出版社，2017.

[39] 中华人民共和国行业标准．公路钢结构桥梁设计规范(JTG D64－2015)．北京：人民交通出版社，2015.

[40] 中华人民共和国建筑工业行业标准．高层民用建筑钢结构技术规程(JGJ 99－2015)．北京：中国建筑工业出版社，2016.

[41] 中华人民共和国建筑工业行业标准．空间网格结构技术规程(JGJ 7－2010)．北京：中国建筑工业出版社，2010.

[42] 中华人民共和国建筑工业行业标准．钢梯(15J401)．北京：中国计划出版社，2016.

[43] 中国工程建设标准化协会标准．门式刚架轻型房屋钢结构技术规程(CECS 102:2015)．北京：中国建筑工业出版社，2015.

[44] 中国工程建设标准化协会标准．钢管混凝土结构技术规程(CECS 28－2012)．北京：中国计划出版社，2012.

[45] 钢结构设计手册编辑委员会．新钢结构设计手册．北京：中国计划出版社，2018.

[46] 轻型钢结构设计指南编委会．轻钢结构设计指南——实例与图集(第二版)．北京：中国建筑工业出版社，2005.